NONGZUOWU JIEGAN YANGNIU

农作物秸秆

养牛

刁其玉　主编

陶莲　屠焰　副主编

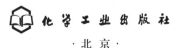

化学工业出版社

·北京·

本书具体分为我国养牛业的概况，牛的消化生理特点与利用粗饲料的潜能，我国农作物秸秆资源数量、分布及利用概述，农作物秸秆的加工调制技术及秸秆加工调制技术在牛饲养中的应用五个章节。在内容上，重点讲述了秸秆加工调制技术及其在牛饲养中的应用及效果部分的新进展，系统、全面地阐述了如何合理、有效地利用农作物秸秆，将其转化为牛的良好粗饲料，以期为广大养殖人员、技术人员提供系统的、简单有效的、操作性强的实用技术，提高秸秆利用率，增加养牛效益。

　　本书可供肉牛、奶牛养殖业的养殖人员、技术人员、管理人员使用，也可供技术研究、推广、示范人员参考。

图书在版编目（CIP）数据

农作物秸秆养牛/刁其玉主编. —北京：化学工业
出版社，2018.3（2022.3重印）
ISBN 978-7-122-31233-4

Ⅰ.①农… Ⅱ.①刁… Ⅲ.①秸秆-饲料加工
②养牛学 Ⅳ.①S816②S823

中国版本图书馆 CIP 数据核字（2017）第 315683 号

责任编辑：张林爽　　　　　　　　　文字编辑：汲永臻
责任校对：边　涛　　　　　　　　　装帧设计：韩　飞

出版发行：化学工业出版社（北京市东城区青年湖南街 13 号　邮政编码 100011）
印　　装：大厂聚鑫印刷有限责任公司
850mm×1168mm　1/32　印张 10¾　字数 291 千字
2022 年 3 月北京第 1 版第 4 次印刷

购书咨询：010-64518888　　售后服务：010-64518899
网　　址：http://www.cip.com.cn
凡购买本书，如有缺损质量问题，本社销售中心负责调换。

定　　价：45.00 元　　　　　　　　　版权所有　违者必究

本书编写人员名单

主　　编　刁其玉

副主编　陶　莲　屠　焰

编写人员　刁其玉　陶　莲　屠　焰　毕研亮
　　　　　魏曼琳　王　翀　司丙文　王红梅
　　　　　孔路欣　齐晓园　陈　群　傅　彤

农作物秸秆
养牛

我国农作物秸秆资源十分丰富，年产量在 9 亿吨以上，其中玉米秸秆、稻草、小麦秸秆合计占 60％以上。农作物秸秆是仅次于煤、油、气的第四大能源，是一种非常重要的可再生生物质资源。然而我国的农作物秸秆只有约 25％用于饲料，其他用于焚烧、还田或者工业生产原料，饲料利用率并不高，如何提高秸秆资源的饲料利用率是一项长期被关注的事情。

由于农作物秸秆结构的特殊性，其作为饲料有很多的限制性因素。秸秆质地比较粗硬，适口性不好，营养价值较差，消化利用率比较低等，因此只有很少一部分能被用来饲养草食动物。单胃动物一般不能很好地利用秸秆中的营养素，反刍动物对秸秆的消化率也仅有 20％～30％。国内外对如何有效提高秸秆利用率进行了大量的研究，常用的方法主要有物理法、化学法、物理化学法和生物法。这些方法能够使秸秆作为饲料的利用率得到大幅度提高，这将对解决人畜争粮问题、各种资源短缺、环境污染等都有极为深远的意义。

本书具体分为我国养牛业的概况、牛的消化生理特点与利用粗饲料的潜能、我国农作物秸秆资源数量、分布及利用概述、农作物秸秆的加工调制技术及秸秆加工调制技术在牛饲养中的应用五个章节。在内容上，重点讲述了秸秆加工调制技术及其在牛饲养中的应用及效果部分的最新进展，系统、全面地阐述了如何合理、有效地利用农作物秸秆，将其转化为牛的良好粗饲料，以期为广大养殖人员、技术人员提供系统的、简单有效的、操作性强的实用技术，从而提高秸秆利用率，增加养牛效益。

本书编写过程中参考了国内外专业杂志上的最近报道和论述，在此向相关编著者表示感谢！

因笔者水平有限，如有不当之处，敬请读者批评指正。

编者

农作物秸秆
养牛

目 录
CONTENTS

第一章

我国养牛业的概况

第一节　我国牛的饲养量与分布

截至 2014 年底，我国牛（肉牛、奶牛、黄牛和水牛）总存栏量为 10578 万头，其中肉牛存栏量 7040.9 万头，奶牛存栏量 1499.1 万头，黄牛和水牛存栏量 2038 万头。

一、肉牛优势区域分布

我国各地自然条件和农村经济发展有很大的不同，饲料资源各异，肉牛的品种繁多，不同区域肉牛业在农业生产中所占比重不尽相同，最早用六大产区来进行划分。随着肉牛业的不断发展，国家重新根据各地肉牛业发展变化情况进行了相应的调整，目前划分了中原肉牛区、东北肉牛区、西北肉牛区和西南肉牛区共四个优势区域，优势区域涉及 17 个省（自治区、直辖市）的 207 个县市。

二、奶牛优势区域分布

2003 年农业部组织制定并实施《奶牛产业优势区域发展规划（2003—2007 年）》，经过十几年的建设发展，我国奶牛养殖业的区域化格局基本形成。从地理区域看，我国原料奶生产主要集中在内蒙古、黑龙江、河北、新疆、山东、河南等地（东北、华北、西北），根据《中国奶业年鉴 2015》的统计数据，2014 年底，内蒙古

（231.2万头）、新疆（203.0万头）、河北（198.1万头）、黑龙江（197.2万头）、山东（139.7万头）和河南（103.2万头）的奶牛存栏量占全国存栏量的比重已经达到71.5%。2014年我国奶牛存栏量、牛奶产量前十位的省区全部在我国"三北"地区，其中奶牛存栏量占全国存栏量的81.9%，牛奶产量占全国牛奶产量的80.5%，其中，内蒙古位居我国奶业生产的第一，奶牛存栏量占全国存栏量15.4%，牛奶产量占全国总量的21.2%。因此，从地理分布的角度看，原料奶生产的典型特征是以北方为主。虽然2000年以后稍有转变，南方各省奶牛饲养量开始上升，但由于饲养条件和成本限制，我国的华南、华东、华中和西南地区目前还不大有利于奶牛养殖业的发展，奶牛（尤其是荷斯坦奶牛）分布区域将仍以北方为主的特点不会有大的改变。

我国奶牛养殖主要分布在北方与奶牛自身的生物特性及各地的自然资源和气候条件密切相关。一是奶牛是喜凉怕热的动物，我国北方的气候条件适宜奶牛的生长，南方各地由于气候炎热、多雨，奶牛发病率高，成母牛产奶量远低于北方各地。二是由于奶牛是草食大牲畜，要满足如此庞大的饲料需求就必须有丰富的饲草饲料资源。这在以种植水稻为主、人均耕地资源相对紧张的南方是很难满足的。而北方地域辽阔，有大面积的草原和草地，又是主要饲料作物玉米和大豆的主产区，因此有低成本生产奶牛的优势。南方饲养奶牛所需精饲料和优质牧草主要从北方购入，饲养成本过高，从而导致南方饲养黑白花奶牛的成本过高。三是由于加工业生产技术进步，超高温灭菌奶的出现，实现了牛奶的长期保鲜和远距离运输。以北方为基地的牛奶加工企业，完全可以实现在全国范围内的全年均衡销售，奶牛生产向南转移的必要性自然也日益减少。

此外，在各原料奶主产区，原料奶的增长点又以农区为主。因为农区以舍饲奶牛为主，具有较高的生产管理水平和技术水平，养殖者的组织化程度相对高一些，在地理位置上距离消费地近，运输成本小，因此农区生产者获得利润较大，扩大再生产的积极性也很高。而我国的牧区饲养多以放牧为主，况且目前牧区载畜量已经过高，增加原料奶生产的能力已受到限制。

第二节 我国养牛产业发展概况

一、我国肉牛养殖业发展概况

新中国成立后，我国的肉牛养殖业大致经历了 4 个发展阶段，每个阶段都呈现出鲜明的时代特征。

1949～1978 年，是我国肉牛养殖业的缓慢发展时期。新中国成立后，实行保护役畜的措施，于 1955 年实行了凭淘汰证收购的政策，当时农业机械紧缺，役用牛是主要的耕畜，政府规定严禁屠杀能繁母牛、种牛和青年牛，黄牛于 13 岁以上、水牛于 18 岁以上为淘汰标准。牛肉主要以老、残牛为生产来源，养牛业只能提供菜牛。从 1973 年开始逐渐进行黄牛改良，1973～1974 年两年内政府引进的肉用种牛有 10 个品种，共 234 头，分布在北京、河北、山西、内蒙古、辽宁、吉林、黑龙江、新疆等 19 个省区，并由国家计划委员会批准在黑龙江、吉林、湖南邵阳等地、河北承德地区建立肉牛生产基地，在广大农村繁育专用的肉用牛种，改良本地黄牛。同期引入摩拉和尼里两个水牛品种，共 105 头，在广西水牛研究所纯繁和改良中国水牛品种。

1979～1990 年，是我国肉牛养殖业的发展初期。1979 年农村开始经济改革，1979 年 2 月国务院做出《关于保护耕牛和调整屠宰的通知》规定。1979 年是我国肉牛业发展的萌芽时期，这一年国家开始投资建设肉牛生产基地，农业部在全国建立 144 个养牛基地县，加速了牛改良工作的进展，我国现代肉牛业是在此后逐步兴起的。从东北、内蒙古牧区到华北北部进行的异地育肥发展很快。黄淮海地区以改良牛为主的牛肉生产基地的建立，河南省周口、商丘、南阳地区的肉牛基地县建设，安徽省阜阳地区肉牛基地县建设，山东省烟台、菏泽等地区的肉牛基地县建设，都是在华北大型黄牛基础上改良取得效果的。1989 年后肉牛业快速增长，出现了千头以上的肉牛育肥场，比较完整的肉牛生产环节渐渐形成，我国有了真正意义上的肉牛业。到 1990 年全国牛出栏 1088 万头，牛肉总产量达 125.6 万吨。

1991～2006 年，是我国肉牛养殖业的快速发展期。1992 年农业部出台秸秆养牛政策，当年建立了 10 个省的 10 个示范县，到 1995 年发展到 27 个省、自治区、直辖市的 119 个县。1995 年国家批准阜阳、周口、德州等六个地区为首批秸秆养牛示范区。这些行政措施为规模化的就地育肥和移地育肥打下了更坚实的基础，在这一时期肉牛的出栏数量快速增加。至 2006 年全国肉牛出栏量达 5602.9 万头。这一时期，牛肉产量的增加在品种上主要依靠改良的黄牛，如草原红牛、新疆褐牛、西杂黄牛等的改良，是现代肉牛业的品种基础。

2007 年至今，是我国肉牛养殖的调整发展期。近年来，随着中央财政对牛羊产业规模化养殖的资金倾斜，以及牛肉供给量的下降、眼前利益驱动和养殖成本上升的影响，很多地区养殖户开始大量出售母牛，散户退出加速，规模养殖企业不断涌现，规模化生产比重快速提升。同时肉牛养殖业也开始了产业结构优化调整，使得后期国内肉牛养殖量呈现恢复性增长。

二、我国奶牛养殖业发展概况

从奶牛存栏量和总产奶量来看，新中国成立后，奶牛养殖业的发展可大体分为 6 个阶段。

1949～1978 年，为我国奶牛养殖业的缓慢发展阶段。奶牛存栏头数由 12 万头增至 49.3 万头，增加了 37.3 万头，年平均增加 1.29 万头。这段时期奶牛主要归国家和集体所有，1978 年末，国营奶牛场饲养 37 万头奶牛（农垦系统 27 万头），占总存栏数的 75.05%；集体饲养 8 万头，占总存栏数的 16.23%；个体饲养 3 万头，仅占 6.09%。鲜奶总产量由 20 万吨增至 88.3 万吨，年平均增长 2.36 万吨。

1979～1996 年，为我国奶牛养殖业的稳步发展阶段。1979 年后，伴随着改革开放，国民经济的发展，人们生活水平的提高，市场需求的拉动，中国奶牛养殖业进入稳步发展时期。奶牛饲养头数和生鲜乳产量稳步增长，奶牛饲养头数由 1978 年末的 49.3 万头，增至 1996 年的 447 万头，增长了 8.07 倍；生鲜乳总产量由 88.3 万吨增至 629.4 万吨，增长了 6.13 倍。

1997～2005 年，为我国奶牛养殖业的快速发展阶段。由于受到欧洲疯牛病的影响，在 1997 年和 1998 年我国奶业连续两年出现负增长。1999 年后国内奶业持续快速发展，牧场和奶牛养殖小区发展迅速，奶牛存栏量和产奶量高速增长。奶牛存栏量从 1997 年的 442.5 万头增加到 2005 年的 1216.1 万头，增长了 1.75 倍。牛奶产量也实现了大的飞跃，先后突破了 1000 万吨（2001 年）和 2000 万吨（2004 年）的大关，牛奶产量由 1997 年的 601 万吨增加到 2005 年的 2753 万吨，增长了 3.58 倍。

2006～2008 年，是我国奶牛养殖业的调整阶段。2006 年，国家统计局根据普查结果对我国奶牛存栏量进行了修改，奶牛存栏量大幅度下降，奶牛存栏数年增长率为 −12%。尽管奶牛存栏数减少，但我国牛奶产量在这一年超过了德国和巴基斯坦，成为仅次于印度和美国的第三大产奶国。2007 年奶牛存栏头数增加了 17.5%，存栏头数与 2005 年持平。2008 年末奶牛存栏 1233.5 万头，比 2007 年增长 1.2%；牛奶产量 3553.8 万吨，比 2007 年增长 0.8%。

2009～2010 年，是我国奶牛养殖业的恢复发展阶段。2009 年我国奶牛存栏 1260 万头，比 2008 年增加 26.8 万头，牛奶产量 3520.9 万吨，比 2008 年减少 34.9 万吨。同时奶牛生产结构进一步优化，2009 年底 100 头以上奶牛规模养殖比例达到 23.1%，比 2008 年提高 3.3 个百分点。2010 年是我国奶业发展至关重要的一年，在这一年里，奶业逐渐走出"三聚氰胺"事件的影响，走上复苏之路，积极因素在不断积累，同时经过政府主导之下的大刀阔斧的整改，整个奶业的格局呈现出诸多积极的变化和新的发展趋势。

2011年至今，是我国奶牛养殖业的平稳增长阶段。特别是2013年下半年到2014年上半年，由于我国出现较高的奶价和良好的养殖效益，国内奶牛养殖积极性增加，产业资本和金融资本持续涌入奶业，我国奶业快速发展，出现了难得的好时期。

第二章

牛的消化生理特点与利用粗饲料的潜能

第一节　牛的消化生理特点

目前养殖业常见的牛，有奶牛、肉牛、乳肉兼用牛。与猪、鸡极大的不同之处在于，牛是反刍动物，具有四个胃，其中瘤胃具有不可忽视的作用。瘤胃中有丰富、复杂的微生物区系，可以利用大量的粗饲料和非蛋白氮，这就使得牛具有了消化、利用粗饲料（包括秸秆）的能力。常言道，养好牛实质上就是要养好瘤胃，就是这个道理。

一、牛消化器官特点

牛进食的草料从口腔稍经咀嚼后，经食道进入瘤胃，在瘤胃内被浸泡、软化、混合，经瘤胃微生物发酵，而没有被完全消化的饲料经过反刍回到口腔内被再次仔细咀嚼，重新吞咽到瘤胃、网胃中，继续进行微生物降解发酵。由食物经过发酵而产生的挥发性脂肪酸，如乳酸、乙酸、丙酸、丁酸等，被瘤胃、网胃壁吸收到血液中，瘤胃中剩下的食糜和微生物通过瓣胃和皱胃的消化作用，最后进入小肠，经过小肠消化后吸收入血液中，或者随粪便排出体外。现将消化器官的构造和消化过程分述如下。

1. 唇、舌和牙齿

牛的唇不灵活，不利于采食草料，它的主要采食器官是舌。牛的舌比较长，坚韧且灵活，舌面粗糙，适宜卷食草料。牛没有上切齿，只有臼齿（板牙）和下切齿（图2-1）。牙齿的功能主要是咀嚼和磨碎饲料。牛是通过下颌骨的横向移动，将植物纤维磨碎成一定大小并形成食团进行吞咽来完成咀嚼过程的。

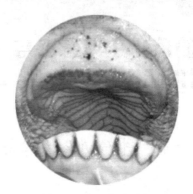

图2-1　牛口腔及牙齿

2.唾液腺和食道

牛的唾液腺主要由腮腺、颌下腺和舌下腺组成。唾液腺位于口腔，能分泌唾液。唾液具有湿润饲料、溶解食物、杀菌和保护口腔的作用。牛的唾液腺不含有淀粉酶，但含有大量的碳酸氢盐和磷酸盐。

食道是从咽通至瘤胃的管道，成年牛的食道长约1.1米，草料与唾液在口腔内混合后通过食道进入瘤胃，瘤胃内容物又定期地经食道反刍回到口腔，经细嚼后再行咽下。

3.复胃

牛有4个胃，即瘤胃、网胃（蜂巢胃）、瓣胃、皱胃（真胃）。瘤胃、网胃和瓣胃合起来统称前胃。前胃无腺体组织分布，不分泌胃液，主要起储存食物、水和发酵分解粗纤维的作用。皱胃内有腺体分布，可分泌胃液。牛口腔内摄入的饲料经初步咀嚼后由食道进入瘤胃，饲料在瘤胃内与水及唾液混合，被揉磨、浸泡、软化、发酵后，再进入后胃。

（1）瘤胃　呈椭圆形，是成年牛4个胃中最大的一个。瘤胃前后稍长，左右稍扁，前端与后端有凹陷的前沟和后沟，左右侧面有较浅的纵沟，在瘤胃壁内面与这些沟对应部位被柱状肌肉带围成环状，将瘤胃分成背囊和腹囊两部分。背囊和腹囊前后两端，由于前后沟很深，这样就形成了四个囊区：前背盲囊、前腹盲囊、后背盲囊和后腹盲囊。肌肉柱的作用在于迫使瘤胃中草料作旋转方式的运动，使之与瘤胃液体充分混合。瘤胃壁由黏膜层、肌肉层和浆膜层构成，黏膜表面有许多指状突起，称乳头状突起（图 2-2），这些乳头状突起大大地增加了胃壁与食糜的接触面积和从瘤胃吸收营养物质的面积。

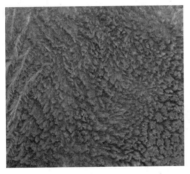 

图 2-2　瘤胃内壁　　　　　　　图 2-3　网胃内壁

（2）网胃　位于膈顶层面，由瘤-网胃褶与瘤胃分开。网胃黏膜形成许多网格状褶皱，形似蜂巢（图 2-3），故也叫作蜂巢胃。随着网胃的有力收缩，瘤-网胃褶移位，从而将网胃内的消化物推向上方进入瘤胃，这一过程随瘤胃肌肉收缩反复，同时，在这一过程中网-瓣口打开，细小浓稠的消化物流入瓣胃。瘤胃与网胃的内容物可以混合，因而瘤胃与网胃往往合称为瘤网胃。两胃中在食道与瓣胃之间有一条沟，叫作食管沟。当哺乳幼犊时，由于反射作用，食管沟一侧向上伸展，形如沟渠，在瘤胃和网胃发育、具备消化功能以前，犊牛吃进的牛奶从食管沟直接流入瓣胃，经瓣胃管进入皱胃；即使瘤胃发育正常，牛奶也不在前胃停留，而由食管经食管沟和瓣胃管直接进入皱胃及小肠。牛奶如果在瘤胃停留，就会被瘤胃微生物进行乳酸发酵，既浪费热能，减低蛋白质质量，还会引起犊牛腹泻。

（3）瓣胃　内容物在瘤胃、网胃经过微生物发酵后，通过网胃和瓣胃之间的开口——网瓣孔而进入瓣胃。瓣胃黏膜由许多肌肉形成的叶片状结构组成，形成100多片瓣叶，故瓣胃又称"百叶肚"。对于成年牛，瓣胃如同一个过滤器，通过收缩把食物稀软部分送入皱胃，把粗糙部分留在瓣叶间，在此还大量吸收瘤胃进来的水分和矿物质。

（4）皱胃　是牛的真胃。反刍动物只有皱胃分泌胃液，皱胃壁具有无数皱襞，这就能增加其分泌面积。初生犊牛皱胃约占整个胃容积的80%或以上，其他几个胃自犊牛开始采食干饲料起便急剧增长；成年牛的皱胃占整个胃的容积还不到10%。

4. 小肠与大肠

食入的草料在瘤胃发酵形成食糜，通过其余三个胃进入小肠，经过盲肠、结肠然后到大肠，最后排出体外。整个消化过程大约需72小时。

（1）小肠　牛的小肠特别发达，一般长35～40米，包括十二指肠、空肠、回肠。小肠是食物消化和吸收的主要场所。饲草料经过皱胃消化作用以后，消化产物通过幽门进入小肠的前端——十二指肠。小肠是一条蜿蜒折叠的管子，肠壁有许多指状小突起和绒毛。绒毛的作用是协助小肠内容物与消化酶混合，大大增加小肠的吸收面积。小肠内容物通过肠壁肌肉收缩和松弛形成蠕动而向前推进。

（2）大肠　饲草料的消化残渣进入大肠，包括盲肠、结肠和直肠。牛的盲肠较小，重要性也不太大，虽然微生物的消化与合成也在这里进行，但与瘤胃、网胃相比则是微不足道的。结肠对消化和吸收不是很重要，结肠是粪便形成的部位，可吸收水和矿物质。直肠是大肠的最后一段，粪便排出之前在直肠中储存。

二、牛采食习性和消化生理特点

1. 采食

牛采食时依靠灵活的舌将草料卷入口腔，用舌和头的摆动来扯断长草，然后不经细嚼就匆匆咽下。通常牛一天采食10余次，但一般有 4 个采食高潮，总采食时间为 6～8 小时，而放牧的采食时间要比舍饲的长，肉牛和奶牛也不一致。牛的采食一般 2/3 在白天，1/3 在夜间，最紧张的时间在黄昏和黎明，夜间 9 点至翌日 4 点没有采食动作（奶牛除外）。牛一般等到吃饱以后，再找个安静、舒适的地方卧好，慢慢反刍。

牛喜食青绿饲料、精料和多汁饲料，其次是优质干草，适口性最差的是秸秆类粗饲料。牛采食不同饲草时，采食速度有很大差异。例如，采食较长的干草时，采食速度是 70 克/分钟，采食干牧草时为 83 克/分钟，采食青贮饲料的速度是 248 克/分钟，而采食青牧草时为 282 克/分钟。牛没有上门齿，不会啃吃过矮的牧草，所以当野草高度低于 5 厘米时，不宜放牧，否则牛不但难以吃饱，还会因"跑青"而过分消耗体力。

牛采食还有一种现象，体积大而蓬松的饲料，在瘤胃内停留时间长，采食量就小；而体积小的或经过铡碎、粉碎的饲料，在瘤胃内停留时间短，采食量就大。因此，粗硬的饲料必须加工调制，提高适口性，以增加采食量，使牛多获得一些营养物质。肉牛或杂种牛的增重与采食量有很大的关系，饲养时应设法多让其采食，从数量上满足其一部分营养需要。

牛采食有竞食性，即在自由采食时互相抢食，饲养中可利用这个特点来增加牛对劣质饲料的采食量。牛适于放牧饲养，没有条件的地方则可以割草饲喂。要注意的是，在豆科（例如苜蓿）草地放牧不能时间过久，否则会出现瘤胃膨胀。牛采食是用舌将草卷入口中，以齿钳住，甩头用力扯断，所以牛需采食长草。若多种家畜混牧，应让牛走在最前面，吃头排高草。

牛采食中要特别注意以下一些问题。

① 注意清除饲料中的异物。牛采食时十分匆忙，对进嘴的食物并不仔细咀嚼，加上舌头上面长有很多倒刺状乳头，使进了嘴的东西难以吐出。如果饲草料中混入金属丝、金属块、钉子、碎玻璃等异物时，就会进入胃内，造成创伤性胃炎和心包炎；把塑料袋、塑料薄膜等吃进胃里，会造成瘤胃堵塞、网瓣口梗阻等疾病，严重

的会导致死亡。因此要特别注意清除饲草料中的异物，同时饲养员要精心维护，防止塑料膜等落入牛圈和运动场。

② 饲喂时要少量、勤添。牛喜欢新鲜的饲草料。健康牛的鼻唇镜（鼻头）黏液分泌较多，采食时分泌量较大，饲草料粘上这种黏液后牛就不爱吃了。因此，饲喂时要少添、勤添，减少饲草料的浪费。牛下槽后要及时清扫饲槽，把剩下的草料晾干后再喂。

③ 保证充足的饮水。饮水量影响采食速度和采食量，尤其在采食干草或秸秆时最为明显。在饲槽边设置足够的饮水槽，保证时时有清洁、足够的水供应，将促进牛的采食。

④ 饲草料颗粒大小适宜。牛不喜欢吃粉状的饲草料，而长草又会降低采食速度，因此可以把干草切短，把草粉、粉状饲料制成颗粒饲料，提高采食量。另外，牛喜欢吃新鲜、多汁的草料，秸秆类饲料的适口性较差，在饲喂时最好揉搓、切短，或通过氨化、碱化、微生物发酵等方式进行处理，提高适口性和纤维的消化率。

2. 唾液分泌

唾液在牛消化代谢中有特殊作用，主要有湿润饲料、缓冲、杀菌、保护口腔以及抗泡沫等。腮腺一天可分泌含 0.7% 的碳酸氢钠唾液约 50 升，即分泌碳酸氢钠 300～350 克。高产奶牛分泌唾液可达 250 升。唾液可湿润草料使之便于咀嚼，形成食团；同时唾液中有大量的缓冲物质，可中和瘤胃发酵中产生的有机酸，维持瘤胃内的酸碱平衡。牛的唾液呈碱性，pH 值约为 8.2，与瘤胃内细菌作用产生的有机酸中和，使瘤胃的 pH 值维持在 6.5～7.5 之间，因此给细菌的繁殖和活动提供了适宜的条件。

瘤胃 pH 值取决于唾液分泌量，唾液分泌量则取决于反刍时间，而反刍时间又决定于饲料组成。牛的唾液分泌受饲料的影响较大，喂干草时腮腺分泌量大；喂燕麦时，腮腺与颌下腺分泌量相似；饮水能大幅度降低唾液分泌。喂粗料反刍时间长，喂精料则反刍时间短。也就是说，喂高粗料日粮时反刍时间长，唾液分泌多，瘤胃内 pH 值高，属乙酸型发酵；喂高精料（淀粉）则反刍时间短，唾液分泌少，瘤胃 pH 值低，属丙酸型和乳酸型发酵。

唾液还具有抗泡沫作用，对于减弱某些日粮的生泡沫倾向起着重要的作用，采食时增加唾液分泌量，有助于预防瘤胃膨胀。由上述可见，牛的唾液在瘤胃消化代谢中具有重要的特殊作用。

3. 反刍

当牛吃完草料后卧地休息时，人们会看到牛嘴不停地咀嚼食团，又重新吞咽下去，每次需1～2分钟。最初牛咀嚼饲草料，只是仓促地使草料与唾液充分混合，形成食团，便于吞咽；当牛在采食后休息时，会再把瘤胃内容物反刍到口腔，进行充分地咀嚼。草料咀嚼愈细，愈可增加瘤胃微生物与食糜接触面积。牛日粮中粗饲料占有很大的部分，反刍能使大量饲草变细、变软，较快地通过瘤胃到后面的消化道中去，这样使牛能采食更多的草料。

1头牛采食由青贮、干草和谷物混合精料组成的全价日粮时，每天下颌运动约4.2万次。反刍包括逆呕、再咀嚼、再混入唾液、再吞咽4个过程。牛一般采食后30～60分钟开始反刍，每次反刍持续时间40～50分钟，一昼夜反刍9～12次，反刍时间6～8小时，与采食时间大约呈1：1的比例。采食后应给予充分休息时间和安静舒适的环境，以保证正常反刍。正常反刍是牛健康的标志之一，反刍停止或次数减少，时间缩短，表明牛已患病。

反刍时间受饲料品质和种类的影响，如果进食的饲料是幼嫩多汁饲料，则反刍时间就短，反之，若牧草或作物秸秆粗老，则反刍的时间会加长。反刍也受环境的影响，假如牛正在反刍时，突然受到惊吓或骚扰，则反刍会立即停止，转为闲散活动或采食，并且需要30分钟左右的时间才能再次转入反刍活动。需要注意的是，牛如果经常遇到惊吓，影响反刍活动，会引起消化系统疾病。当牛患病、饮水量不足或饲料品质不良时，也会抑制反刍，甚至使反刍发生异常。

初生犊牛没有反刍行为，一般要到2～3周龄左右才会出现一些反刍动作。随着瘤胃微生物的繁衍，采食饲料中饲草量的增长，瘤胃逐步发育起来，犊牛才会出现正常的反刍周期。反刍时间长短，取决于食入饲草的数量、质量以及磨碎这些饲草所需要的时间，另外还受牛个体、品种、年龄、环境刺激等多种因素影响，其中主要有以下几方面。

① 饲料粒度、粗饲料切割长度。瘤网胃的充盈程度和食物通过消化道的速度和时间，瘤胃微生物与食糜颗粒作用的表面积，瘤胃的发酵类型和发酵终产物的种类与比例，饲料的消化部位和营养物质的吸收形式，最终会影响饲料的利用率。因此，饲料粒度和粗饲料的适宜长度是人们所关注的热点问题。秸秆饲料的长度超过 3 厘米才能引起反刍反射刺激。把秸秆粉碎过细会引起反刍次数降低。当牛采食较粗糙的干草和青贮料时需较长的采食时间和反刍时间，有较多的唾液分泌。而采食小颗粒饲料时，所需要的采食和反刍时间相对较少，饲料在瘤胃中的停留时间也稍短，唾液的分泌量较少。例如，有研究发现，当奶牛日粮中长秸秆比例从 10％增加到 20％时，奶牛每天的采食时间由 83 分钟提高到 104 分钟，反刍时间由 125 分钟/天提高到 403 分钟/天，咀嚼时间由 210 分钟/天增加到 510 分钟/天，每次反刍时间由 15 分钟提高到 24 分钟。对于 8～10 月龄的荷斯坦育成母牛，苜蓿干草长度切短到 2 厘米或 4 厘米，可以减少干草采食时间、反刍时间、咀嚼时间，提高小母牛每日采食次数和每次采食的干物质量。

② 饮水量。饲草料进入瘤胃中，需要有液体将其悬浮以方便搅动。饮水不足会使牛的瘤胃中这种"悬浊液"状态不佳，食物难以顺利搅动，妨碍了反刍的发生。同时会使食物向后消化道移动的速度减缓，降低饲料的消化利用率。

③ 环境。安静的环境有利于反刍活动的正常出现和进行，嘈杂的环境、陌生人的惊吓、殴打等都会抑制牛的反刍。因此牛场要保持相对稳定、安静的环境，避免突然出现噪声、大量陌生人走动等现象。饲养员最好固定，对牛不要有打骂等粗暴的行为，与牛保持亲近、熟悉的关系。

4. 饮水

奶牛一天的饮水量一般是日粮干物质进食量的 4～5 倍，是产奶量的 3～4 倍。如 1 头 600 千克体重、日产奶 30 千克的奶牛，日粮干物质进食量应是 20 千克，一天的饮水量是 80～100 千克。夏天饮水量更大，放牧牛比舍饲牛饮水量大 1 倍。奶牛采食后 2 小时内需要饮水，最好让其自由饮水，水温以 10～25℃为宜，冬天宜饮温水，夏天宜饮凉水。

5. 嗳气

由于食物在消化道内发酵、分解，产生大量的二氧化碳、甲烷等气体，这些气体会随时排出体外，这就是嗳气。嗳气也是牛的正常消化生理活动，一旦失常，就会导致一系列消化功能障碍。

第二节　牛利用粗饲料的潜能

日粮中 70％～85％的可消化物质、90％以上的非结构性碳水化合物（糖类）和 85％的粗饲料在瘤胃内消化，因此，保持正常的瘤胃功能，养好瘤胃微生物，充分发挥瘤胃微生物的作用，是牛营养技术中的重点。

一、瘤胃的消化功能特点

要养好瘤胃，首先需要了解瘤胃的特点，了解它是怎样发挥作用的。在瘤胃特点中比较重要的是要关注瘤胃微生物以及瘤胃内环境。

在牛的 4 个胃中，瘤胃是靠近食道的第一个胃，容积 50～200升。牛在不采食时，它嘴部仍常有咀嚼的动作，正是这种反刍行为使得瘤胃内的食糜返回口中继续咀嚼，逐步降低食糜尺寸，增加唾液分泌，有益于对饲料的进一步消化。但牛和一般哺乳动物相同，本身也不能直接消化纤维，之所以能够吃草，是因为它瘤胃内的微生物具有消化纤维的功能。

瘤胃黏膜上有大量乳头突，网胃内部由许多蜂巢状结构组成。食物进入这两部分，通过各种微生物（细菌、原虫和真菌）的作用进行充分的消化。事实上瘤胃就是一个厌氧的生物"发酵罐"。瘤胃微生物生长和繁衍的好坏，对于牛羊营养有至关重要的作用。为了保持瘤胃微生物的良好生长和正常的工作，动物营养学专家们建议：一是要保持给瘤胃微生物提供充足的营养；二是要设法保持瘤胃内环境的稳定。

总之，瘤胃内是个不可思议的复杂世界，如果瘤胃的物理和化学环境能够维持良好且恒定，瘤胃微生物在适宜的生存条件和充足的营养滋润下保持足够的数目及旺盛的活力，牛自然就会健康和高产。

1. 瘤胃微生物

瘤胃里生长着大量微生物，包括细菌、真菌和原虫等。瘤胃是这些微生物繁殖培养的场所和工作的地方，牛和瘤胃微生物之间保持着宿主和寄生虫般的互利共生关系。每毫升瘤胃液中含细菌 250 亿～500 亿个，分为 200 多种，含原虫 20 万～300 万个，真菌含量约 100 万，占瘤胃微生物总重量的 8%。瘤胃微生物的数量随着日粮性质、饲养方式、喂后采样时间和个体的差异及季节等而变动。这些微生物能够利用饲料自身的繁殖，生成大量便于牛利用的微生物蛋白质，并合成多种水溶性维生素。

瘤胃内纤维的分解是以细菌和真菌为主的，而淀粉和脂肪的分解则以细菌和原虫为主，水溶性蛋白质主要靠细菌分解，而不溶性蛋白质的分解以原虫和真菌为主。微生物发酵的结果是产生挥发性脂肪酸（乙酸、丙酸、丁酸等）、甲烷和二氧化碳等物质。

瘤胃微生物通过对纤维素和非结构性碳水化合物的发酵，合成乙酸、丙酸和丁酸等挥发性脂肪酸，并由此为牛提供 75% 的能量，而进入小肠的物质有 60%～65% 的粗蛋白质是由微生物提供的，也就是说瘤胃发酵的产物是牛主要的营养来源。因此，养牛应该注重瘤胃生理和生物特性，不要破坏瘤胃发酵功能。维持良好且恒定的瘤胃环境，能促进瘤胃微生物对饲料的有效利用，保障牛体的营养和健康。

除了生存环境之外，瘤胃中的大量微生物和动物一样，也需要充分的营养才能生存，而且需要量也随消化效率增加而提高。随着人们对瘤胃功能的逐渐了解，特别是近年来越来越多的人开始接受养瘤胃甚于养牛的新观念，对瘤胃微生物营养底物的研究与开发也正日益为人们所重视。

2. 瘤胃内环境

（1）瘤胃的水平衡　瘤胃内容物的水分来源，除饲料水和饮水外，尚有唾液和瘤胃壁渗入的水。体重 500 千克饲喂干草的母牛 1 天流入瘤胃的唾液量超过 100 升，瘤胃液平均 50 升，1 天的流出量约 160 升。此外，瘤胃内水分还通过强烈的双向扩散作用与血液交流，其量可超过瘤胃液 10 倍。

（2）瘤胃温度　瘤胃内容物在微生物的作用下发酵，并放出热量，所以瘤胃内温度较体温高 1～2℃，瘤胃正常温度为 38.5～40℃。瘤胃温度易受饲料、饮水等影响。采食易发酵的饲料，可使瘤胃温度高达 41℃，当饮用 25℃ 的水时，会使瘤胃温度下降 5～10℃，经 2 小时后才能恢复到瘤胃正常温度。

（3）瘤胃 pH 值　瘤胃 pH 值维持在 6.0～7.0 之间，既有利于牛健康，又可增加牛的采食量。一般纤维分解菌要求 pH 值较严格，pH 值在 6.4～6.8 之间最为活跃，纤维素得到充分消化；pH 值低于 6.2，纤维分解菌活性下降；pH 值低于 6，则粗纤维的分解停止。瘤胃 pH 值易受日粮性质、采食后测定时间和环境温度的影响。喂低质草料时，瘤胃 pH 值较高；以青贮为单一粗饲料来源时，会造成瘤胃 pH 值下降；若日粮精料量超过 50%，则极易造成饲喂 2 小时后 pH 值下降到 6 以下。若精料量过大，淀粉含量高，淀粉的发酵速度较快，产酸量大，若超过瘤胃的吸收速度和唾液的中和能力，则使瘤胃 pH 值迅速下降，当瘤胃 pH 值低于 5.4 时，分解淀粉的微生物被抑制，转为乳酸发酵，乳酸吸收慢，引起瘤胃 pH 值进一步下降，造成瘤胃酸中毒。

（4）渗透压　瘤胃渗透压相对比较稳定，通常在 300 克/千克左右，接近血浆水平。瘤胃渗透压受饲养水平、饲料性质和饮水的影响。通常在饲喂前比血浆低，而饲喂后转为高于血浆。饲喂粗饲料后渗透压升高 20%～30%，食入易发酵饲料和矿物质升高幅度更大。饲料在瘤胃内释放电解质以及发酵产生的挥发性脂肪酸和氨气等是瘤胃渗透压升高的主要原因。饮水导致瘤胃渗透压下降，数小时后恢复正常。

（5）缓冲能力 瘤胃有比较稳定的缓冲系统，与饲料、唾液数量及成分、瘤胃内酸类及二氧化碳浓度、食糜的外流速度和瘤胃壁的分泌有密切关系。瘤胃 pH 值在 $6.8\sim7.8$ 之间时，缓冲能力较好，超出这个范围则缓冲能力显著降低。缓冲能力的变化与瘤胃液内碳酸氢盐、磷酸盐和挥发性脂肪酸总浓度及相对浓度有关。在正常的瘤胃 pH 值范围内，最重要的缓冲物资是碳酸氢盐（pH 4～6）和磷酸盐（pH 6～8）。

3.瘤胃发酵

牛所采食的饲料中有 $50\%\sim85\%$ 的干物质是在瘤胃内消化的，所采食的粗纤维中有 90% 以上都是在瘤胃内消化的。可见牛胃内的消化主要是在瘤胃内进行的，而在瘤胃消化中起主导作用的是存在于瘤胃中的微生物。瘤胃为微生物提供了很适宜的生存环境，而反过来，微生物分解饲料后的产物是牛的营养来源，同时微生物自身，也就是菌体蛋白，也是牛的一个非常好的营养来源。牛和微生物彼此形成了共生关系，若没有这种共生关系，牛就不可能很好地适应粗饲料比例高的日粮。瘤胃中的微生物区系是很复杂的，但主要是纤毛虫和细菌两大类。细菌与纤毛虫的总容积约占胃液的 3.6%，细菌和纤毛虫各占一半。另外，还存在有很少量的好气性细菌，主要作用是消耗氧，使瘤胃内形成更好的厌气环境，保证厌气性细菌更好地活动。就代谢强度和在瘤胃微生物消化中所起的作用来讲，细菌远远地超过纤毛虫。没有纤毛虫时，牛也能生长良好，但还是以两者都存在为好。这是因为瘤胃内多种细菌之间及细菌与纤毛虫之间，彼此相互影响、共同作用，组成微生物区系，在各类微生物协调作用下，来完成对饲料营养物质的分解和利用，纤毛虫必须依靠细菌的代谢产物生存；此外，纤毛虫所产生的刺激素，又能提高细菌分解纤维素的能力，尤其是在营养水平较低的情况下，瘤胃微生物间的这种共生关系对粗纤维的分解是十分重要的。

总体来说，牛消化的特点主要是瘤胃消化，而瘤胃消化主要是靠瘤胃微生物的作用，瘤胃微生物的作用主要是通过瘤胃发酵来实现的。

二、粗饲料的利用

粗饲料在牛的日粮中的比例可达 40% 以上甚至 100%，是牛和瘤胃微生物的重要营养来源，它们的品质对牛的生长、生产和健康有极大的影响，并直接影响精料的利用率，最终影响养殖者的效益。我国粗饲料中最常见的是农作物秸秆，其资源量丰富，以全国平均亩（1 亩≈666.7 平方米）产为基础，即玉米 500 千克/亩、稻谷 415 千克/亩、小麦 303 千克/亩，其谷草比分别为玉米 1.37、稻谷 0.966、小麦 1.03。通过统计计算得出，我国农区的耕地每 3 亩至少能养 1 头肉牛，9 亩玉米秸秆能养 1 头奶牛。

1. 粗饲料在牛营养中的功能

粗饲料富含粗纤维，在牛营养中具有不可忽视的作用。前面在讲述瘤胃功能的时候提到过，日粮中的粗饲料可以刺激反刍及咀嚼，刺激唾液分泌，从而维持瘤胃正常 pH 值，有利于纤维的消化和维持瘤胃正常功能。养牛时大量使用饲草及农业副产品等粗饲料具有重大的经济意义。如果减少日粮中粗饲料的用量，将会引起牛奶乳脂率下降，甚至产生一些代谢病，影响到牛体的健康。足量的、优质的粗饲料可以维持奶牛和肉牛健康，改善生产性能。虽然精料中也含有纤维类物质，但大多数精料来源的中性洗涤纤维在维持乳脂率方面比粗饲料来源的中性洗涤纤维要差，在维持瘤胃 pH 值上的作用也仅为粗饲料来源的 0.35 左右，在维持中性洗涤纤维消化率上是粗饲料来源中性洗涤纤维的 0.6，在维持咀嚼活动上，仅为粗饲料来源的 0.4。在配制日粮时，粗饲料来源的中性洗涤纤维（NDF=19%）每降低日粮干物质的 1%，推荐的日粮中性洗涤纤维量就要增加 2%。

2. 粗饲料的营养特性

粗饲料是植物中可供放牧采食，收获后可供饲喂的可食部分，包括牧草、干草、青贮、嫩枝叶类、秸秆及籽实类皮壳等。粗饲料的粗纤维含量较高，一般在35％～50％之间，特别是木质素含量较高，有机物在50％以下，而且其他营养物质含量较低，导致了粗饲料对猪、鸡等单胃动物的饲用价值不高。

粗饲料在牛的消化道中起填充作用，并有促进胃肠蠕动和提高消化率的功能。在肉牛和奶牛的日粮中必须有足量的粗饲料才能充分发挥其他饲料的作用。在放牧条件下，天然草地或人工草地就基本可以满足牛的营养需要。在舍饲条件下，牛对秸秆饲料有良好的利用效果，一般粗饲料可占日粮的40％～100％。这里先简单介绍一下牛饲养过程中常见的各类粗饲料的具体特性。

（1）秸秆饲料　秸秆饲料是农作物收获脱粒后所剩成熟植物的残余部分。秸秆饲料具有以下特点。

① 粗纤维含量很高，而粗蛋白质、粗脂肪含量较低。

② 含较多的无氮浸出物，一般占20％～40％，与禾谷类籽实的无氮浸出物有很大差别，主要包括木质素和少量的可溶性糖类以及有机酸、果胶、单宁（又称鞣质）等物质。

③ 含有较高的灰分，特别是稻秸，含粗灰分高达12％～15％，其中有大量的硅酸盐。

④ 容积大，适口性差。由于秸秆的营养素极度不平衡，单独饲喂时牛的采食量减少，消化率仅为40％～50％。不同种类秸秆的营养成分含量有所差异，同种秸秆在不同成熟期营养成分也有差异。常见秸秆的营养成分，可以在《中国饲料成分及营养价值表》中找到，我国牛羊的相关行业饲养标准中也有。

（2）牧草　牧草包括豆科牧草和禾本科牧草，所含营养物质丰富而完全，尤其是豆科牧草，其干物质中粗蛋白质占15％～20％，含有各种必需氨基酸，蛋白质生物学价值高，可弥补精饲料蛋白质的不足；所含钙、磷、胡萝卜素和维生素 B_1、维生素 B_2、维生素 C、维生素 E、维生素 K 等均较丰富。禾本科牧草所含营养物质一般低于豆科牧草，但部分优良的禾本科牧草富含精氨酸、谷氨酸、赖氨酸、聚果糖、果糖、蔗糖等，胡萝卜素含量也高。优质牧草是牛的首选粗饲料，特别是对奶牛。

（3）干草　干草的营养价值取决于原料植物的种类、生长阶段及调制技术。就原料而言，豆科植物调制的干草含有较多的粗蛋白质或可消化蛋白质。而在能量方面，豆科和禾本科牧草以及谷类作物调制的干草之间没有显著差别。一般豆科干草中含钙多于禾本科植物，苜蓿含钙约 1.42％，红三叶草含钙约 1.35％，而一般禾本科干草不超过 0.72％。但是，不同的调制方法会使干草的营养成分受到很大影响，除了维生素 D 增加外，干物质损失 18％～30％。一般而言，草架或棚内干燥法比地面晒干法调制的干草质量高。国外普遍利用各种能源进行青绿饲料的人工脱水干制，这种方法可最大限度地保存青饲料的营养价值。

（4）青贮饲料　青贮饲料是一种能量、蛋白质、维生素和矿物质等方面能够保持平衡的饲料。青贮饲料气味酸香、柔软多汁、颜色黄绿、适口性好，是冬、春季饲喂牛的优良饲料。采用全株玉米、青草、青向日葵、豆科和禾本科牧草以及其他原料调制而成的青贮饲料，含有各种有机酸，1 千克青贮饲料中含 15～25 毫克的胡萝卜素，此外，还含有维生素 K、维生素 D、维生素 C 和各种 B 族维生素，以及钙、磷等矿物质。

3.粗饲料的利用率

粗饲料由碳水化合物、蛋白质、脂肪、矿物质、维生素和一些独特的有机复合物组成，其中最主要的是木质素和纤维素。碳水化合物的独特构造以及它与蛋白质、木质素之间的复杂关系决定着粗饲料的营养价值。粗饲料虽然在牛日粮中占重要的地位，但由于细胞壁含量较高，细胞内容物及粗蛋白质含量又低，因而在饲养上有着自身固有的营养缺陷。

实际生产中，青粗饲料短缺和利用率不高是同时存在的两个限制生产力发挥的因素，在农区表现为：一方面缺乏优质饲草；另一方面农作物秸秆饲用率低，主要是大多数农区利用秸秆类饲料时仅作简单的物理加工（如切短）后直接饲喂，造成秸秆的利用率低、饲喂效果差。较差的粗饲料，牛采食后只能起到饱腹充饥的作用，不能供给足够的营养，会严重影响生产性能。要充分利用农作物秸秆资源，需要提高秸秆的适口性和消化率，进行适当的加工调制。

粗饲料品质对牛的生产性能和健康有极大的影响，粗饲料因生长环境、收割和储存方式等的不同而品质变异很大，因而，要对粗饲料进行合理种植收割、加工调制，尽可能发挥粗饲料的营养潜力。

粗饲料的品质受很多因素的影响，其中与其本身有关的大致有以下几方面。

（1）品种差异　不同品种的粗饲料，品质会有较大的差异，最为常见的是，豆科与禾本科植物的差异。相对于禾本科植物来说，豆科植物的粗蛋白质含量高而纤维含量较低，因此豆科植物的品质通常优于禾本科。豆科植物在牛瘤胃中的降解速度快，可增加牛的采食量，提高营养素的摄取量。此外，豆科植物中的果胶、木质素和矿物质元素含量较高也是影响其营养品质的因素。但与禾本科植物相比，豆科植物的纤维素、半纤维素和水溶性碳水化合物含量低，并且由于可溶性和可降解氮含量高而缺乏与之同步发酵的水溶性碳水化合物，从而可引起瘤胃胀气。单独饲喂豆科植物会造成氮的浪费。禾本科植物相对于豆科来说，粗蛋白质含量低，纤维素、半纤维素和水溶性碳水化合物含量高，限制了牛对它们的消化和利用，导致采食量降低。

（2）收获阶段　收获时植物的成熟程度是决定粗饲料品质的重要因素之一。随成熟期的增加，饲用的品质逐步下降，如冷季牧草在春天开始生长 2～3 周后，干物质消化率即可达 80％以上，然后消化率每天以 1/3～1/2 个百分点的速度开始下降。收割时的成熟阶段同样影响牛对粗饲料的采食和消化率，随着植物成熟，纤维化程度提高，牛对粗饲料的采食量显著下降。不同成熟阶段收割的冷季牧草，干物质消化率和干物质采食量会产生较大变化。对于奶牛而言，干物质消化率从营养期的 63.1％下降到晚花期的 51.5％。

随着作物植株的老化，秸秆中水溶性碳水化合物含量下降，粗纤维和木质素含量增加，而秸秆的体外消化率与酸性洗涤纤维和木质素含量呈高度负相关（表 2-1～表 2-3）。因此，需要掌握秸秆的营养成分变化规律，按时收获，取得品质更好的秸秆。

表 2-1 玉米籽实收获后玉米秸的营养成分变化 单位:%

取样时间	粗蛋白质	粗脂肪	粗纤维	粗灰分	无氮浸出物
第 1 天	3.53	1.06	31.20	8.03	46.75
第 5 天	3.36	0.82	32.05	7.38	46.38
第 10 天	3.13	0.99	33.40	7.11	45.89
第 15 天	2.91	0.91	34.79	7.74	44.68
第 20 天	2.78	0.94	32.42	7.99	47.57
第 25 天	3.08	1.15	34.98	6.87	45.14

注:引自杜广明等(1996),籽实收获后玉米秸营养成分动态研究(饲料博览)。

表 2-2 黑麦不同发育阶段秸秆中各种碳水化合物的含量

单位:%

发育阶段	水溶性碳水化合物	半纤维素	纤维素	木质素	果胶物质
拔节期	26.4	14.1	28.0	16.8	2.9
开花期	12.6	16.8	37.0	21.3	1.3
乳熟期	15.0	16.4	32.6	19.8	2.0
完熟期	微量	20.1	39.3	25.8	0.5

注:引自郭庭双(1996)。

表 2-3 不同收获期时小麦秸化学成分的含量 单位:%

成 分	收获期		
	提前 1 周	正常期	推后 1 周
粗蛋白质	5.6	4.4	3.6
粗脂肪	1.9	1.5	1.5
粗纤维	37.1	38.9	41.4
无氮浸出物	38.4	38.1	38.0
灰分	11.1	11.2	10.4
二氧化硅	5.4	5.3	4.6
磷	0.15	0.24	0.15
钙	0.35	0.36	0.37

注:引自李浩波(2003)。

（3）茎叶比例　植物的叶比茎含有较高的蛋白质和消化能，以及较低的纤维，叶片的营养价值优于茎秆。随着成熟期的延长，叶茎比例下降，粗饲料的品质降低。在晒制干草的过程中，由于叶片的脱落，会导致粗饲料的品质下降。干秸秆的叶片会在运输和储藏过程中大量脱落，而这部分恰恰是秸秆容易消化的部分。叶片因此在收割、晾晒、打捆等各个环节都需要多加注意。

（4）秸秆部位　秸秆的不同部位，营养成分和消化率也都有较大的差别（表2-4、表2-5）。茎秆、皮、壳的粗蛋白质含量相对较低，而叶片较高，消化率也是如此。

表 2-4　成熟期春玉米秸秆各部位营养成分测定值

部位	干物质/%	粗蛋白质/%	粗脂肪/%	粗纤维/%	粗灰分/%	无氮浸出物/%	总能/(兆焦/千克)
雄穗	90.43	4.24	0.62	30.60	9.23	45.74	13.79
叶片	90.70	4.67	1.25	24.93	11.60	48.25	14.00
茎秆	90.89	4.20	0.81	34.32	4.28	47.28	14.04
茎皮	92.54	3.01	0.75	38.16	5.60	45.02	16.76
茎髓	92.80	3.54	0.78	31.12	6.00	51.36	15.93
苞叶	90.33	2.75	0.91	31.98	2.74	51.95	15.01

注：1. 茎秆指茎皮、茎髓之和。

2. 引自杨福有等(1997)，玉米植株营养含量及变化规律研究(西北农业学报)。

表 2-5　玉米、小麦秸不同部位的消化率　　　单位：%

玉米秸的部位	消化率	小麦秸的部位	消化率
茎	53.8	茎	40
叶	56.7	叶	70
芯	55.8	芯	53
苞叶	66.5	壳	42
全株	56.6	全株	45～51

注：引自李浩波(2003)。

（5）刈割和储存过程 在田间晒制干草时，叶片脱落、破碎、植物呼吸作用及雨淋都可降低牧草营养价值。在调制干草时，若遭雨淋、大量叶片脱落，所造成的干物质、粗蛋白质、灰分、可消化干物质的损失可占总损失的 60% 以上。田间晒制干草时，雨淋对禾本科植物品质的影响比豆科植物的小。植物越干燥，雨淋对它的损害越大，尤其在堆垛前的干草，若遭雨淋则损失更重。在干燥过程中要避免淋雨，减少叶片损失，这样生产出的干草营养价值较高。

在储存过程中，干草质量会因风化、植物呼吸作用和微生物活动而降低。为安全、有效地储存好干草，干草的水分含量应控制在适合的范围。若水分含量太高，干草将因热效应及酸败而造成干物质和能量的损失。用于青贮的粗饲料同样要控制水分的含量，水分过高时青贮过程中会发生渗漏，造成发酵时间延长，导致可溶性营养素流失；水分过低，青贮时粗饲料难以压实，会长出霉菌，发生酸败和发热现象。

4. 影响牛对秸秆利用的因素

农作物秸秆是收获作物主产品之后所有大田剩余的副产物，以及主产品初加工过程产生的副产物，包括一些禾本科和豆科作物的秸秆，如小麦秸、玉米秸、大豆秸等，是重要的可再生生物质资源，是仅次于煤、油、气的第四大能源。我国是一个农业大国，有着极其丰富的农作物秸秆资源，每年全世界秸秆产量有 30 亿吨之多。2009 年我国农作物收获后剩余的秸秆产量高达 7.4 亿吨，占世界秸秆产量的 20%～30%。秸秆只含少量的可消化的碳水化合物、粗蛋白质、粗脂肪等，含有细胞壁物质较多（表 2-6），玉米秸秆、麦秆、稻草秸等均属木质纤维类物质。在细胞壁中，纤维素被木质素和半纤维素包裹着，而木质素有完整坚硬的外壳，不易被微生物降解，因此纤维素的分解受到限制。为了提高秸秆的利用率，就需要采用适当的方法对原料进行处理，达到降解木质素、提高秸秆利用率的目的。

表 2-6　我国农作物秸秆中主要成分含量　　单位：%

化学成分	稻草	麦秸	玉米秸秆
纤维素	33.8	43.2	32.9
半纤维素	20.0	14.2	32.6
木质素	5.2	7.9	4.6
细胞内含物	32.8	30.9	28.8

注：引自陈庆云等（2002），农作物秸秆综合利用新技术——工业化生产羧甲基纤维素（再生资源研究）。

影响粗饲料消化的因素如下。

① 粗饲料中的纤维素、木质素含量越高，消化率就越低。

② 粗饲料中硅类含量高，不易消化。

③ 粗饲料的含水量、收获后存放的时间、加工处理方法等均会影响消化。

④ 瘤胃内环境对粗饲料的消化率影响很大，如瘤胃内 pH 值较低时，产纤维素分解酶的细菌更易存活，从而可提高粗饲料的酶消化；当瘤胃内容物向小肠的外送速度较低时，可延长瘤胃液对粗饲料消化的时间，也能提高粗纤维的消化率。

⑤ 日粮组成也会影响粗饲料的消化，如易消化的精料含量高时纤维素消化率则会降低，日粮中阴离子盐平衡时有助于粗饲料的消化。

由于农作物秸秆理化特性的特殊性，作为饲料有很多的限制性，主要原因是由于秸秆自身的营养缺陷，如适口性差、消化率低、营养不平衡等。秸秆的适口性差，牛对它的采食量低，从量上无法满足产奶和产肉的需要。秸秆的细胞壁坚硬，在瘤胃内不能很好地被微生物发酵，提供的营养物质有限。秸秆中营养不平衡，可发酵氮源、可发酵碳水化合物和过瘤胃蛋白水平低，生葡萄糖物质水平低，缺乏某些必需的矿物质元素，同时所含的矿物质元素利用率低等。单胃动物一般不能利用秸秆，反刍动物对秸秆的消化率也只有 20%～30%。如何提高秸秆资源的利用率是一项长期被关注的事情。

5.提高粗饲料利用率的方法

近年来，国内外对如何有效提高秸秆利用率进行了大量的研究，常用的方法主要有物理法、化学法、物理化学法和生物法。采用科学、有效的方法对农作物秸秆进行加工、调制，并与其他饲料原料合理搭配，可以提高秸秆的利用率，从而增加养牛经济效益。

（1）对粗饲料进行加工处理　由于秸秆不是牛、特别是奶牛的理想粗饲料，因此需要采用物理、化学或生物方法对其进行处理，以提高牛对其营养物质的利用，从而获得更好的经济效益。提高秸秆饲料的消化利用率，关键在于用化学的或生物的方法分解或破坏木质素与其他物质的紧密结合状态，使牛可以利用秸秆饲料中一切可以利用的营养物质。后面的章节将就每种方法在秸秆上的应用逐一进行描述。

（2）合理搭配日粮　日粮的组成对粗饲料的消化影响很大。日粮容积和干物质含量必须保证牛的正常消化的需要。消化道未充满或过分充满，均会影响牛体健康和生产性能。粗纤维是保证牛的正常消化和代谢过程的重要因素。另外，需要注意矿物质营养供应平衡，以及饲草和饲料的适口性。

（3）采取措施提高牛的采食量　尽管一些粗饲料（比如秸秆）的营养物质含量低，但通过提高采食量，动物进食的营养物质的绝对数量得到提高，可以明显改善动物的生产性能。有些低质粗饲料牛不喜欢采食，应及时采取措施加以解决，提高适口性，防止干物质采食量不足。

第三章

我国农作物秸秆资源数量、分布及利用概述

第一节 我国农作物秸秆资源数量及分布

近些年，粮食型饲料价格的上涨幅度基本达到了 10％以上，畜牧业成本高，畜禽的存栏数量降低，城镇畜产品供应紧张以及粮食供应紧张等问题逐渐凸显。如何在目前粮食供求关系紧张的状况下，保障畜产品供给、缓解粮食供求矛盾、丰富居民膳食结构，亟需从降低饲养成本、提高饲料饲喂价值、提高畜产品品质和促进畜牧业的可持续发展等角度全方位予以解决。

我国是世界粮食、油料作物、经济作物和糖料作物的生产大国，农作物秸秆资源十分丰富，各种农作物秸秆来源广泛、数量巨大。如何对这些农作物秸秆进行深加工和合理利用，减少浪费资源和环境污染的同时，努力提高其食用、饲用、药用、工业和化工利用等方面的综合利用，提高经济价值，节约饲料用粮，缓解人畜争粮矛盾，实现饲养与环境的和谐发展等都是十分重要的研究任务。

广义上的秸秆不仅包括农业生产过程中的废弃物，还包括农产品加工过程中的副产品，具体包括各种植物茎秆（如稻草、麦秸、玉米秸、棉花秆、芝麻秆、甘蔗秆、黄豆秸、蚕豆秸秆、豌豆秸、豇豆秸秆、油菜秆等）、秧藤蔓（马铃薯秧、花生蔓藤、甘薯藤等）和秕壳（谷壳、豆类荚壳、栗子壳等）。此外，农作物加工过程中的副产品还包括米糠、麦麸等，油料作物副产品还包括各种饼粕，制酒副产品和糖料作物副产物还包括各种糟渣类（酒糟、甜菜渣和果渣等）。

一、农作物秸秆

1. 秸秆的种类和产量

农作物秸秆是最主要的农作物副产品，是农作物的茎、叶、穗等地上部分的总称，通常包括农作物在收获籽实后的剩余部分。农作物光合作用的产物有一半以上存在于秸秆中，秸秆中蕴藏着巨大的养分资源，秸秆富含氮、磷、钾、钙、镁和有机质等，是一种具有多用途的可再生生物质资源，且可以作为反刍动物牛、羊等牲畜的饲料原料。

我国的农作物秸秆种类繁多，主要作物秸秆就有近20种。农作物秸秆的种类主要包括粮食作物（如水稻、小麦、玉米、谷子、高粱、大豆、豌豆、蚕豆、红薯、土豆等）、油料作物（如花生、油菜、胡麻、芝麻、向日葵等）、棉花、麻类（如黄红麻、苎麻、大麻、亚麻等）和糖料作物（如甘蔗和甜菜等）五大类。

秸秆数量以水稻、小麦和玉米三大作物居多，占秸秆总量的77.2%；而其他秸秆资源数量只有1/3左右，其中以油料作物秸秆居多，比例在8.7%；其次是豆类、薯类、棉花和杂粮。由于秸秆产量未列入国家有关部门的统计范围，其产量通常是依据农作物产量计算得到的。我国作物秸秆资源总量估算从秸秆还田、焚烧、畜牧业利用和农业有机废物利用等不同角度有不同的计算方法和结果。

表3-1所列为根据农作物经济产量和作物秸秆系数（草谷比）估算所得我国主要农作物秸秆产量（2002—2011年）。国家发展改革委、农业部评估结果显示，2015年我国主要农作物秸秆理论资源量为10.4亿吨，可收集资源量为9.0亿吨，利用量为7.2亿吨，秸秆综合利用率为80.1%。从"五料化"利用途径看，秸秆肥料化利用量为3.9亿吨，占可收集资源量的43.2%；秸秆饲料化利用量1.7亿吨，占可收集资源量的18.8%；秸秆基料化利用量0.4亿吨，占可收集资源量的4.0%；秸秆燃料化利用量1.0亿吨，占可收集资源量的11.4%；秸秆原料化利用量0.2亿吨，占可收集资源量的2.7%。

表3-1　2002—2011年我国主要农作物秸秆产量

单位：万吨

秸秆种类	2002年	2003年	2004年	2005年	2006年	2007年	2008年	2009年	2010年	2011年
稻草	17453.9	16065.6	17908.8	18058.8	18171.8	18603.4	19189.6	19510.3	19576.1	20100.1
麦秸	10563.9	10119.1	10758.4	11401.1	12690.5	12787.9	13158.3	13468.5	13476.2	13735.9
玉米秸	12616	12046.3	13549.8	14494	15766.7	15839.2	17255.1	17053.3	18433.5	20049.2
其他谷类秸秆	1896.2	1810.1	1639.4	1657.8	1472.8	1390.6	1312	1179.4	1309.4	1313.8
豆秸	3585.9	3404	3571.4	3452.3	3205.9	2752.2	3269.3	3088.5	3034.4	3053.4
薯藤	2089.6	2002.6	2027.9	1977	1539.7	1600.4	1698.7	1707.4	1775	1865.6
棉秸	1474.8	1458	1897.2	1714.2	2259.9	2287.2	2247.6	1913.1	1788.3	1976.7
甘蔗秸	3874.6	3880.1	3863.5	3725.4	4175	4856.9	5338.5	4970.2	4763.9	4920.7
花生秸	1689.3	1529.9	1635	1635	1469.1	1485.1	1628.6	1676.7	1783.4	1829.3
油菜秸	3028.4	3277.5	3783.2	3745.9	3147.2	3034.5	3473.3	3919.6	3754.5	3853.3
芝麻秸	179.9	119.2	141.5	125.6	133.1	112	117.8	125	118	121.6
其他油料作物秸秆	541.4	535.4	486.4	550.4	377.6	306	510.8	511.2	597.8	598
黄红麻秸	30.2	19	16.5	15.8	16.5	18.8	16	14.3	13.1	14.3
其他麻类秸秆	136.8	128	167.8	173.7	136.7	106.9	92	53.2	42.2	37.4
烟叶秸秆	173.7	160.2	170.8	190.5	174.4	170	201.5	217.7	213.3	222.4
甜菜秸	551.3	265.8	251.9	338.9	322.8	384	431.9	308.7	399.7	461.4
合计	59886	56820.8	61869.5	63256.4	65059.7	65735.1	69941	69717.1	71078.8	74153

注：引自郭冬生、黄春红（2016），近10年来中国农作物秸秆资源量的时空分布与利用模式（西南农业学报）。

2.秸秆资源的分布和变化趋势

我国秸秆资源分布各地区差异较大，其分布格局基本与农作物的分布相一致。我国作物秸秆主要分布于东部农区，从东北平原、华北平原到江南和西南各地是我国作物秸秆的主要分布区，秸秆产量均超过4000万吨，其中黑龙江、河北、河南、山东、江苏和四川6省是我国作物秸秆的集中分布区。2014年我国不同地区秸秆资源总量见表3-2。

表3-2　2014年我国不同地区秸秆资源总量

地区	秸秆资源总量/亿吨	所占比例/%
全国	8.1	100
北京	0.01	0.12
天津	0.02	0.25
河北	0.46	5.68
山东	0.66	8.15
河南	0.84	10.37
辽宁	0.22	2.72
吉林	0.44	5.43
黑龙江	0.72	8.89
山西	0.17	2.10
陕西	0.16	1.98
甘肃	0.15	1.85
内蒙古	0.37	4.57
宁夏	0.05	0.62
新疆	0.31	3.83
西藏	0.01	0.12
青海	0.02	0.25
上海	0.01	0.12
江苏	0.42	5.19
浙江	0.08	0.99
安徽	0.45	5.56

地区	秸秆资源总量/亿吨	所占比例/%
湖北	0.35	4.32
湖南	0.34	4.20
江西	0.23	2.84
重庆	0.13	1.60
四川	0.42	5.19
贵州	0.14	1.73
云南	0.27	3.33
福建	0.07	0.86
广东	0.19	2.35
广西	0.36	4.44
海南	0.03	0.37

注：引自张崇尚等(2017)，中国秸秆能源化利用潜力与秸秆能源企业区域布局研究（资源科学）。

由于不同地区气候条件、社会文化、传统习惯的不同，各地区的作物秸秆结构组成有所不同。在地处热带、亚热带的江南，大米是当地群众传统饮食的主要食品，水稻成为该地区最重要的作物品种；地处温带的我国北方地区，小麦、玉米是当地种植的主要作物；而位于高寒地区的西藏，藏族群众习惯于以青稞酒、藏粑为主的藏族饮食文化形成了西藏特有的以青稞为主的种植结构。不同的种植结构，带来各地区之间作物秸秆品种和类型结构的差异。黑龙江（东北地区）以玉米秆和大豆秸为主，占67.01%；在河北（华北）以玉米秆和麦秆为主，占77.25%；在江苏（华东）以稻草和麦秆为主，占68.41%；在广东（华南）以稻草和甘蔗为主，占75.61%；在新疆（西北）以玉米秆、麦秆和棉花为主，占82.97%。

然而，我国主要作物的种植面积以及秸秆的产量也受到多种因素的影响。我国水稻、小麦和玉米的种植分布存在明显的空间差异，并且与年平均温度存在一定的关系。年平均温度低于15℃时，小麦、玉米种植比例高于水稻的种植比例；当年平均温度高于

15℃时，水稻的种植明显占优势，玉米、小麦的种植比例减小。水稻的种植比例随着温度的升高而增大，而小麦、玉米的种植比例随着温度的升高而减小。20 世纪 80 年代以来，我国三大主要作物的种植比例发生了显著的变化。

由于水稻单位面积纯收益最高，随着气候变暖，水稻在温度适宜的黑龙江省和吉林省的种植面积得到了快速、大幅度的增加。冬小麦的种植比例，在 2000 年之前的 10 年，全国范围内呈现显著的下降趋势，而 2000 年之后的 8 年，我国广大的北方地区冬小麦的种植比例明显增加。东北地区玉米的种植先减少后增加，其他北方地区则呈增幅逐渐加大的增加趋势。特别是 2000 年之后的近 8 年，全国除南部的小部分地区外，其他省市的玉米种植均增加了 5％～20％。总体而言，2000 年是主要粮食作物种植结构变化的一个分水岭。小麦的种植比例 2000 年前后差异显著，呈完全相反的趋势，水稻种植比例也是在 2000 年前后变化反向，这主要是因为近 20 年来温度持续升高，气候增暖的幅度对作物种植布局产生了深远影响，但这种影响又不是简单的线性关系，还受到农业生产技术发展等多种因素的制约。这种综合影响的结果包括以下几方面。一是农业熟制变化，多熟制地区向北、向高海拔区扩展。二是冬麦北移西延，即在冬春麦交错地带、传统春麦区和冬季有稳定积雪地带，由春麦改种冬麦或扩大冬麦种植面积，也就是将我国冬小麦产区从长城以南地区向北延伸，在北方寒地适宜地区种植冬小麦。三是水稻东扩，即气候变暖为东北地区的水稻发展提供了有利条件，许多新的栽培措施（薄膜覆盖、旱育稀植、旱育抛秧等）使过去仅在南方大量种植的水稻，近几年在东北有了瞩目发展。四是东北玉米带北移，玉米对水分的要求较水稻低，原来因热量不足而分布受限的玉米分布北界出现明显北移。满足玉米生长的≥10℃有效积温线 2300～2400℃因气候变暖北移，2000 年之后东北玉米在松嫩平原地区的最北分布界线向北推进了 2 个纬度。五是晚熟品种种植面积扩大。

从我国作物秸秆资源总量的变化趋势来说，由于我国作物秸秆资源主要为粮食作物秸秆，因此，作物秸秆总量的动态变化与粮食作物秸秆的变化趋势保持一致，其他经济类作物秸秆动态呈波动式发展趋势。其中油料和糖料作物秸秆在 20 世纪 80 年代以后呈线性稳步增长；棉花作物秸秆产量在 20 世纪 80 年代初期随着农业种植结构的调整和棉花种植技术的提高得到了迅速发展；而麻类作物秸秆生产在 1985 年达到了其最高产量，随后麻类作物秸秆生产在不断萎缩。

二、糠麸类

1. 糠类

糠类饲料是谷物籽实精加工后的副产品，主要包括加工过程中脱除的皮层，从植物形态学上讲，包括果皮、种皮、珠心层、糊粉层及胚芽和碎米等。根据谷物籽实来源的不同主要包括大米糠、小米糠等类型，根据其是否经过脂类提取又可分为全脂米糠和脱脂米糠等。

（1）大米糠　在稻米的加工过程中，经过第一道工艺去稻壳，去掉稻谷的外壳（hull），得到糙米（brown rice）；再经过第二道工艺碾白，除去糙米外面的褐色皮层。除了得到主产品白米外，主要的副产物即是剥离下来的褐色皮层部分，包括糊粉层、珠心层、种皮、果皮层以及它们之间的几个亚层，这是严格意义上的大米糠（rice bran），但在实际生产中产生的大米糠通常还混有大米胚芽和碎米。

我国是世界上最大的稻谷生产国，每年的稻谷产量达到 1.8 亿吨以上，米糠占稻谷的 5%～8%，每年副产品米糠的产量高达 1000 万吨以上，居世界之首，约占世界总产量的 1/3。米糠富含脂质、蛋白质、矿物质、维生素等多种营养物质（表 3-3）。据分析，米糠中油脂含量为 13%～22%，蛋白质为 12%～16%，无氮浸出物（绝大部分为淀粉、半纤维素和纤维素）为 33%～53%，水分为 7%～14%，灰分为 8%～12%。米糠是一种具有很大潜力的食品资源、化工原料和药物原料，但我国对米糠的利用尚不充分，据统计，我国有 90% 左右的米糠得不到充分利用。

表3-3 米糠营养成分组成 (100克基础)

营养成分	含量	营养成分	含量	营养成分	含量
热量/卡	330.0	钾/毫克	1573.0	肌醇/毫克	1496.0
水分/克	6.0	钠/毫克	8.0	γ-谷维醇/毫克	245.2
蛋白质/克	14.5	镁/毫克	727.0	植物甾醇/毫克	302.0
总脂肪/克	20.5	钙/毫克	40.0	维生素E/毫克	25.6
不饱和脂肪酸/%	83.0	铁/毫克	7.7	维生素B_1/毫克	2.7
总碳水化合物/克	51.0	锰/毫克	25.6	维生素B_2/毫克	0.3
总膳食纤维/克	29.0	锌/毫克	5.5	维生素B_5/毫克	4.0
可溶性膳食纤维/克	4.0	磷/毫克	1591.0	维生素B_6/毫克	3.2
灰分/克	8.0				

注:引自 Slauders RM(1990),The Properties of Rice Bran as a Food Stuff(Cereal Foods World)。

（2）小米糠 小米糠又叫谷糠或粟米糠，包括两种：谷子第一遍加工后产生的皮壳叫粗谷糠，也叫砻糠；脱壳后的糙米进一步精制加工后产生的种皮、外胚乳和糊粉层的混合物叫磨光糠或米皮糠，也叫细谷糠。通常所说的统糠就是粗谷糠和磨光糠不同比例的混合物，按其比例的不同叫作一九统糠、二八统糠、三七统糠等。不同混合比例的小米糠营养价值也不尽相同。表3-4为粗谷糠和磨光糠的常规营养成分含量。

表3-4 粗谷糠和磨光糠的常规营养成分含量 (风干样)

样品名称	干物质/%	有机物/%	粗蛋白质/%	粗纤维/%	粗脂肪/%	无氮浸出物/%	灰分/%	中性洗涤纤维/%	酸性洗涤纤维/%	钙/%	磷/%	总能/(兆卡[●]/千克)
粗谷糠	93.0	83.1	5.5	41.2	2.3	34.1	9.9	74.8	50.1	0.1	0.2	4.0
磨光糠	92.6	86.1	11.4	25.7	11.5	37.4	6.6	50.1	33.7	0	0.6	4.6

[●] 1卡≈4.2焦耳。

注:引自恩和等(2008),粟谷糠类饲料成分及营养价值比较分析(中国饲料)。

由于小米糠含有一定谷壳成分，粗纤维含量较高，但与一般的粗饲料或秸秆饲料的营养成分也有一定差异，见表3-5。

表 3-5 粗谷糠和磨光糠与其他饲料常规营养成分的比较（绝干样）

项 目	部分糠麸类饲料常规营养成分					部分秸秆饲料常规营养成分		
	粗谷糠	磨光糠	小麦麸	稻糠	玉米糠	干玉米秸	小麦秸	稻草(秸)
有机物/%	89.3	92.6	94.2	86.3	—	92.9	94.3	
粗蛋白质/%	5.9	12.3	16.3	6.8	11	6.7	3.1	3.4
粗纤维/%	44.3	27.8	10.4	32.4	10.3	36.7	44.7	30.1
粗脂肪/%	2.5	12.4	4.1	7.9	4.5	1.2	1.3	1.6
无氮浸出物/%	36.6	40.4	63.4	39.2	70.2	48.3	45.2	49.7
粗灰分/%	10.7	7.1	5.8	13.7	4	7.1	5.7	15
中性洗涤纤维/%	80.4	54	37	22.9	—	76.6	—	—
酸性洗涤纤维/%	53.9	36.4	13	13.4	—	49.8	—	—
钙/%	0.12	0.03	0.2	0.32	0.52	0.28	0.24	
磷/%	0.18	0.61	0.88	0.4	0.14	0.03	0.05	
总能/(兆卡/千克)	4.33	4.98	4.42	4.1	4.43	4.27	—	

注:引自恩和等(2008),粟谷糠类饲料成分及营养价值比较分析(中国饲料)。

同时，由于小米种类的不同，小米糠的营养成分也有差异。表 3-6 所示的糯小米米糠营养含量与大米糠相近，但粗纤维含量略高于一般的大米糠，但其中膳食纤维组成优于大米糠，表现在总纤维含量中不可溶膳食纤维含量占 86%，低于大米糠的 94%。

表 3-6 重庆糯小米米糠基本成分含量表（n=3）

成分	含量/%	成分	含量/%
水分	10.39	蛋白质	12.93
灰分	8.71	淀粉	12.36
粗脂肪	24.67	还原糖	7.24
粗纤维	34.45	谷维素	0.17
维生素 B_1	0.81	维生素 B_2	0.29

注:引自王小燕等(2014),重庆糯小米米糠的理化成分分析及营养评价(食品安全质量检测学报)。

2. 麦麸

麦麸是麦类加工后的副产品，根据麦类的种类包括小麦麸、大麦麸和燕麦麸等。

（1）小麦麸 小麦麸作为小麦淀粉生产过程中的副产物，约占小麦籽粒质量的15%，主要含有小麦种皮、糊粉层和少量胚芽乳剩下的成分等。麦麸的组成成分因小麦种类、品质、制粉工艺条件、面粉出率的不同而有所差别。其化学成分主要包含淀粉、纤维素、半纤维素、蛋白质、阿魏酸、矿物质及维生素等。当前生产小麦淀粉的工艺有比较大的局限性，会残余大量淀粉。有数据显示，麦麸干基中含有40%~50%的淀粉、35%~50%的膳食纤维，剩下的12%~18%是蛋白质等。小麦麸营养成分参见表3-7。

表3-7　小麦麸的营养成分（n=38）

测定指标	平均数/%	分布范围/%	变异系数/%
水分	12.43	10.60~13.82	8.65
粗蛋白质	14.52	12.44~15.76	8.33
粗灰分	5.26	4.40~6.87	12.87
钙	0.14	0.11~0.21	21.15
总磷	1.26	0.73~1.52	20.27

注：引自王四新等（2010），大宗饲料原料的营养成分抽样分析（饲料研究）。

（2）大麦麸 大麦是世界上最古老的谷类作物之一，2012年全世界收获面积4931.1万公顷，是仅次于小麦、玉米和水稻的粮食作物。大麦是一类比较抗旱、抗寒、耐瘠、喜阴凉的长日照一年生作物，全球150多个国家均有栽培。

20世纪初中国大麦播种面积高达803.7万公顷，占世界总生产面积的23.6%，到40年代中期种植面积和总产量仍居世界首位，新中国成立后随着农业生产的发展和人民生活水平的提高，在各种农作物的相互竞争中大麦的播种面积呈现波浪形下降趋势。据FAO统计，自1961年我国大麦收获面积先后经历了迅速下降

（1962～1974 年）、缓慢减少（1973～1990 年）、平稳发展（1991～
2000 年）和持续下滑（2001～2012 年）四个阶段。其中 1962～
1974 年我国大麦收获面积维持在 200 万公顷以上，第二和第三阶
段大麦生产面积在 100 万公顷和 150 万公顷左右，2000 年以后收
获面积不足 100 万公顷。1962 年我国大麦收获面积曾高达 519.1 万
公顷，到 2011 年收获面积仅 51.2 万公顷，不足 1962 年的 1/10。与
大麦收获面积变化不同，受单位生产面积产量升高的影响，中国大
麦产量先后经历了快速下滑（1962～1969 年）、小幅波动（1970～
1990 年）、平稳发展（1991～1997 年）和波动下降（1998～2012
年）四个阶段，产量由 1962 年的 594 万吨，下降到 2011 年的
163.7 万吨，年均下降 2.6%，2012 年中国大麦产量略有上升，为
180 万吨，见图 3-1。

20 世纪 70 年代末，伴随着啤酒工业的迅速崛起和畜牧业的快
速发展，啤酒大麦的需求和生产应运而生，饲料大麦的消费快速增
加。当前中国大麦产业发展不成熟，未形成规模化原料生产基地，
收获的大麦品种不一、品质不佳，难以满足国内啤酒生产的品质标
准，致使国内啤酒大麦供给严重不足，为弥补供需缺口近年来中国
大麦进口量持续走高。进入 21 世纪，我国年均大麦进口量约为
200 万吨，成为继沙特阿拉伯之后排名世界第二的大麦进口国。欧
盟、加拿大、澳大利亚和美国是全球大麦主产国，也是中国大麦进
口的主要来源国，新中国成立以来，大麦在中国粮食消费系统中的
地位发生了显著变化，不管作为酿造工业原料还是作为畜牧业饲
料，其消费量和需求量都呈现增加的趋势，这与多年来国内大麦生
产规模不断萎缩形成了鲜明对比。

大麦按其外稃性状可分为带稃型和裸粒型两大类。我国大麦
以裸大麦为主，其产量约占大麦总产量的 90% 以上。主产区集中
在内蒙古的阴山南北，河北的坝上、燕山地区，山西的太行、吕
梁山区，云、贵、川三省的大凉山、小凉山高山地带亦有种植，
其中内蒙古地区的种植面积最大，占全国大麦种植总面积的 40%
左右。

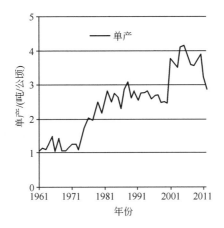

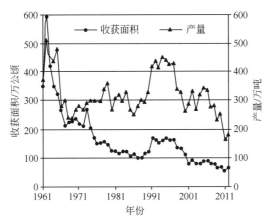

图 3-1 1961～2012 年中国大麦收获面积、产量和单产变动趋势

大麦籽粒营养成分极为丰富，含有较丰富的维生素 B_1、维生素 B_2 和少量的维生素 E、钙、磷、铁、核黄素以及谷类作物中独有的皂苷。大麦中的脂肪含量是所有粮食中最多的，其主要成分由单一不饱和脂肪酸、亚油酸和次亚油酸构成，具有降低血液中的胆固醇和甘油三酯等效果。大麦麸是大麦加工过程中的副产品，占大麦粒的 20%～25%。大麦麸有较为丰富的膳食纤维、蛋白质、乙醚提取物、葡聚糖等组分，经过加工处理后的大麦麸皮含量见表 3-8，大多数麸皮被用作词料，其利用价值低。

表 3-8   大麦碾磨后的化学组成 （干基）   单位：%

名　　称	蛋白质	乙醚提取物	β-葡聚糖	SDF	IDF	TDF
全大麦	14.2	2.6	5.8	5.5	7.1	12.6
大麦麸皮	14.8	2.7	8.4	6.6	9.7	16.3
大麦次粉	12.7	2.4	10.0	9.5	9.3	18.8
大麦面粉	11.9	2.0	3.1	1.7	2.7	4.4

注：1.引自李秀利（2014），大麦麸皮中大麦素的提取及其性质的研究（东北农业大学学位论文）。

2.SDF 为可溶性膳食纤维；IDF 为不溶性膳食纤维；TDF 为总膳食纤维

（3）燕麦麸　燕麦是一大宗禾谷类粮食作物，世界上许多国家均有种植，其年产量在谷类作物中居第五位。燕麦包括皮燕麦和裸燕麦，国外的研究多集中在皮燕麦，我国产的燕麦主要是裸燕麦。和皮燕麦相比，我国产的裸燕麦裸粒、大粒，属于优质燕麦。裸燕麦又名莜麦，是我国高寒山区特有的优质杂粮之一，主要分布于内蒙古、山西、河北、甘肃等地。和其他粮食作物相比，裸燕麦营养价值较高。具有高蛋白、高脂肪、高赖氨酸的特性，并含有丰富的B 族维生素和钙、磷等矿物元素。燕麦麸是燕麦加工过程中的副产物，其营养成分也相当丰富，见表 3-9。燕麦麸所含蛋白质的量约占燕麦总蛋白的一半，并且其中所含的 β-葡聚糖是一种重要的生物活性多糖。许多研究表明，β-葡聚糖在调节血糖、降低胆固醇、预防结肠癌和减肥等方面具有显著作用。

表 3-9   裸燕麦麸皮营养组成   单位：%

样品	水分	粗脂肪	粗蛋白质	淀粉	灰分	总膳食纤维	可溶性膳食纤维	不溶性膳食纤维
燕麦麸 1	10.60	9.54	18.94	40.11	3.58	17.23	10.22	7.01
燕麦麸 2	29.31	9.88	20.13	37.07	3.41	21.2	12.86	8.34

注：引自董吉林和申瑞玲（2005），裸燕麦麸皮的营养组成分析及 β-葡聚糖的提取［山西农业大学学报（自然科学版）］。

三、饼粕

油料作物的主要价值在于为人类提供优质的食用油脂和植物蛋白，同时还是饲料行业植物蛋白的重要来源。中国种植的油料作物品种繁多，大豆、棉籽、油茶、花生、油菜、芝麻、胡麻、向日葵等的生产规模大、商品率高，榨油后的副产品豆粕、菜籽粕、棉籽粕等成为动物良好的蛋白质饲料来源。

1.豆粕

美国农业部（USDA）统计数据显示，大豆、油菜籽、棉籽、花生、葵花籽和棕榈等是目前世界上主要的油料作物。中国主要油料作物的年生产总量为 5543 万吨（2015 年），是世界第四大生产国，而中国进口主要油料作物的数量从 2012 年的 6352 万吨上升至了 2015 年的 8793 万吨，是世界第一大进口国。大豆是世界上产量最多的油料作物，中国 2012 年以来的大豆年平均产量约为 5946 万吨，而年平均进口量则高达 7755 万吨。对于大豆饼粕，中国近 4 年的年平均生产量为 5734 万吨，国内年平均消耗量为 5665 万吨。大豆饼粕是主要的植物蛋白来源，其含有的氨基酸能够满足家畜和家禽的营养需求，其他作物的饼粕由于动物对其所含营养物质的消化率相对较低而未得到广泛的应用。

2.菜籽粕

油菜作为世界第二大油料作物，地位仅次于大豆，发展油菜作物，有利于缓解大豆的市场压力，弥补国内油料作物需求的不足。20 世纪 80 年代以来，特别是在 90 年代，我国油菜生产迅速发展，与五六十年代相比，种植面积增加了 3 倍多，总产增加了 10 多倍。目前，我国油菜常年种植面积约 700 万公顷，总产约 1000 万吨，两项指标居世界首位。

同时，我国油菜生产在快速发展的过程中形成了如下鲜明特征。一是甘蓝型油菜品种占据绝对主导地位。油菜按照其遗传背景不同，可分为甘蓝型、白菜型、芥菜型三大类。20 世纪 50 年代初期及以前，我国种植的油菜以白菜型、芥菜型品种为主。通过从日本引进品种，选育推广新品种等措施，在产量、抗性和含油率等方面更具优势的甘蓝型品种在我国得到迅速推广。目前已占到我国油菜总面积的80%以上，遍布我国各油菜产区。芥菜型、白菜型油菜在我国的种植面积已经很小，前者主要分布于贵州、重庆等地，后者主要分布于青海、甘肃等地。二是油菜生产区域集中。油菜适应性强，在我国南北各地均可种植，其中长江流域的气候条件和轮作制度特别适合种植油菜，历来是我国油菜的集中产区。据统计，2000年，我国油菜籽总产量为1138万吨，其中长江流域四川、贵州、湖北、安徽等地的油菜籽产量共计930万吨，占到全国总产的80%以上。三是目前油菜种植正处于新旧品种更替的特殊时期，优质双低油菜获得迅速推广。传统油菜生产的菜籽油中含有22%～66%的芥酸（erucic acid），饼粕中含有110～150微摩尔/克的硫苷（glucosinolate，GL），影响了菜籽油食用价值和饼粕的有效利用。20世纪80年代以来，我国也积极开展了双低优质油菜的育种和推广工作，截至2000年，我国共审定90个双低油菜品种，其中常规品种61个，杂交品种29个，推广面积占当年油菜总面积的40%。目前，长江流域是中国油菜的主产区，也是世界最大的油菜种植带。

从全球角度来看，据美国农业部2016年发布的9月份油料作物展望报告显示，2016/2017年度全球油菜籽产量预计为6690万吨，全球油菜籽产量预计连续第三年下滑，全球油菜籽产量下调是因为欧盟以及俄罗斯产量调低所致。

菜籽饼和菜籽粕是油菜籽经不同工艺提取油脂后所得到的残余物，一般将压榨法所得到的残余物称为菜籽饼，将浸出法所得到的残余物称为菜籽粕。菜籽饼粕含有较高的植物蛋白，其营养价值与脱脂大豆粕不相上下，作为饲料其生物效价和利用率甚至超过脱脂大豆粕。菜籽饼粕的营养成分见表3-10。

表 3-10 菜籽饼粕的营养成分 单位:%

菜籽饼粕	干物质	粗蛋白质	粗纤维	脂肪	灰分	无氮浸出物
压榨饼	91.7	35.7	12.1	9.7	8.0	26.8
浸出粕	89.1	38.45	12.3	1.7	8.8	27.8

注:引自何国菊(2004),菜籽饼粕综合利用研究(西南农业大学学位论文)。

3. 棉籽粕

我国棉花种植面积大,棉籽饼粕产量高,占各类饼粕总量的 30% 左右。棉籽粕中粗蛋白质含量高 ($\geqslant 35\%$),合理高效利用棉籽粕资源是解决我国中长期蛋白质饲料资源缺乏的有效途径之一。棉籽粕是棉籽提油后的副产物,其营养价值受加工工艺和棉籽品质的影响,棉籽品质则与我国棉花种植情况有关。

2013 年我国棉籽粕产量为 446.2 万吨,占饼粕总产量的 5.9%,由于未有库存量及进口,全年度总供应量为 446.2 万吨。其中饲料用棉籽粕 426.7 万吨,工业用棉籽粕 14.5 万吨,出口 5 万吨,其他应用较少。可见我国棉籽粕国内消费主要用于饲料养殖业,饲料消费量占国内消费(国内消费总量为 441.2 万吨)的 96.7%。

4. 其他饼粕

(1) 花生饼粕 我国每年大约有 330 万吨的花生饼粕和 300 万吨的花生壳。花生饼粕是花生仁提取油脂后的副产物,营养成分丰富,其蛋白质含量约 50%;花生壳中除大量粗纤维外,含有 $10.6\% \sim 21.2\%$ 的单糖、双糖和低聚糖。

2013 年花生粕产量为 347 万吨,占饼粕总产量的 4.6%,由于进口 6 万吨,全年度总供应量为 353 万吨。其中饲料用花生粕总量 352.9 万吨,出口 0.1 万吨,其他应用极少(USDA)。目前,我国对花生粕的利用尚处于初级阶段,95% 以上的花生蛋白以高温花生粕的形式作为饲料原料应用,仅有不足 5% 的蛋白应用到食品(花生蛋白粉、花生乳)中。与大豆粕产品相比,花生粕相关产品较少。

（2）葵花籽粕　葵花籽粕也称为葵花粕，是指葵花籽经预压榨或直接浸出法榨取油脂后的物质。主要分布于我国东北、西北和华北地区，葵花籽粕营养丰富，含有高于其他谷类的优质蛋白质，是植物蛋白的重要来源之一。并且在味道和气味上比大豆、棉籽温和，不存在豆腥味、苦味、涩味及抗营养因子。葵花粕的生产工艺主要包括压榨和浸提，不同生产工艺的葵花粕其营养成分稍有不同，见表3-11。

表3-11　葵花籽粕的营养成分及其营养价值（干基）

葵花粕种类	干物质/%	总可消耗营养物质/%	粗蛋白质/%	粗脂肪/%	粗纤维/%	灰分/%	酸性洗涤纤维/%	钙/%	磷/%
机榨葵花粕	93	74	44.6	8.7	13.1	7.1	17	0.42	1.14
浸提葵花粕	93	65	49.8	3.1	12.2	8.1	16	0.44	0.98

注：1.引自张依量（2015），葵花籽粕的营养特性及其在畜禽生产上应用的研究（饲料广角）。

2.粗蛋白质、粗脂肪等营养成分的含量以干物质为基础测量。

2013年葵花籽粕产量为74.5万吨，由于未存在进出口量，国内消费量也为74.5万吨，其中饲料用量为68.1万吨，工业用量为6.4万吨（USDA），可见饲料用葵花籽粕占国内消费总量的91.4%。

表3-12为2013年油料加工副产物的产量及应用。

表3-12　2013年油料加工副产物的产量及应用

单位：万吨

名称	产量	进口量	总供给量	压榨量	油脂产量	饼粕产量
油料	5891.5	7563.6	14771.7	10773.0	2362.7	7523.0
大豆	1220.0	736.4	9494.2	6885.0	1233.5	5453.1
花生	1697.2	1.5	1698.7	871.0	272.5	347.0
油菜籽	1445.8	504.6	213.6	1850.0	657.9	1161.4
葵花籽	245.0	6.1	266.7	137.0	49.0	74.5
棉籽	1283.5	15.0	1298.5	1030.0	149.8	446.2

注：数据引自USDA（2014）。

四、秧、藤蔓

秧、藤蔓类秸秆主要包括辣椒秧、马铃薯秧、甘薯藤、冬瓜藤、南瓜藤、西瓜藤、黄瓜藤等植物的茎叶。其营养特点是质地较柔软，水分含量高，一般为80%以上，干物质含量较少，干物质中蛋白质含量在20%左右，其中大部分为非蛋白氮化合物。

1. 辣椒秧

辣椒（*Capsicum annuum* L.）是人们日常生活中重要的蔬菜，已成为许多省市的主要经济作物。目前全球辣椒的种植面积约370万公顷，产量3.70亿吨。我国辣椒种植面积133万公顷，仅次于白菜，产量2.8亿吨，居世界第一；经济产值700亿元，居蔬菜首位。辣椒采收后产生大量辣椒秧，且收获期比较集中，具有转化成家畜优质饲料的巨大潜力。辣椒秧的营养成分见表3-13。

表3-13　辣椒秧的营养成分

成分	水溶性碳水化合物/%	粗蛋白质（干物质）/%	中性洗涤纤维（干物质）/%	酸性洗涤纤维（干物质）/%
含量	2.20	15.77	41.16	37.43

注：引自周娟娟（2013），辣椒秧和马铃薯秧青贮调制研究（甘肃农业大学学位论文）。

2. 马铃薯秧

马铃薯（*Solanum tuberosum* L.），俗名土豆、洋芋，茄科茄属的一年生草本植物，营养丰富，被评为"世界十大营养健康食品之一"的粮菜兼用的高产茄科经济作物。目前，全球马铃薯种植面积约1.83×10^7公顷，产量33亿吨；我国马铃薯种植面积约4.75×10^6公顷，占全球总面积的20%，产量6.9亿吨，是世界上最大的马铃薯种植生产国。在我国，马铃薯的投入产出比为1:4，其开发前景乐观。马铃薯大量种植，收获后马铃薯秧的处理显得尤为重要。据报道，马铃薯茎叶饲用价值较高，干物质18.4%，粗蛋白质17.2%（干物质），粗纤维20.8%（干物质），粗脂肪1.8%（干物质），钙1.39%（干物质），磷0.14%（干物质），每千克马铃薯茎叶中含

0.12 个饲料单位，胡萝卜素 80mg，其他营养素见表 3-14。但由于马铃薯秧龙葵素含量较高、适口性差、含水量高、难以保存，需要对其进行加工调制后才能作为饲料。

表 3-14　马铃薯秧的营养成分

成分	水溶性碳水化合物（干物质）/%	中性洗涤纤维（干物质）/%	酸性洗涤纤维（干物质）/%
含量	3.68	35.33	29.60

注：引自周娟娟（2013），辣椒秧和马铃薯秧青贮调制研究（甘肃农业大学学位论文）。

3.甘薯藤

甘薯（*Ipomoea batatas* Lam.）是旋花科一年生或多年生草本植物，又称红薯、白薯、番薯、红苕等。目前，我国的甘薯总种植面积保持在 620 万公顷左右，总产量稳定在 1 亿吨以上，占全世界的80%，是世界上最大的生产国。然而，当收获甘薯的块茎后，还留下大量地面的藤蔓（包括叶、柄和茎）。甘薯藤蔓除含有丰富的纤维素、蛋白质、矿物质和维生素等营养物质外，还含有大量的多糖、黄酮类化合物、多酚等活性物质。甘薯藤是常用的藤蔓饲料，具有相对较高的营养价值，不仅可用作牛羊饲料，也可用作喂猪饲料。

4.花生藤蔓

花生（*Arachis hypogaea*）是重要的油料作物之一，花生秧、壳占花生生物量的 50% 以上，且这些秧、壳营养丰富，是宝贵的生物资源。

花生藤蔓中的营养物质含量丰富。据测定，匍匐生长的花生藤蔓茎叶中含有 12.9% 粗蛋白质、2% 粗脂肪、46.8% 碳水化合物，其中花生叶中的粗蛋白质含量则高达 20%。就可消化蛋白质而言，1 千克干花生藤蔓含可消化蛋白质 70 克左右，含钙 17 克、磷 7克。就花生藤蔓中粗蛋白质而言，花生藤蔓中的粗蛋白质含量相当于豌豆秸的 1.6 倍，并分别相当于稻草和麦秸的 6 倍和 23 倍，畜禽采食 1 千克花生藤蔓所产生的能量相当于 0.6 千克大麦所产生的能量。也就是说，一般亩产 300 千克花生就可得到 300 千克的花生藤蔓，它可与 180 千克大麦所产生的能量大致相等。

五、秕壳

1. 花生壳

据不完全统计，我国每年花生秧的产量大约为 0.3 亿吨，而花生壳的产量超过 500 万吨，并且数量还在不断增加。

花生壳营养丰富。粗蛋白质、粗脂肪含量分别为 4.8％～7.2％、1.2％～1.8％；淀粉含量为 0.7％，还原糖、双糖和戊糖分别为 0.3％～1.8％、1.7％～2.5％和 16.1％～17.8％；矿物质元素含量比较丰富，其中钙、磷、镁、钾、氮含量分别为 0.20％、0.06％、0.07％、0.57％、1.09％，每千克花生壳中含铝 454 毫克、铁和锶 262 毫克、钠 66 毫克、锰 45 毫克、钡 16 毫克、锌和硼 13 毫克、铜 10 毫克。

2. 稻壳

稻谷是中国第一大粮食作物，年产量 2.05 亿吨左右，占中国粮食总产量的 42％。中国稻谷年产量占亚洲的 38％，占世界总产量的 34.5％。稻壳是一种木质纤维素原料，约含 20％的木质素、40％的纤维素、20％的五碳糖聚合物（主要为半纤维素），另外，约含 20％灰分及少量粗蛋白质、粗脂肪等有机化合物。

3. 笋壳

我国竹类资源丰富，总量占世界竹类资源的 30％，竹林面积占 550 万公顷。竹笋是经秆基或竹鞭的嫩芽萌发后分化成的嫩茎与膨大的芽，我国竹笋产量大，其中鲜笋产量可达 250 万吨多。据推算，我国毛笋壳年产量（鲜重）约为 1170 万吨。此外，我国还有占全国竹林总面积三分之一（151 万公顷）的杂种竹林，每年也可产生约 400 万吨笋壳。两项合计，我国年产竹笋壳鲜重约 1570 万吨。竹笋加工下脚料所含营养成分见表 3-15，由于笋节与笋壳的粗纤维含量相对较高，因而适于饲喂反刍家畜，笋根含有丰富的矿物质元素，如 Mn、Cr、Fe、Zn、Mg、Co 与 Cu 等，总体而言，竹笋加工下脚料的营养价值较高。

表 3-15　竹笋壳的营养成分（以干物质为基础）　单位：%

饲料	粗蛋白质	粗脂肪	粗纤维	NDF（中性洗涤纤维）	粗灰分	钙	磷
鲜笋壳	8.12～12.70	1.42～1.74	26.24～27.13	75.30～78.90	4.28～8.72	0.12～0.29	0.15～0.25
蒸煮笋壳	10.94～16.00	1.56～1.79	20.78～22.87	68.10～71.87	8.68	—	—

注：引自赵丽萍等（2013），笋壳作为动物饲料利用研究进展（中国畜牧杂志）。

六、糟渣

据估算，到 2020 年，我国仅蛋白质饲料缺口就达到 4800 万吨，将糟渣类作为饲料原料，具有来源广、种类丰富、价格便宜、供应充足等优点。糟渣类饲料资源是指农副产品加工的废弃物以及工业下脚料中可以作为饲料资源的部分，在我国主要包括白酒糟（distillers grains，DG）、啤酒糟（brewers grains，BG）、醋糟（vinegar residue，VR）、酱油渣（soy sauce residues，SSR）等酿造业糟渣，苹果渣、柑橘皮渣（citrus peels，CPs）等水果加工业糟渣，甘蔗渣、甜菜渣、糖蜜等制糖工业糟渣，薯类（红薯、马铃薯、木薯）淀粉渣，菌糠（mushroom residue，MR）等。我国糟渣类非常规饲料资源种类多、数量大，如我国年产醋糟 150 万～175 万吨、苹果渣 120 万～150 万吨、白酒糟 3076.8 万吨（2011 年）、含水 75% 的酱油渣 470 万吨（2010 年）、柑橘皮渣 1000 多万吨（2008 年）、食用菌菌糠 1000 万吨（2007 年）、红薯淀粉渣 1.35 亿吨（2005 年）。

糟渣类饲料资源有以下特点。

① 含水量高，通常在 30%～80%，从而容易使这类资源迅速腐败变质。

② 易联结成团，糟渣中的淀粉成分在烘干过程中容易糊化联结成团。

③ 酸碱不平衡，很多糟渣（如酒糟、啤酒糟、醋糟、苹果渣等）酸性较强，作为饲料使用时要考虑酸碱度。

④ 含有抗营养因子，许多糟渣含有抗营养因子（如苹果渣含有果胶和单宁，豆渣含有胰蛋白酶抑制素、致甲状腺肿素和凝血素），直接饲喂影响消化吸收。

⑤ 成分变化大，不同生产原料和生产工艺容易使糟渣营养物质的种类和含量产生巨大差异。

⑥ 营养价值低，糟渣类饲料资源的普遍特点是粗纤维含量比较高、能量低（高能量物质在加工过程中被提取出去）。

目前，糟渣的利用方法大致有下面三类。

① 蛋白质含量在 20％以上，可直接作精饲料的糟渣，往往不需另加处理，即可直接经过粉碎、干燥，制成粉状的高蛋白质精料，作蛋白质的添加剂使用。

② 蛋白质含量在 20％以下，粗纤维含量较高，可直接作粗饲料的糟渣，经筛选、干燥、粉碎后，做成饲料填充料，按配合比例适当地加入营养添加剂及黏合剂制成粉状和颗粒状的预混饲料出售。通常采用脱水干燥法。

③ 不能直接饲喂的纤维素及半纤维素较高的糟渣，则需开展综合利用，需先经加酸、加温水解成单糖，经微生物发酵制成糖化饲料或单细胞蛋白饲料。常用于酒糟发酵的微生物有白腐真菌、酵母菌和枯草芽孢杆菌等有益菌，通常可以提高酒糟中的单细胞蛋白含量，分解纤维成分，提高酒糟的营养价值。

饲喂酒糟可以促进畜禽生长，提高增重效果，但要注意防止酒糟中毒的发生。

第二节　代表性秸秆的种类与成分

一、玉米秸秆

稻谷、玉米和小麦并称为我国三大主要粮食作物。据统计，2012 年我国玉米产量超过稻谷，成为我国第一大粮食作物品种。玉米在我国的分布很广，目前我国玉米种植面积和总产仅次于美国，并且主要集中在东北、华北和西南地区，东北是我国玉米的主要产区。

随着我国畜牧业的迅速发展，玉米已不仅是人类的口粮，玉米及其副产品已经成为重要的牲畜饲料和工业生产原料。作为玉米主要的副产物——玉米秸秆（图3-2）的产量十分巨大。我国常年种植玉米3334万公顷，秸秆产量按每公顷6～7.5吨计算，每年可生产秸秆2亿～2.5亿吨。据统计，2012年玉米总产量约为2.08亿吨，若按照玉米秸秆与玉米籽粒的比值（草谷比）1.2～2计算，玉米秸秆总产量可达2.5亿～4.16亿吨。各省玉米秸秆产量估计值见表3-16。

(a)玉米　　　　　　　　(b)玉米秸秆

图3-2　玉米及其秸秆

表3-16　玉米主要产区秸秆产量估计值　　单位：万吨

省份	玉米总产量	秸秆产量（按草谷比1.2～2计算）
河北	1508.7	1810～3017
内蒙古	1465.7	1759～2931
辽宁	1150.5	1381～2301
吉林	2004.0	2405～4008
黑龙江	2324.4	2789～4649
山东	1932.1	2319～4649
河南	1634.8	1962～3270

注：引自2011年中国农业年鉴。

玉米秸秆产量如此巨大，使其在养牛生产中作为饲料资源利用具有巨大的潜力。与小麦秸、稻秸等作物秸秆相比，玉米秸秆的粗蛋白质和无氮浸出物的含量更高、粗纤维含量更低，因此，作为牛饲料的营养价值高于其他秸秆。但其营养成分含量也因多种因素的不同而不同。

1. 玉米品种对玉米秸秆营养成分含量的影响

目前，玉米品种主要包括普通玉米、饲用玉米（高油玉米、高蛋白玉米、分蘖玉米）等。

高油玉米是指含油（粗脂肪）量超过5%的玉米（图3-3）。我国的高油玉米品种，如高油115、高油298、高油647等，其产量已与大田推广的普通玉米持平，最高含油量已达10%以上，个别群体含油量有望超过20%。高油玉米的含油量、总能量水平和蛋白质含量均高于常规玉米，并且含有较高的维生素A、维生素E。除此之外，该品种还具有秸秆优质的特征，在籽粒生理成熟时，其茎、叶仍然保持碧绿多汁，有较高的粗蛋白质含量，其他营养成分丰富，可作青饲或青贮，是草食动物的优质饲料（表3-17）。

(a) 籽粒　　　　　　　　　　(b) 植株

图3-3　高油玉米籽粒和植株

表3-17　高油玉米秸秆与普通玉米秸秆的营养成分
含量比较（以干物质为基础）　　　　　单位：%

组别	水分	粗蛋白质	粗脂肪	粗纤维	粗灰分	无氮浸出物	钙	磷
普通玉米	10.00	5.90	0.90	24.90	8.10	50.20	—	—
高油玉米	10.03	9.40	1.75	26.52	6.82	45.51	0.71	0.11

注：普通玉米数据来源于《肉牛饲养标准》(2004版)；高油玉米数据来源于穆秀明等(2011)，不同类型玉米品种秸秆饲用价值的差异(黑龙江畜牧兽医)。

高蛋白饲料玉米约含有 40％的极易消化的谷蛋白和均衡比例的亮氨酸、异亮氨酸，赖氨酸等必需氨基酸和可食用氨基酸的含量接近普通玉米的 2 倍。其秸秆含粗蛋白质 7.8％～10.54％，平均 9.2％，比普通玉米秸秆（3％～5.9％）高 3.3％～6.2％；秸秆含脂肪 1.49％、粗纤维 22.3％～31.9％、总糖 15％左右。

饲用玉米主要包括青贮专用型、粮饲兼用型、粮饲通用型等，我国目前的品种较少，主要包括北方春播玉米区、黄淮海夏播玉米区、西南山地丘陵玉米区、南方丘陵玉米区和西北灌溉玉米区的若干品种。

2. 秸秆组成对玉米秸秆营养成分含量的影响

玉米秸秆主要包括茎秆、叶、芯、苞叶等形态部位，各部位的营养物质组成和消化率差异很大。从化学成分来看，茎秆部分的粗蛋白质含量较低，纤维素和灰分含量最高，因而消化率最低。叶片的灰分和纤维含量较低，消化率较高，因而叶片的营养价值高于鞘和茎秆。经测定，玉米秸各部位的干物质消化率，茎为 53.8％，叶为 56.7％，芯为 55.8％，苞叶为 66.5％，全株为 56.6％。因此，含叶片较多的玉米秸秆营养价值较高，而含茎秆和玉米芯较多则营养价值较低。

3. 收获期对玉米秸秆营养成分含量的影响

玉米在不同成熟期刈割，其秸秆的营养成分差别很大（表 3-18）。从乳熟期到完熟期，秸秆不断发生老化，表现为干物质和难以消化的粗纤维成分增加，其他如糖、淀粉、维生素等可消化的成分不断减少，尤其是收穗后的秸秆，适口性、消化率和营养价值更低。

表 3-18　收获期对青贮玉米秸秆营养成分含量的影响

组别	初水分/％	干物质/％	酸性洗涤纤维（以干物质为基础）/％	中性洗涤纤维（以干物质为基础）/％
蜡熟期	74.11	25.86	18.86	55.31
完熟期	64.73	33.34	23.86	62.13

注：引自蔡元等（2011），收获期和酶制剂对青贮玉米秸秆品质影响的研究（畜牧兽医杂志）。

玉米秸秆的总体利用价值体现在秸秆产量和质量同时达到最佳。玉米籽粒在乳熟期（2/4 乳线期）至蜡熟期（4/4 乳线）时，玉米秸秆的含水量为 60%～69%，为制作青贮的最佳水分含量，并且此时干物质产量亦较高，可以作为饲用玉米秸秆的最佳刈割时间。

4. 加工方式对玉米秸秆营养成分含量的影响

长期以来，玉米秸秆就是牲畜的主要粗饲料之一，特别是经青贮、黄贮、氨化及糖化等处理后，可提高利用率，效益将更可观。玉米秸秆中所含的消化能为 2235.8 千焦/千克，且营养丰富，总能量与牧草相当。

对玉米秸秆进行精细加工处理，制作成高营养饲料，不仅有利于发展畜牧业，而且通过秸秆过腹还田，更具有良好的生态效益和经济效益。以下列出几种主要秸秆处理方法对秸秆营养构成的影响。

（1）青贮 青贮是目前加工玉米秸秆最常用的方法之一（图 3-4）。青贮可以不添加其他物质，加工过程简单，成本低廉，并且能提高玉米秸秆的适口性、营养价值和保存时间。青贮使玉米秸秆柔软多汁、酸香可口，并且可以提高秸秆纤维的消化率，增加粗蛋白质的含量。玉米青贮前后营养成分的变化见表 3-19。

(a) 窖贮　　　　　　　　　　(b) 裹包青贮

图 3-4　玉米秸秆窖贮和裹包青贮

表 3-19　青贮发酵前后玉米秸秆主要营养物质含量的变化

单位:%（干物质）

时期	生育期	品种	粗蛋白质	中性洗涤纤维	酸性洗涤纤维
贮前	扬花期	新词玉 10 号	6.06±0.01	59.74±0.25	37.87±0.33
		新饲玉 11 号	7.22±0.03	62.55±0.51	37.18±0.20
		新饲玉 17 号	5.95±0.04	58.95±0.53	38.10±0.27
	乳熟期	新饲玉 10 号	5.50±0.03	54.34±0.34	31.11±0.17
		新饲玉 11 号	6.98±0.03	57.06±0.22	26.85±0.05
		新饲玉 17 号	5.73±0.06	56.08±0.39	29.60±0.36
贮后	扬花期	新饲玉 10 号	7.58±0.04	66.59±0.28	39.32±0.28
		新饲玉 11 号	7.75±0.04	64.72±0.26	40.04±0.24
		新饲玉 17 号	6.98±0.03	65.33±0.29	40.63±0.12
	乳熟期	新饲玉 10 号	6.90±0.04	63.09±0.26	36.31±0.27
		新饲玉 11 号	7.10±0.04	63.42±0.20	37.34±0.29
		新饲玉 17 号	6.20±0.06	62.17±0.31	35.61±0.18

　　注:引自刘美华等(2014),不同生育期的青贮玉米青贮前后的养分比较(粮食与饲料工业)。

　　（2）添加剂青贮　青贮过程中可以使用添加剂，添加剂包括微生物、酶制剂和酸化剂等。

　　微处是采用微生物降解秸秆饲料纤维类物质、生成糖类并最终转化为有机酸等物质的方法。在微生物的发酵作用下，玉米秸秆的柔软性和膨胀度增加，具酸香味，适口性提高，粗蛋白质等营养物质含量增加，饲喂价值提高。常用的微处菌种包括乳酸菌、纤维分解菌、酵母菌、芽孢杆菌等。微处与青贮的区别在于，青贮原料通常是青绿多汁饲料，可以不添加其他成分进行制作，而微处原料比较宽泛，可以是干秸秆，通常需要添加菌种和辅助物质。

　　酶制剂是指从生物中提取的具有催化化学反应特性的高效生物活性物质，处理秸秆所选用的酶制剂通常包括纤维素酶、半纤维素酶、木聚糖酶和 β-葡聚糖酶等，能把饲料中大分子的纤维素、半纤维素等分解成易消化吸收的低分子化合物和葡萄糖，降低粗纤维含量（表3-20），从而提高饲料利用率，改善饲料品质。

表3-20　添加纤维素酶对青贮玉米秸秆营养成分的影响

复合酶制剂添加量 /(千克/吨)	干物质 /%	粗蛋白质 /%	中性洗涤纤维 /%	酸性洗涤纤维 /%
0	20.04±0.12	11.34±0.49	60.69±2.88	34.46±1.50
0.6	20.99±0.97	11.89±0.26	56.81±1.89	31.78±1.45
1.0	22.52±1.98	12.31±0.16	53.85±0.99	30.68±1.00
1.4	20.56±0.76	12.21±0.48	54.93±2.59	31.24±0.69

注:引自刘圈炜等(2011),复合酶制剂对玉米秸秆青贮发酵品质的影响(中国饲料)。

添加酸化剂制成的酸贮玉米秸秆具有营养价值丰富、气味酸香、适口性强、质地柔嫩、易于消化、水分含量低、牛的干物质采食量大等优点。总体营养水平显著高于风干的玉米秸秆（表3-21）。酸化剂为应用于饲料的有机酸和无机酸及其复合产品等，可以降低pH值、氨态氮含量，提高乳酸含量，提高青贮品质。

表3-21　酸贮对玉米秸秆营养成分的影响

组别	水分 /%	氨态氮 /(毫克/克)	粗灰分 /%	钙 /%	磷 /%	中性洗涤 纤维/%	酸性洗涤 纤维/%
风干玉米秸秆	23.1	—	5.1	0.35	0.11	77.3	47.1
酸贮玉米秸秆	67.4	5.3	7.1	0.63	0.17	71.8	44.5

注:引自张若寒等(2005),酸贮玉米秸秆对奶牛生产性能影响的初步探讨(中国畜牧杂志)。

（3）氨化　一般在秸秆原料中加入秸秆干物质 $3\%\sim4\%$ 的含氮物质，厌氧发酵后可以提高玉米秸秆的粗蛋白质含量，降低纤维物质含量（表3-22），并提高粗纤维消化率，促进牛瘤胃微生物蛋白的合成。氨化所用秸秆的品质越差，氨化后营养价值提高的幅度越大，而对于品质较好的秸秆可以不进行处理。

表3-22　尿素处理对玉米秸秆营养成分的影响　　单位:%

组别	干物质	粗蛋白质	中性洗涤纤维	酸性洗涤纤维
对照组	19.62	10.12	54.00	31.53
氨化组	20.75	13.89	53.01	28.76

注:引自臧艳运等(2012),添加丙酸和尿素对玉米青贮品质的影响(草业科学)。

（4）碱化　碱化处理，是指在秸秆原料中添加一定量的碱进行的处理。一般常用氢氧化钠、氢氧化钾、氢氧化钙等，其中以氢氧化钠效果最好。秸秆在碱的作用下，可以使纤维素与木质素之间发生断裂、膨胀，溶解一部分半纤维素，使纤维素膨胀，破坏细胞层之间的连接，也就是使秸秆的纤维变软，含量降低（表3-23），为瘤胃微生物接近和分解纤维素创造了条件。又因为碱的氢氧根有利于瘤胃中纤维素酶的分解，所以能够提高牛对秸秆的消化率。

表3-23　碱化处理对玉米秸秆营养成分的影响　　单位:%

处理组	中性洗涤纤维含量	酸性洗涤纤维含量
原玉米秸	74	36
2%氢氧化钙	56	33
3%氢氧化钙	55	32
4%氢氧化钙	49	30

注:引自孙国强等(2012),不同水平尿素、氢氧化钙对玉米秸纤维含量的影响(中国奶牛)。

（5）热喷和膨化　热喷即罐式膨化，可将玉米秸秆粗纤维含量由32.68%降低到30.06%（表3-24），秸秆消化率由处理前的52%提高到64%左右。但其设备复杂、占地面积大、所需费用高，未能广泛应用。而挤压膨化相比较则更适合进行该种秸秆饲料的处理。

表 3-24　膨化对玉米秸秆营养成分的影响　　　单位：%

组别	水分	灰分	粗蛋白质	粗脂肪	粗纤维	无氮浸出物
未膨化玉米秸	8.42	9.47	5.45	0.76	32.68	47.20
膨化玉米秸	8.07	8.17	5.26	0.78	30.06	51.84

注：引自王宏立等(2007)，挤压膨化技术在秸秆饲料加工中的应用(农机化研究)。

（6）生物技术　近年来，为了更好地利用秸秆饲料，提高其营养利用率，各种生物技术也逐步应用于秸秆处理中，比较突出的是利用真菌分解秸秆中纤维类物质的方法。秸秆中牛很难消化的木质素与纤维素间形成的坚固酯键，阻碍了瘤胃微生物对纤维素的降解。而白腐真菌具有降解木质素和纤维素的能力，可使秸秆饲料变得香甜可口，易于消化吸收。表 3-25 中列出了白腐真菌处理 50 天下玉米秸秆纤维类物质的相对降解率，不同属的菌种在纤维素、半纤维素和木质素上的作用各有侧重，但会提高秸秆的粗蛋白质含量（表 3-26）。

表 3-25　白腐真菌处理 50 天下玉米秸秆纤维类物质的相对降解率

单位：%

菌　种	纤维素	半纤维素	木质素
侧耳属	19.1	32.1	33.9
多孔菌属	13.3	39.2	55.4
香菇属	18.0	44.9	34.8

注：引自王宏勋等(2006)，白腐菌选择性降解秸秆木质纤维素研究[华中科技大学学报(自然科学版)]。

表 3-26　白腐真菌对玉米秸秆粗纤维和粗蛋白质含量的影响

单位：%

组　别	处理时间	粗纤维	粗蛋白质
对照组		34.9	5.8
白腐真菌	7 天	29.9	11.7
	12 天	34.2	9.3
	17 天	32.5	11.8

注：引自张爱武等(2012)，白腐菌发酵玉米秸秆最佳条件研究[西北农林科技大学学报(自然科学版)]。

5.其他因素对玉米秸秆营养成分含量的影响

土壤、气候、水源和施肥等因素对玉米秸秆营养成分也有不同程度的影响。

二、高粱秸秆

高粱〔*Sorghum bicolor*（L.）Moench〕又称乌禾、蜀黍，为禾本科高粱属一年生草本植物，是人类栽培的重要谷类作物之一，是世界上种植面积仅次于小麦、玉米、水稻、大麦的第五大谷类作物。高粱具有较高的营养价值，碳水化合物 74.7%，蛋白质 10.4%，脂肪 3.1%，膳食纤维 4.3%，硫胺素 2.9 毫克/千克，核黄素 1.0 毫克/千克，钙 220.0 毫克/千克，铁 63.0 毫克/千克，锌 16.4 毫克/千克，镁 129.0 毫克/千克，硒 28.3 毫克/千克。高粱植株高大茂密，其茎叶中含有 14%～18% 的纤维素。

高粱茎秆鲜嫩，含糖量高，营养丰富，易消化，适口性好，牲畜爱吃，加之产量高和适应性强，并具有一定的再生能力，是一种优良的新兴饲料作物，目前已成为国外一些大型畜牧场青饲、青贮或制作干草的饲料。

此外，在饲用高粱的绿色叶片中含有氰糖苷（cyanogenic glu-coside），在生长阶段，它水解后释放出氢氰酸。氢氰酸有毒，在夏季，牲畜食用富含氢氰酸的饲用高粱有中毒的危险，特别是饲喂早期生长阶段的饲用高粱青料更甚。不同的饲用高粱品种，氰化物的含量也各不相同；同一个品种在不同生长阶段，氰化物的含量也有很大差异。氰化物是一个非常重要的指标，在美国一般认为该指标不应超过 300 毫克/千克，如果超过该指标，对牲畜可能产生不利的影响。

1.品种对高粱秸秆营养成分含量的影响

不同品种对高粱的刈割时期及鲜、干草产量等有重要影响，也是决定饲用高粱是否适宜青饲或青贮的因素之一。不同饲用品种高粱草产量和粗蛋白质含量见表 3-27。

表 3-27 不同饲用品种高粱草产量和粗蛋白质含量

单位：千克/亩[①]

品种	草产量		粗蛋白质产量	
	鲜草总产量	干草总产量	第 1 次刈割	第 2 次刈割
Sweet Virginia	5224.83[bc]	669.59[bc]	55.39[D]	43.59[BC]
大力士	4349.54[c]	532.83[cd]	80.66[B]	69.13[AB]
辽甜 1 号	4570.19[bc]	533.72[cd]	50.09[DE]	46.93[BC]
甜格雷兹	4335.50[c]	600.13[cd]	68.80[CD]	64.38[AB]
通甜 1 号	8386.91[a]	887.12[a]	96.22[A]	75.79[A]
健宝	5471.87[b]	487.00[d]	44.38[E]	39.34[C]
吉甜 3 号	4718.41[bc]	765.91[ab]	56.16[D]	46.86[BC]
新苏 2 号	4249.04[c]	820.46[ab]	72.51[c]	66.13[ab]

[①] 1 亩≈666.67 平方米。

注：1.同列中不同小写字母间差异显著($P<0.05$)，不同大写字母间差异极显著($P<0.01$)。

2.引自崔凤娟等(2012)，饲用高粱品种品质性状的比较及评价(草地学报)。

2. 不同部位和不同收获期对高粱秸秆营养成分含量的影响见表 3-28。

表 3-28 甜高粱叶鞘、皮、髓、穗营养成分含量 单位：%

序号	项目名称	整株	髓	皮	叶、鞘	穗
1	总糖	13.59	16.76	13.05	5.86	7.84
	所占份额	100	63.6	27.9	8.2	0.37
2	蛋白质	6.55	3.61	4.32	8.16	9.12
	所占份额	100	33.8	26.7	37.4	2.1
3	粗纤维素	18.74	15.13	21.78	19.64	17.71
	所占份额	100	17.4	59.2	21.2	2.2
4	粗脂肪	1.45	0.46	0.81	2.57	2.01
	所占份额	100	21.4	35.7	40.5	2.4
5	灰分	3.72	0.92	3.23	6.52	254
	所占份额	100	27.3	19.8	50	2.9

序号	项目名称	整株	髓	皮	叶、鞘	穗
6	无氮浸出物	62.44	65.56	63.31	52.43	51.81
	所占份额	100	18.12	44.56	34.72	2.6
注	各部分所占份额	100	51.35	29.02	19	0.63

注：引自柴庆伟(2010)，利用甜高粱秸秆榨汁后的皮渣替代玉米秸秆制取青贮饲料（石河子大学学位论文）。

此外，不同收获期对高粱秸秆的干物质量和青贮量具有较大的影响，结果表明，在孕穗期、抽穗期和乳熟期收获整株干物质的比率分别为 20.29％、25.21％和 30.8％，差异达显著水平。而整株干物质产量分别为 1.22 万千克/公顷、1.43 万千克/公顷和 1.65 万千克/公顷。尽管乳熟期干物质产量最高，但从全年鲜草产量的角度看抽穗末期收获青贮较佳。表 3-29 显示了一项关于不同生育期对高粱草营养成分的影响。

表 3-29　不同茬次不同生育期饲用高粱的茎叶比

品种	第一茬			第二茬		
	拔节期	孕穗期	抽穗期	拔节期	孕穗期	抽穗期
晋草 1 号	0.67	1.38	3.38	0.76	1.63	3.99
晋草 2 号	0.66	1.12	3.04	0.72	1.56	3.24
晋草 3 号	0.79	1.51	4.19	0.76	1.58	4.59
晋草 4 号	0.75	1.47	3.99	0.65	1.77	4.25
晋草 5 号	0.77	1.39	3.84	0.69	1.49	4.26
晋草 6 号	0.69	1.46	3.96	0.69	1.5	4.23

注：引自李建平(2004)，不同饲用高粱品种的营养价值及其人工瘤胃降解动态的研究（山西农业大学学位论文）。

3. 加工方式对高粱秸秆营养价值的影响

（1）青贮　甜高粱是目前世界上生物量最高的作物之一，其生物产量比青饲玉米高 0.5～1 倍，可产鲜茎叶 90 吨/公顷、高粱籽粒 6 吨/公顷，适合进行青贮加工。甜高粱的青贮效果与青贮原料的切碎程度、压实程度、装填速度、青贮料贮藏封闭以及青贮添加剂等因素息息相关，若进行良好的调制，可获得良好的饲喂效果。研究表明，选择茎秆含糖量和植株营养积累达到最大值即孕穗至抽穗期收获的秸秆，采用塑料袋青贮法青贮后适口性显著改善，饲喂育肥肉牛其采食量增大，采食速度加快，日增重提高（表3-30）。

表3-30　不同品种高粱青贮前后营养成分含量对比 单位:%

品种	青贮前后	蛋白质	粗脂肪	NDF	ADF
考利	青贮前	7.35[ab]	3.88[a]	58.16[b]	29.55[b]
	青贮后	7.29[a]	3.53[a]	58.39[b]	33.34[b]
丽欧	青贮前	7.57[a]	3.81[a]	56.94[b]	28.88[b]
	青贮后	7.41[a]	3.67[a]	55.65[b]	28.38[b]
甜饲1号	青贮前	6.81[b]	3.62[a]	47.15[c]	23.26[c]
	青贮后	6.29[ab]	3.457[ab]	54.36[b]	29.10[b]
大力士	青贮前	5.41[c]	2.61[c]	57.76[b]	28.66[b]
	青贮后	4.92[c]	2.21[c]	64.49[a]	39.92[a]
X096	青贮前	5.71[c]	2.84[bc]	64.27[a]	36.39[a]
	青贮后	5.37[b]	2.64[bc]	65.57[a]	39.69[a]

注:引自肖丹(2016)，南疆甜高粱青贮品质及其微生物特征的研究(塔里木大学学位论文)。

（2）粉碎　高粱秸的营养成分稍低于玉米秸，但高于麦秸，见表3-31。高粱粉碎可以直接饲喂动物，研究表明，杂交高粱（6A-030，6A-571）分别替代1/3、1/2玉米秸秆喂羊，羊采食性好，对种羊生产性能无影响，其效果同玉米秸粉相近，并且成本更低。

表3-31　几种秸秆的营养成分含量（风干样）　单位:%

秸秆种类	水分	粗蛋白质	真蛋白质	粗纤维	粗灰分	钙	磷
玉米秸	7.19	6.22	4.81	34.55	6.75	0.24	0.15
高粱秸	7.54	7.88	5.76	32.55	8.25	0.39	0.22
麦秸	6.57	3.10	3.05	42.59	6.69	0.48	0.06

注:引自杨致玲等(2006)，玉米秸、高粱秸、麦秸的开发与利用(现代畜牧兽医)。

三、谷草

谷子，又称小米，谷子是我国传统的优势作物、主食作物和抗旱耐瘠作物。我国为谷子生产大国，谷草产量可观。谷子是粮饲兼用作物，其粮草比为 1：（1～3）。谷草干草中粗蛋白质含量为 5%左右，高于其他禾本科牧草，其饲料价值接近于豆科牧草。我国是世界上的杂粮大国，目前，全国年种植面积约 1200 万亩，其中谷子的栽培面积及粮食产量均居世界首位。表 3-32 为谷子等几种粮食作物秸秆营养成分含量比较。内蒙古是第一大产区，其次是山西、河北、辽宁等地。

表 3-32　几种粮食作物秸秆营养成分含量比较　　单位：%

种类	水分	灰分	粗蛋白质	粗脂肪	粗纤维	粗淀粉	可溶性糖	有机物消化率
高粱	10.1	5.8	4.5	1.8	34.6	—	6.1	44.9
谷子	6.7	11.6	4.6	1.3	36.1	8.5	2.6	41.3
糜子	11.0	6.7	5.8	2.2	31.3	1.3	7.5	52.2

1.品种对谷草营养成分含量的影响

不同谷草品种间营养水平和价值存在差异，对动物的营养价值也不相同，见表 3-33。

表 3-33　不同谷草品种间营养成分含量测定及
肉羊饲喂营养价值评价分析

指标	蒙金谷 1 号	蒙谷 10 号	赤谷 8 号	合计	平均
粗脂肪（EE）/%	2.35	2.44	2.19	6.98	2.32
粗蛋白质（CP）/%	8.88	7.66	8.97	25.5	8.50
粗灰分（Ash）/%	5.95	5.38	5.22	16.55	5.52
酸性洗涤纤维（ADF）/%	46.94	46.60	45.99	139.53	46.51
中性洗涤纤维（NDF）/%	41.51	41.50	41.51	124.51	41.50
酸性洗涤木质素（ADL）/%	3.21	3.22	3.20	9.63	3.21
可消化总养分（TDN）/%	64.67	66.91	67.39	198.97	66.32

续表

指标	蒙金谷1号	蒙谷10号	赤谷8号	合计	平均
粗饲料分级指数(GI)[①]	0.74	0.79	0.82	2.35	0.78
总能(GE)/(兆焦/千克)	16.38	16.69	15.96	49.03	16.34
有机物消化率(IVDMD)/%	61.25	61.76	64.23	187.24	62.41
干物质(DM)/%	93.44	93.59	94.57	281.61	93.87

① 粗饲料品质按照卢德勋 2001 年提出的饲料分级指数(GI2001)进行评定。

注:引自吴宝华,薛淑媛(2015),谷草营养成分及对肉羊营养价值评价研究(现代农业)。

2.加工方式对谷草营养成分含量的影响

(1)化学处理　对谷草粉进行氨碱复合处理,将谷草粉碎。以 1000 千克干谷草为例,尿素 20 千克、石灰乳 20 千克、糖 10 千克、食盐 10 千克加入水中搅拌均匀,喷洒于谷草上,一定要均匀,使谷草粉的含水率控制在 50%。将处理好的谷草进行堆放封垛,1 个月以后饲喂,处理后的谷草呈黄褐色,质地变软。氨碱处理后的谷草用来替代部分青贮玉米秸饲喂育成牛,其增重效果明显。

(2)粉碎　研究表明,干谷草粉碎后,与葛藤和苜蓿粉按照一定比例混合制粒饲喂家兔,不同配比之间差异并不显著,说明谷草、葛藤可以替代部分苜蓿草饲喂家兔,并且谷草的价格更为低廉。

四、小麦秸秆

麦类秸秆是麦类收获后,脱去麦粒剩余的根、茎、叶、谷壳部分,也称麦秆,俗称麦根、麦草等。麦类收获时,其秸秆处于成熟阶段,细胞壁木质化程度很高,牛瘤胃难以消化的木质素含量高达 31%~45%。木质素与纤维素和半纤维素紧密结合,降低了麦类秸秆的消化率。因此,麦类秸秆越老,成熟度越高,消化率越低;一般牛的消化率均不超过 50%,饲料消化能在 7.7~10.5 兆焦/千克之间。麦类秸秆的主要化学成分见表 3-34。

表 3-34   几种不同麦类秸秆的主要化学成分   单位:%

秸秆种类	干物质	粗蛋白质	纤维成分			灰分	钙	磷
			纤维素	半纤维素	木质素			
小麦秸	91.0	2.6	43.2	22.4	9.5	7.2	0.16	0.08
大麦秸	89.4	2.9	40.7	23.8	8.0	6.9	0.35	0.10
燕麦秸	89.2	4.1	44.0	25.2	11.2	7.6	0.27	0.10

与玉米秸秆相比,麦类秸秆的粗纤维含量更高,约为玉米秸秆的 1.5 倍,粗蛋白质含量更低,约为玉米秸秆的 1/3,因此,其营养价值低于玉米秸秆,是质量较差的一类粗饲料。但在 6 月以后,农户储存的玉米秸秆逐渐吃完,粗饲料短缺。而夏季收获的大量麦类秸秆资源丰富,在进行适宜的加工处理后,可以作为粗饲料进行利用。与玉米秸秆一样,麦类秸秆的处理方法也包括物理法、化学法和生物学法等。

小麦是我国三大粮食作物之一,2012 年我国小麦产量约 1.2 亿吨,按照草谷比 0.6～1.2 计算,我国 2012 年小麦秸秆产量约为 0.72 亿～1.44 亿吨。因此,小麦秸秆(图 3-5)的数量在麦类秸秆中最多,资源最丰富,利用潜力最大,收割后可打捆储藏和运输(图 3-6 和图 3-7)。但麦类秸秆的营养价值普遍较低。小麦秸秆的营养物质含量约为干物质 95%(粗蛋白质 3.6%、粗脂肪 1.8%、

图 3-5   小麦秸秆

粗纤维 41.2%、无氮浸出物 40.9%、灰分 7.5%）。其木质素含量为 5.3%～7.4%，纤维类物质含量为 73.2%～79.4%。

图 3-6　小麦秸秆收割　　　　　图 3-7　小麦秸秆捆

1. 品种对小麦秸秆营养成分含量的影响

小麦按播种季节可分为冬小麦和春小麦两种，我国以冬小麦为主，其播种面积占 90% 以上，而春小麦不到 10%。冬小麦主要分布在我国华北及其以南的温暖地区，一般是秋播春末收或冬种夏收；春小麦主要分布在我国北方地区，一般是春播秋收。春小麦比冬小麦秸秆粗纤维含量低，可利用营养物质稍高，因而营养价值优于冬小麦（表 3-35）。但利用小麦秸秆喂牛时，还应考虑小麦的收获季节。

表 3-35　春小麦和冬小麦秸秆营养成分比较　　　单位：%

秸秆种类	粗蛋白质	粗脂肪	粗纤维	无氮浸出物	钙	磷
春小麦秸	4.4	1.5	34.2	38.9	0.32	0.08
冬小麦秸	4.5	1.6	36.7	36.8	0.27	0.08

2. 不同部位对小麦秸秆营养成分含量的影响

小麦秸秆主要包括小麦的茎、叶、穗、节等形态部位。各部位的组成成分大有不同，如表 3-36 所示，小麦秸秆的穗部的木质素和半纤维素含量最高，木质素是秸秆中难以消化利用的成分，因此麦穗的营养价值最低；而茎秆和麦节部分的纤维素含量最高，其消化率相应较低；小麦的叶片部分纤维类物质含量最低，消化率和营养价值相对较高。经测定，小麦叶的消化率约为70%，节为53%，麦壳为42%，茎为40%。从化学成分来看，叶片的营养价值高于鞘和茎秆，但小麦秸秆的茎秆占全植株的50%以上，而叶片和叶鞘各占仅1/4左右，因此，小麦秸秆的营养价值更多取决于茎秆的质量。

表3-36　小麦秸秆不同部位的营养成分含量　　　　单位：%

采样部位	水分	灰分	木质素	半纤维素	纤维素
小麦节	10.59	5.69	21.52	22.83	44.13
小麦秆	9.64	2.76	21.21	23.69	51.16
小麦叶	10.34	7.52	19.43	24.22	39.94
小麦穗	10.54	5.68	23.89	28.41	40.58

注：引自赵蒙蒙等(2011)，几种农作物秸秆的成分分析(材料导报)。

3.加工方式对小麦秸秆营养成分含量的影响

与大麦和燕麦秸秆相比，小麦秸秆的粗纤维含量更高，粗蛋白质、钙、磷含量更低，因而饲喂价值更低，用小麦秸秆喂牛时必须经过适当的加工处理。小麦秸秆的处理方法包括碱化、氨化、复合处理（碱化＋氨化）、黄贮、膨化压块等。

（1）氨化　小麦秸秆含氮量低，粗蛋白质含量只有3%～5%，氨化处理可使秸秆含氮量增加1～1.5倍，粗蛋白质含量达到6%～9%（表3-37），喂牛效果提高1倍左右。同时，氨可以破坏小麦秸秆的纤维结构，从而使其粗纤维含量降低10%左右，提高牛的采食量和消化率20%左右。此外，氨化处理使秸秆中的纤维物质膨胀，空隙度增大，渗透性提高；因此，氨化后的小麦秸秆质地柔软、蓬松，颜色有所加深，具糊香味，适口性提高。并且，氨化后小麦秸秆的脆性增加，秸秆易消化、易碎，有利于牛对秸秆的物理性消化，因而可以提高秸秆的采食量和消化率。氨化秸秆方法简便、成本低，适于对小麦秸秆进行加工，但氨化小麦秸秆单独饲喂仍不能满足牛的营养需要，需要搭配精料（玉米、麸皮、糟渣、饼粗等）饲喂。

表 3-37 氨化对小麦秸秆营养成分的影响 单位：%

组别	有机物	粗蛋白质	半纤维素	纤维素	脆性
对照组	89.5	3.17	23.04	39.33	79.71
氨化组	90.9	6.87	19.91	37.03	85.48

（2）碱化 麦秸中木质素和硅酸盐的含量占有机物的 30% 以上，碱化处理可以有效破坏植物细胞壁成分，提高木质素等纤维类物质的消化率，饲喂效果可以提高 1 倍。

（3）氨碱复合处理 麦秸碱化所用的强碱氢氧化钠价格较高、污染较大，现在常用生石灰和石灰水等替代，同时结合尿素氨化和添加食盐等进行复合处理，效果更好。氨化和碱化复合处理小麦秸秆可以提高小麦秸秆的粗蛋白质含量，降低纤维物质尤其是木质素的含量（表 3-38），提高小麦秸秆的消化率和营养价值，降低成本，减少环境污染。处理后的秸秆柔软，具酸香味，适口性提高。

表 3-38 尿素和氢氧化钙复合处理对小麦秸秆营养成分的影响

单位：%

组别	粗蛋白质	中性洗涤纤维	酸性洗涤纤维	半纤维素	木质素
对照组	4.4	69.1	54.9	23.8	7.9
复合处理组	9.9	63.8	50.8	18.8	3.6

注：引自孟庆翔等（1999）。

（4）添加剂黄贮 小麦秸秆收获时茎秆干黄，含水量低，不适合进行青贮，可以进行黄贮。小麦秸秆黄贮时加入添加剂如益生菌（微处）、酶制剂和酸化剂等，可以提高黄贮效果。添加剂黄贮可提高小麦秸秆的适口性，降低小麦秸秆中纤维类物质尤其是半纤维素的含量，提高粗蛋白质含量，从而提高小麦秸秆的营养价值。表 3-39 列出的是孟庆翔教授等测定的微处后小麦秸秆营养成分变化的数据。添加纤维素酶后小麦秸秆营养成分的变化见表 3-40。

表 3-39　微处对小麦秸秆营养成分的影响　单位：%

组别	粗蛋白质	中性洗涤纤维	酸性洗涤纤维	纤维素	半纤维素	木质素	灰分
对照组	3.3	83.1	59.9	45.4	23.1	14.6	7.5
微处组	5.9	79.1	57.2	42.8	21.9	14.4	7.6

注：引自孟庆翔等(1999)。

表 3-40　纤维素酶对小麦秸秆黄贮营养成分的影响　单位：%

组别	干物质	可溶性化合物	粗蛋白质	中性洗涤纤维	酸性洗涤纤维
对照组	56.38	0.58	5.33	71.06	42.81
纤维素酶组	50.75	1.17	6.33	66.70	35.73

注：引自孙娟娟等(2007)，不同添加剂处理对小麦秸黄贮饲料发酵品质的影响(中国畜牧杂志)。

4.白腐真菌处理

采用生物技术手段加工小麦秸秆也是近年来研究的趋势之一。目前研究较多的是采用白腐真菌分解小麦秸秆纤维成分的方法，不同品种的白腐真菌对小麦秸秆营养成分含量的改善效果也不相同。

五、大麦秸秆

大麦（图3-8）在我国的分布很广，栽培面积仅次于水稻、小麦和玉米，占谷类作物的第四位。大麦为禾本科一年生草本作物，一般分为春大麦和冬大麦两类，按稃皮有无分为皮大麦和裸大麦（青稞）。我国大麦分布广泛，但主要产区相对集中，包括北方春大麦区、青藏高原裸大麦区和黄淮以南秋播大麦区等。大麦秸秆是收获大麦籽粒的副产品（图3-9），其营养价值虽低于大麦干草、大麦籽粒、大麦芽，但仍高于一般谷类作物的秸秆。大麦麦秆柔软且适口性好，是草食家畜的良好饲料，长期饲喂可提高乳脂，增加胴体中的硬脂肪含量。大麦秸秆未经处理时消化率一般低于50%，经过碱化、氨化和微生物处理后，消化率可达70%左右。

图 3-8 大麦

图 3-9 大麦秸秆

1. 品种对大麦秸秆营养成分含量的影响

不同大麦品种的秸秆营养成分有所不同，见表 3-41。一般春大麦的消化率高于冬大麦。裸大麦（青稞）是我国西藏地区的主要作物之一，产量较大。青稞秸秆是良好的饲草，其茎秆质地柔软，富含营养，适口性好，是高原地区牲畜冬季的主要饲草。青稞秸秆约含水分 5.87%、粗蛋白质 4%、粗纤维 72.12%、纤维素40.11%、木质素 14.12%、粗灰分 10.34%。

表 3-41 几个大麦品种秸秆营养成分的比较

大麦品种	粗蛋白质/%	粗脂肪/%	粗灰分/%	中性洗涤纤维/%	酸性洗涤纤维/%	木质素/%	纤维素/%	半纤维素/%	代谢能/(兆焦/千克)
Georgi	5.1	1.2	5.0	84.4	52.4	8.9	43.5	32.0	5.6
Athos	4.6	1.2	4.1	85.8	52.5	7.5	45.0	33.3	6.4
Igri	3.5	1.2	5.5	78.8	53.2	7.5	45.7	25.6	5.9
Aramir	5.2	0.8	7.0	82.0	55.5	7.0	48.5	26.5	5.4

注：引自张英来等(1999)，利用化学和生物方法提高禾谷类秸秆的质量(国外畜牧科技)。

2. 加工方式对大麦秸秆营养成分含量的影响

由于大麦青割鲜喂时间性强，一般从盛花期至灌浆期青割利用仅为 8～14 天，因此适时收割制成干草或进行青贮处理，可以延长大麦秸秆的利用时间。我国西藏地区海拔高、气温低，天然青稞牧草生长期短，仅能利用 1 个月左右，而通过青贮、氨化、碱化等处理可以提高青稞秸秆的质量和解决牧草短缺的问题。

（1）青贮　大麦可以在灌浆期收割切段青贮；在乳熟期青贮时加入乳酸菌进行微处或添加甲酸、纤维素酶或可溶性糖等可在一定程度提高青贮效果。

（2）氨化　氨化处理可以将大麦秸秆的氮含量提高10%左右，并可提高消化率。

（3）碱化　碱化处理对大麦秸秆细胞壁具有裂解作用，可使秸秆膨胀、脆性增加，有利于瘤胃的消化。氢氧化钠处理大麦秸秆后，中性洗涤纤维和半纤维素含量分别下降29.77%和15.89%，体外消化率增加50%以上。而氨化或碱化单一处理的效果在降低纤维含量和提高粗蛋白质含量方面均不如氨化＋碱化复合处理。

表3-42是李瑜鑫等人采用碱化、微处手段处理青稞秸秆后的测定结果，供读者参考。

表3-42　不同处理青稞秸秆的化学成分　　　　单位：%

组　　别	粗蛋白质	中性洗涤纤维	酸性洗涤纤维	木质素	灰分
对照组	3.2	71.4	52.8	8.2	7.6
3%尿素	7.8	70.8	51.1	7.3	7.5
6%氢氧化钙	3.3	69.0	49.4	7.6	8.9
2%尿素＋3%氢氧化钙	7.1	67.5	48.3	7.1	8.4
1.5%秸秆发酵剂(微处)	3.7	65.8	43.8	6.0	7.4

注：引自李瑜鑫等(2009)，不同方法处理西藏青稞秸秆饲喂藏绵羊试验(饲料研究)。

3.真菌处理

将大麦秸秆粉碎后先用真菌处理，然后以秸秆干物质10%的氢氧化钠混合处理，可以将秸秆的有机物消化率从46%增加到80%，提高幅度优于单一的氢氧化钠处理。

六、燕麦秸秆

燕麦为禾本科燕麦属一年生植物，按其外稃性状可分为带稃型和裸粒型两大类，是重要的牧草、饲料和粮食作物，是我国高寒地区家畜的主要饲草之一。长期以来由于受传统种植方式的影响，燕麦生产中存在着生产水平较低、品种混杂退化、种植技术落后诸多问题。燕麦秸秆的营养价值亦较其他作物秸秆为优，总可消化物质含量为 50%，粗蛋白质含量为 4.4%，高于大麦秸秆（49%、4.3%）、稻草（41%、4.2%）和小麦秸秆（44%、3.6%）。燕麦及其秸秆见图 3-10。

(a) 燕麦　　　　　　　　　　　　(b) 燕麦秸秆

图 3-10　燕麦及其秸秆

1. 品种对燕麦秸秆营养成分含量的影响

不同的品种间营养物质含量有一定的差异。表 3-43 中 5 个燕麦品种，巴燕三号的粗蛋白质、粗脂肪含量都较低，而燕麦 4632 的粗蛋白质含量最高。

表 3-43　5 个燕麦品种秸秆的营养物质含量　　　　单位：%

燕麦品种	水分	粗灰分	粗蛋白质	粗脂肪	粗纤维
燕麦 4617	7.36	4.65	8.56	4.99	29.39
燕麦青永久 12	7.11	3.62	4.69	1.25	31.80
燕麦 4632	7.92	5.23	9.13	2.30	29.81
燕麦巴燕三号	5.75	4.67	4.38	1.46	34.17
燕麦 87-6-21	5.02	5.56	8.38	1.27	32.47

注：引自王桃等（2011），5 个燕麦品种和品系不同生育期不同部位养分分布格局（草业学报）。

2.生长期对燕麦秸秆消化率的影响

收割时期应在燕麦乳熟至蜡熟期，其营养价值最高，如果收割时间过晚，纤维素含量增加，此时产量虽高，但质量变差。具体可见表3-44。

表 3-44 不同品种、不同生长期燕麦秸秆的体外消化率

单位:%

生长期	丹麦 444	白燕 5 号	Ronald
拔节期	76.7	70.3	73.1
开花期	65.1	55.1	58.3
灌浆期	52.3	43.4	49.8
完熟期	40	34.1	37.8

注:引自王辉辉等(2008),利用体外产气法研究燕麦的营养价值(中国草地学报)。

3.加工方式对燕麦秸秆营养成分含量的影响

燕麦与玉米秸秆相比，糖、蛋白质、水分含量均较低，而粗纤维含量高，占干物质的45%。燕麦质地粗硬，不利于细胞液渗出，不利于乳酸菌大量快速的繁殖，不利于多糖与粗纤维的转化，从而影响青贮饲料的质量。因此青贮燕麦秸秆时应根据其特性适当加入添加剂进行调节。添加糖分可以在乳酸菌的作用下产生乳酸和乙醇，使燕麦秸秆具有浓厚的酒酸味和芳香气味；添加食盐可以促进细胞液渗出，有利于乳酸菌发酵，从而可提高青贮秸秆的适口性、利用率和营养价值；添加尿素可以增加青贮料的粗蛋白质含量。

（1）青贮 青贮可以提高燕麦秸秆粗蛋白质的含量，降低粗纤维含量（表3-45），提高消化率和营养价值。燕麦秸秆收割时也可采用牧草捆裹青贮，该法是用拉伸膜将牧草捆裹成厌氧环境而进行青贮，采用捆裹青贮技术成本较高，但加工速度快，可提高草捆的使用时间，当地区间出现饲草余缺情况时可以商品草的形式快速运输。

表 3-45　青贮对燕麦秸秆营养成分的影响　　　单位：%

加工方式	粗蛋白质	粗纤维	粗脂肪	粗灰分	无氮浸出物
干草	10.67	31.25	3.10	9.28	45.70
青贮	12.27	29.10	3.63	10.76	44.32

注：引自张越利等(2012)，燕麦生育时期、品种及与玉米的混合比例对青贮品质的影响(西北农林科技大学硕士学位论文)。

（2）氨化　燕麦秸的粗蛋白质和粗纤维含量分别为 2.9% 和 41.9%，氨化后分别为 8.0% 和 42.1%。经氨化处理后可达中等质量干草的水平，有机物消化率也有所提高。

（3）酶制剂　酶制剂处理燕麦秸秆，可打破植物细胞壁，降解植物纤维，释放内含的营养物质。在纤维素复合酶制剂处理下 10 天和 15 天时，燕麦秸秆的粗蛋白质含量与未处理时相比，可分别提高 2% 和 10%，粗纤维含量分别降低 36% 和 35%。

七、其他麦类秸秆

1. 黑麦草

黑麦草已成为中国南方农区种植最广、播种面积最大的牧草之一，是牛的粗饲料来源之一（图 3-11）。饲用小黑麦秸秆营养丰富，适口性好，叶量大，质地柔软，草质优良，牛喜食。秸秆中粗蛋白质含量约为 4.61%，粗脂肪为 2.24%，粗纤维为 33.46%，无氮浸出物为 42.5%，钙为 0.37%，磷为 0.1%，蛋白质和糖分含量高于小麦和燕麦，营养价值高于小麦和燕麦。

小黑麦产草季节性强，一般需要进行青贮等处理进行保存。青贮时，收割期以乳熟或灌浆期为宜。黑麦秸秆经 40 天活杆菌微处后，采样分析化验结果：粗蛋白质含量为 4.5%，粗脂肪为 3.38%，粗纤维为 35.09%，无氮浸出物为 43.33%，钙为 0.41%，磷为 0.09%。微处秸秆为金黄色，具果香气味，手感松散，质地柔软湿润，pH 值为 4.5，适口性较好。小黑麦一般比玉米、高粱青贮提前 2 个月左右，可以缓解冬季青贮的不足。

2. 荞麦

荞麦（图 3-12）分为甜荞和苦荞。苦荞麦秸秆含有 0.09％的淀粉，且主茎秆淀粉含量大于分支茎秆，粗脂肪含量约 1.14％，粗蛋白质含量为 3.14％，稍高于一般谷物秸秆，其适口性和营养价值比其他麦秸好。

图 3-11　黑麦草　　　　　　　　图 3-12　荞麦

八、水稻秸秆

水稻是我国三大粮食作物之一，水稻秸秆资源丰富，但目前仅有 15％作为饲料利用。水稻按播种收获期通常分为早稻、中稻、晚稻。据统计，我国稻谷年产量约 2 亿吨，按稻谷的草谷比 1∶1 计算，我国的水稻秸秆（图 3-13）总产量约为 2 亿吨。鲜稻秸约含水 69％、粗蛋白质 4.58％、中性洗涤纤维 64.7％、酸性洗涤纤维 33.66％、水溶性碳水化合物 3.95％，不同部位间营养成分有所不同，其中不易消化的木质素在水稻穗中含量最高（表 3-46）。

将鲜稻秸切短后青贮可以有效保存秸秆中的营养成分和提高饲用价值，但稻秸干物质含量高而含糖量较低，单独青贮难以达到良好效果，采用适宜的添加剂对完熟期收获的水稻秸秆进行处理，可以提高其切短或整株青贮的效果。表 3-47～表 3-49 分别列出了氨化、碱化、微处对稻秸营养成分含量的影响。

(a) 水稻

(b) 水稻秸秆

图 3-13 水稻及其秸秆

表 3-46 水稻秸秆不同部位的营养成分含量 单位:%

水稻部位	水分	灰分	木质素	半纤维素	纤维素
水稻节	11.81	14.83	17.11	21.16	32.21
水稻秆	12.53	13.92	16.48	19.75	39.69
水稻叶	11.85	16.79	16.68	20.45	34.14
水稻穗	11.19	14.72	25.22	24.81	31.74

注:引自赵蒙蒙等(2011),几种农作物秸秆的成分分析(材料导报)。

表 3-47 氨化处理对稻秸营养成分的影响 单位:%

组别	粗蛋白质	中性洗涤纤维	酸性洗涤纤维	半纤维素	木质素	纤维素	粗纤维
稻草	4.8	67.2	46.3	20.9	5.2	19.0	33.1
氨化稻草	8.8	63.3	42.2	20.8	3.5	17.0	32.5

注:引自孟庆翔等(1999)。

表 3-48 氢氧化钠处理对稻草营养成分含量的影响 单位:%

组别	干物质	粗蛋白质	中性洗涤纤维	酸性洗涤纤维	粗灰分	钙
对照组	94.82	4.95	72.04	43.11	10.31	0.34
碱化组	92.41	4.98	64.14	37.43	12.65	2.40

注:引自张文举等(2003),氢氧化钙与食盐处理稻草的效果研究(甘肃畜牧兽医)。

表 3-49　青贮和微处对稻秸营养成分含量的影响　单位：%

处理方式	干物质	粗蛋白质	中性洗涤纤维	酸性洗涤纤维	粗脂肪	粗灰分	木质素	钙	磷	水溶性碳水化合物
干稻秸	89.25	3.65	67.78	38.44	1.18	12.31	7.08	0.41	0.17	2.03
青贮	23.41	3.84	66.89	38.40	1.17	10.49	6.09	0.38	0.09	2.01
乳酸菌青贮	25.89	3.92	65.77	37.93	1.16	9.62	5.53	0.41	0.12	1.37

九、其他秸秆

1. 棉花秸秆

我国是世界重要的棉花产区，新疆的棉花种植面积约占全国的 1/3，2007 年棉花秸秆约为 1792 万吨。棉花收获后的棉花秸秆（图 3-14）全株含粗蛋白质 9.96%，粗脂肪 3.65%，粗纤维 32.15%，无氮浸出物 45.31%，灰分 8.06%，钙 2.18%，磷 0.12%，总能 1740 千焦耳，具有一定的饲用价值。同样，棉花秸秆不同部位的营养成分含量也有差异（表 3-50）。

(a) 棉花　　　　　(b) 棉花秸秆

图 3-14　棉花及其秸秆

表 3-50 棉花秸秆不同部位营养组成 单位:%

棉花的不同部位	有机物	粗蛋白质	纤维素	半纤维素	酸性洗涤木质素	钙	磷	游离棉酚
棉花秆主茎	91.8	5.7	45.8	11.5	15.9	0.63	0.08	0.03
棉花秆细茎	88.0	6.8	35.2	6.5	13.3	0.72	0.09	0.03
棉桃壳	85.6	5.5	33.5	9.8	7.8	0.44	0.16	0.06
棉籽壳	92.2	7.5	37.5	16.8	17.5	0.09	0.10	0.06

注:引自魏敏等(2003),对棉花秸秆饲用价值的基本评价(新疆农业大学学报)。

棉花秸秆木质素和粗纤维含量高,干物质降解率和代谢能较低,并且含有棉酚等抗营养因子,需要加工处理后饲喂。棉秆的处理方法包括微处、氨化、碱化、机械揉搓、盐化、压块制粒等。有研究证实,棉秆经过微处后,其蛋白质含量可达12%,比麦草和稻草的蛋白质高5~6倍,纤维素降解6.8%,并且棉酚含量降低到312毫克/千克以下,具有较高营养价值和利用价值,可作为牛的饲料利用。表3-51和表3-52表示的是不同化学或生物处理方式对棉花秸秆营养成分的影响。

表 3-51 化学处理对棉花秸秆营养成分的影响 单位:%

组 别	粗蛋白质	中性洗涤纤维	酸性洗涤纤维	半纤维素
对照组	5.88	78.6	70.26	7.34
氢氧化钙处理	6.66	76.27	67.81	8.46
尿素处理	8.7	78.59	70.35	9.25
氢氧化钙+尿素复合处理	8.97	73.44	67.77	5.67

注:引自热沙来提汗·买买提等(2012),化学及高温发酵处理对棉花秸秆消化性的影响(新疆农业科学)。

表 3-52 不同处理对棉花秸秆纤维成分的影响 单位:%

纤维成分	对照组	氨化组	微处组	3%尿素+3%氢氧化钙+1%食盐	1%过氧化氢浸泡	0.1%过氧化氢喷洒
半纤维素	8.13	9.71	8.14	9.01	6.10	8.11
纤维素	48.11	50.04	48.03	48.49	46.12	47.68
木质素	17.97	17.60	17.76	18.12	12.11	17.50

注:引自方雷(2010),棉花秸秆不同饲用处理的效果评价(中国畜牧杂志)。

2.豆类秸秆

豆科秸秆的种类较多，主要有黄豆秸、蚕豆秧、豌豆秧、花生秧等。豆科作物成熟收获后的秸秆，由于叶子大部分已凋落，维生素已分解，蛋白质减少，茎多木质化，质地坚硬（图3-15），营养价值较低。但与禾本科秸秆相比，蛋白质含量较高。豆科秸秆中以蚕豆秧为最好，粗蛋白质含量为14.6％，其次依次为花生秧、豌豆秧、黄豆秸等（表3-53）。豆科秸秆共同的营养特点是粗蛋白质和粗脂肪含量高，粗纤维含量少，钙、磷等矿物质含量较高。在用蚕豆秧和花生秧做饲料时，应注意将秸秆上带有的地膜和泥沙清除干净，否则被牛食入后易引起消化道疾病。黄豆秸由于质地粗硬，适口性差，在饲喂之前应进行适当加工处理，如铡短、压碎等，否则利用率很低。表3-54显示出，经膨化后豆秸的粗纤维和酸性洗涤纤维含量大大降低。

图3-15 豆类秸秆

表3-53 几种豆类秸秆的营养成分

饲料名称	干物质 /％	总能 /（兆焦/千克）	粗蛋白质 /％	粗纤维 /％	钙 /％	磷 /％
大豆秸	93.2	15.86	8.9	39.8	0.87	0.05
绿豆秸	86.5	14.81	5.9	39.1	—	—
红小豆秸	90.5	15.6	3	45.1	0.08	0.06
豇豆秸	25	4.35	4	5.6	—	—
蚕豆秸	86.5	15.06	6.5	40.6	0.75	0.08
豌豆秸	29.8	5.23	4.3	9		

表 3-54 膨化对豆秸营养成分的影响 单位:%

品名	水分	灰分	粗蛋白质	粗脂肪	粗纤维	无氮浸出物	酸性洗涤纤维
未膨化豆秸	10.51	4.52	4.80	0.46	52.23	30.72	65.23
膨化豆秸	10.40	5.07	4.87	0.45	43.00	40.41	59.23

注:引自王宏立等(2007),挤压膨化技术在秸秆饲料加工中的应用(农机化研究)。

3. 经济作物秸秆

我国经济作物种类丰富,对部分经济作物秸秆进行充分利用,对于满足部分地区的饲料需要也具有一定意义。

(1)油菜秸秆 近年来,我国油菜秸秆生产总体发展良好,2004～2008 年我国油菜平均种植面积 673.5 万公顷,平均单产 1830.3 千克/公顷,平均年总产 1231.23 千克/公顷。油菜秸秆约含水分 9.76%、灰分 7.53%、纤维素 52.99%、木质素 19.07%、半纤维素 17.13%。油菜秸秆的利用方法包括以下几种。

① 青贮和微处。研究发现,选取油菜秸秆与篁竹草混合比例为 3∶7,乳酸粪肠球菌复合菌添加剂量为 150 毫克/千克进行混合微处,在锦江黄牛瘤胃中的降解率提高。此外,油菜秸秆青贮中添加不同微处制剂,对提高油菜秸秆微处品质具有一定作用。

② 微生物发酵。利用黄孢原毛平革菌(*Phanerochaete chrysosporium*)、香菇菌(*Lentinus edodes*)发酵油菜秸秆,能够降解纤维物质,改善体外有机物消化率,但同时导致了有机物的浪费。

③ 氨化。研究发现,油菜秸秆添加 15%碳酸氢铵,在 30%水分条件下进行氨化能显著提高油菜秸秆干物质、粗蛋白质和酸性洗涤纤维在山羊瘤胃的降解率。

(2)大蒜秸秆 大蒜秸秆主要为鳞叶、蒜瓣包膜、残余花茎和盘状茎基。这部分大蒜加工副产品约占全部大蒜秸秆产量的 1/8。大蒜秸秆营养价值很高,干物质(89.33±2.45)%、粗蛋白质(12.86±1.32)%、粗纤维(13.82±2.08)%、粗脂肪(4.21±0.64)%、钙(0.62±0.11)%、磷(0.31±0.03)%,其蛋白含量明显高于大豆秸秆。大蒜秸秆含有丰富的大蒜素,具有抗菌和畜禽保健作用。相对于其他干草,大蒜秸秆适口性好、采食率高。

①青贮。研究表明，新鲜大蒜秸秆中加入乳酸菌类助酵剂，使大蒜秸秆青贮获得了成功。经青贮的大蒜秸秆基本保留鲜蒜秸秆原有的青绿、多汁，而且气味香甜，适口性强，牛、羊均喜食。如果方法得当可以保存1年以上。

②鲜饲。在牛、羊饲料中添加大蒜秸秆，可以明显提高牛、羊增重速度，促进生长发育，降低发病率。在牛、羊粗料中添加50%大蒜秸秆，可以有效防止腹泻（腹泻率为0）。而这可能与大蒜素对动物的免疫功能的提高有关。

十、秕壳的种类与成分

秕壳是农作物籽实脱壳的副产品，包括包被籽实的颖壳、荚皮、外皮、瘪谷和碎落的叶片等。秕壳一般含粗纤维30%～45%，其中木质素比例为6%～12%。秕壳体积大，质地坚硬，适口性差，消化率低，有效能值低。一般含蛋白质2%～8%，品质差，缺乏限制性氨基酸；粗灰分6%以上，大部分是硅酸盐，而钙、磷较少，利用率低；维生素含量极低。秕壳的种类主要包括谷壳、高粱壳、花生壳、豆荚、棉籽壳、秕谷及其他脱壳副产品，除稻壳、花生壳外，秕壳的营养价值略高于其秸秆，常作为草食家畜冬季饲料的补充。

1. 豆类秕壳

又称荚壳，荚壳类饲料是指豆科作物种子的外皮、荚皮，主要有大豆荚皮（图3-16）、蚕豆荚皮、豌豆荚皮和绿豆荚皮等。与禾本科粮食秕壳类饲料相比，豆类秕壳的粗蛋白质含量和营养价值相对较高，对牛、羊的适口性也较好，营养价值高于禾本科秕壳。豆类秕壳，尤以大豆荚最具代表性，是较好的粗饲料。豆荚的营养物质含量一般为无氮浸出物40%～50%、粗纤维40%～53%、粗蛋白质5%～10%，适合草食动物的利用。

2. 禾本科粮食秕壳

禾本科粮食秕壳是粮食作物种子脱粒或清理种子时的残余副产品，包括种子的外壳和颖片等，如砻糠（即稻谷壳）、麦壳（图3-17），也包括二类糠麸如统糠、清糠、三七糠和糠饼等。与其同种作物的秸秆相比，秕壳的蛋白质和矿物质含量较高，而粗纤

(a) 豆皮   (b) 豆荚

图 3-16　豆皮和豆荚

维含量较低。禾谷类荚壳中，谷壳含蛋白质和无氮浸出物较多，粗纤维较少，营养价值仅次于豆荚。但秕壳的质地坚硬、粗糙，且含有较多泥沙，甚至有的秕壳还含有芒刺。因此，秕壳的适口性很差，大量饲喂很容易引起动物消化道功能障碍，应该严格限制饲喂量或加工处理后使用。

(a) 稻壳   (b) 荞麦壳

图 3-17　稻壳和荞麦壳

糠麸为谷物加工的副产品，制米的副产品称为糠，制粉的副产品称作麸，如米糠、高粱糠、玉米糠、小麦麸和大麦麸等，饲料中最常用的是米糠和小麦麸（图 3-18），是畜禽重要的能量饲料原料。米糠是稻谷脱去外壳后的糙米再加工成白米时的副产品，包括种皮、糊粉层和胚的混合物；小麦麸是小麦籽实加工面粉的副产品，由种皮、糊层粉与少量的胚和胚乳所组成。营养价值因谷物的种类、品质以及加工要求的不同而有很大差异。糠麸同原粮相比，粗蛋白质、粗脂肪和粗纤维含量都很高，而无氮浸出物、消化率和有效能值含量低。糠麸的钙、磷含量比籽实高，但仍然是钙少磷多，且植酸磷比例大。糠麸类是B族维生素的良好来源，但缺乏维生素D和胡萝卜素。此外，这类饲料质地疏松，容积大，同籽实类搭配，可改善日粮的物理性状。米糠和小麦麸的营养成分见表3-55。

(a) 米糠　　　　　　　　　　　　　(b) 麦麸

图3-18　米糠和麦麸

表 3-55　糠麸的营养成分　　　　　　　单位：%

营养成分	全脂米糠	脱脂米糠	小麦麸
水分	10～13.5	10～12.5	11～15
粗蛋白质	11.5～14.5	14.5～16.5	13.5～17
粗脂肪	10～13.5	0.4～1.4	3～4.75
粗纤维	6～9	7～10	9.5～12
粗灰分	10.5～14.5	7～10	5～7
钙	0.05～0.15	0.1～0.2	0.05～0.14
磷	1～1.8	1.1～1.6	1.1～1.5

3. 其他秕壳及糠麸

秕壳还包括其他油料作物和经济作物，如油菜籽壳、芝麻壳、棉籽壳等。棉籽壳含少量棉酚，饲喂时可搭配青绿饲料和其他饲料等，饲喂价值也较高，但为了防止棉酚中毒，不宜连续饲喂。

常见的一些秕壳的营养成分含量见表3-56。

表3-56　常见秕壳营养成分含量

饲料名称	干物质 /%	粗蛋白质 /%	粗脂肪 /%	粗灰分 /%	无氮浸出物/%	粗纤维 /%	钙 /%	磷 /%	总能 /(兆焦/千克)	牛消化能 /(兆焦/千克)
花生壳	89.9	7.7	—	—	—	59.9	1.08	0.07	16.5	—
稻壳	91	2.9	0.8	18.4	41.1	42.7	0.08	0.07	—	1.84
大豆荚	86.5	6.1	—	—	—	33.9	—	—	14.7	7.41
谷秕	88.2	7.7	—	—	—	18	0.15	0.18	15.8	—
谷壳	92.5	7	—	—	—	31.8	0.33	0.76	15.5	—
油菜荚壳	92.1	6.2	—	—	—	40.1	—	0.19	15.3	—
油菜籽壳	87.9	8.9	—	—	—	42.8	1.94	0.12	14.8	—
芝麻壳	95.1	14.9	—	—	—	13.7	—	0.39	15.9	—
高粱壳	88.3	3.8	0.5	15	37.6	31.4	—	—	—	6.82
小麦壳	92.6	2.7	1.5	16.7	39.4	43.8	0.2	0.14	14.7	10.04
大麦壳	93.2	7.4	2.1	6.3	55.4	22.1	—	—	—	—
玉米芯	90.1	4.8	—	—	—	26.7	—	—	15.9	—
向日葵盘	89.3	13.1	—	—	—	28.2	—	—	15	—

第三节 影响农作物秸秆利用的因素

一、物理结构

农作物秸秆由细胞壁和细胞内容物组成，细胞壁所占比例一般在 80% 以上。秸秆的细胞内容物几乎能够被完全消化，而细胞壁因含有较多的纤维，导致在动物体内消化缓慢且不完全。细胞壁含有的纤维素被木质素和半纤维素包裹着，木质素内部连接较为紧密，木质素与纤维素、半纤维素等之间的酚酸连接，均导致微生物和酶制剂不易接触到纤维素，因而纤维素的降解受到限制。此外，秸秆表面的角质、单宁、蜡质和矿物质均对秸秆的降解有阻碍作用。

1.纤维素的物理结构

纤维素是葡萄糖以 β-1,4 糖苷键连接而成的无分支聚合体，以反式连接相连，形成扇带状的微纤维。自然界中的纤维素就是以这种微纤维组成的结晶态存在的，微纤维之间含有氢键相互连接，同时还与半纤维素相连。正常条件下纤维素化学性质稳定，但在高温高压和强酸条件下，可以水解为葡萄糖。纤维素的结构从空间角度可以分成四个结构。纤维素是单纯由 D-葡萄糖通过 β-1,4 糖苷键连接而成的长链高分子聚合物，一般由 500～10000 个葡萄糖单元构成，这样就形成了组成微纤丝的糖链结构，称为纤维素的一级结构。纤维素的化学结构分子式为 $(C_6H_{10}O_5)_n$。纤维素的一级结构由聚合度表示，聚合度可以表明纤维素的碳链长度，碳链变短意味着纤维素的利用率增加。纤维素糖链形成以后，其葡萄糖残基上的羟基和分子间或内部的羟基基团形成稳定的氢键网络，平行面上的糖链形成稳定的一层糖链片层，使纤维糖链形成极为稳定的超大分子，称为纤维素的二级结构。纤维素的二级结构由氢键表示，减少碳链之间的氢键作用，有利于碳链片层结构的分离，具有缩短碳链的趋势。纤维素分子中，糖链的片层之间借助疏水作用力及范德华力等相互作用力，使糖链片层有规则地堆积成高度稳定的结晶纤维素，也就是植物细胞壁中的微纤丝结构，即纤维素的三级结构。纤维素的三级结构用结晶度表示，结晶度降低有利于动物对营养物质的消化吸收。纤维素微纤丝由 $18\sim24$ 条纤维素分子链构成，为纤维素基本单位。微纤丝中分子链有序堆积形成结晶结构，分子链无序堆积形成非结晶结构，多根微纤丝之间由于不同化学键的作用力，以不同方式排列形成一定的聚集态结构，即纤维素的超分子结构，称为纤维素的四级结构。一般用比表面积对纤维素的四级结构进行表征，比表面积越大意味着纤维素的破解程度越大。半纤维素在含量上仅次于纤维素，通过氢键与纤维素、共价键、木质素相连接。

2. 半纤维素的物理结构

半纤维素主要包括聚木糖类、聚葡萄甘露糖类和聚半乳糖葡萄甘露糖类三大类。禾本科植物中半纤维素的主要成分是木聚糖类，它通过 $\beta\text{-}1,4$ 木糖残基连接而成的木聚糖骨架和支链形成。木聚糖单元在 C_2 或 C_3 位置可被乙酸、阿拉伯糖等取代，进而形成支链。半纤维素覆盖在纤维素微纤丝之外并通过氢键将微纤丝交联成复杂的网格，形成细胞壁内高层次上的结构。木质纤维素结构中的纤维素、半纤维素和木质素三者紧密结合，各种化学键交错连接，构成植物细胞的主要成分。

3. 木质素的物理结构

木质素的基本结构单元是苯丙烷，通过醚键和碳键连接形成复杂的无定形高聚物。典型木质素是由松柏醇、芥子醇和对香豆醇这3 种不同的醇作为先体物质组成基本结构的。它能与半纤维素分子紧密交联形成疏水的网状结构，整个细胞壁就成为一个紧密的网状，增加了细胞壁的机械强度和对病原体的抵抗能力。细胞壁的特殊结构阻碍了反刍动物瘤胃微生物水解酶与细胞壁中纤维素和半纤维素接触，从而降低纤维多糖的降解效率。因此木质素被认为是抑制秸秆利用率的主要限制性因素。

二、化学成分

1.木质素的化学成分

秸秆的燃烧值与干草相似，但其营养价值只相当于干草的1/2或谷物的1/4。主要原因是秸秆的木质素含量高、蛋白质含量低、矿物质含量不均衡、消化率和适口性都差。

秸秆是纤维性饲料，以小麦秸为例，其干物质中约80％是细胞壁成分，其中纤维素36％、半纤维素25％、木质素18％；其余部分为脱水的细胞内容物，其中8％左右是其他有机物，如碳水化合物、蜡、糖醛酸、醋酸、蛋白质和非蛋白氮等，6％为无机盐，7％为不溶性灰分，主要是硅酸盐。木质素和硅酸盐不仅不能被家畜所利用，而且影响其他营养物质的消化，从而降低秸秆饲料的营养价值。纤维素和半纤维素均属多糖，其中纤维素是高分子量的葡聚糖，半纤维素主要是木聚糖，它们可以在瘤胃的纤维素分解菌所分泌的酶的作用下分解成单糖，并进而被微生物酵解成挥发性脂肪酸（乙酸、丙酸和丁酸，VFA），然后被反刍动物用作能源。但是在秸秆中，纤维素和半纤维素与木质素紧密地结合在一起。木质素是结构牢固的酚聚物，不能被瘤胃微生物所分解。当秸秆进入瘤胃后，迅速群集附着上去的瘤胃微生物可酶解暴露在秸秆表层的一部分多糖，而木质素也就开始在秸秆细胞壁的表面形成一个保护层，使深层的多糖不能继续被瘤胃微生物所作用。这就是秸秆的多糖含量与牧草相近，但由于木质素含量较高，其消化率却低很多的原因。通常，反刍动物饲料的蛋白质含量应不低于8％，且须具有较高的生物学效价；粗饲料的有机物消化率为50％时，粗蛋白质含量至少应达到6％，才能使瘤胃微生物获得最大的活力。为达到最大采食量，秸秆的粗蛋白质含量必须达到每千克干物质含66～85克的水平。各种秸秆类饲料的蛋白质含量均很低，含3％～6％，低于8％，且粗蛋白主要分布在秸秆组织细胞的细胞壁中，由于受到木质素的屏障作用消化率比较低，从而不能为瘤胃微生物的生长和繁殖提供充足的氮源。秸秆的粗灰分含量较高，如稻草可达

17%之多，这些矿物质中主要是硅酸盐，不仅对家畜没有营养价值，反而对钙的吸收利用不利，容易引起钙的负平衡。稻草的含硅量尤高，硅跟纤维素和半纤维素结合在一起，是导致秸秆消化率低的又一因素。

从20世纪开始，国内外学者一直在寻找降解木质素的有效方法，目前认为主要包括物理法、化学法、物理化学法和生物降解法等，具体见表3-57。

表 3-57　木质素的降解方法

名　　称	方法
物理法	辐射、声波、粉碎、蒸汽爆破
化学法	无机酸（硫酸、乙酸、盐酸等）、碱（氢氧化钠、氨水等）和有机溶剂（甲醇、乙醇）等
物理化学法	物理法＋化学法
生物降解法	微生物（真菌、细菌等）

物理法和化学法，可在一定程度上降解秸秆中的木质纤维素，但都存在条件苛刻、设备要求高的特点，并且污染严重。生物降解法利用某些微生物在培养过程中产生分解木质素的酶类从而降解木质素，此法具有作用条件温和、专一性强、无环境污染、处理成本低等优点。目前研究较多的菌种是白腐真菌。白腐真菌的菌丝可以穿入木质素，侵入木质细胞腔内，释放降解木质素的酶，分解木质素。

2.单宁

（1）分布及种类　单宁又称单宁酸或鞣酸，是一类水溶性酚类化合物。单宁在植物界中广泛分布，是一种重要的次级代谢产物，也是除木质素以外含量最多的一类植物酚类物质。单宁主要存在于植物界的高等植物，特别是双子叶植物，如豆科、桃金娘科等的树皮、叶子、木质部、果实以及种子等几乎各个组织器官中。

单宁是多酚中高度聚合的化合物，能与蛋白质和消化酶形成难溶于水的复合物，影响饲料的消化吸收。单宁可分为水解单宁和缩合单宁，两者常共存，后者也称原花青素，全谷、豆类中的单宁含量较多。

单宁的主要种类和来源见表3-58。

表3-58 单宁的主要种类及来源

水解单宁	儿茶酚单宁	缩合单宁
没食子单宁：水解产生没食子酸和葡萄糖。来源于塔拉豆荚、栎树和漆树等五倍子科植物 鞣花单宁：水解能够产生鞣花酸和葡萄糖。来源于橡树的木质部、板栗等	水解产生儿茶酚、表儿茶酚和没食子酸。具有水解单宁和缩合单宁的共性。来源于热带豆科灌木、茶叶等	又称原花色素，水解产生类黄酮单体，如黄烷-3,4-二醇或黄烷-3-醇。来源于葡萄、苹果、橄榄、豆类、高粱、咖啡等的果实或种子中，以及某些植物的树皮与木质部中

注：引自艾庆辉等（2011），单宁的抗营养作用与去除方法的研究进展［中国海洋大学学报（自然科学版）］。

（2）抗营养作用及降解方法　单宁因具有苦涩味道，并能和蛋白质、糖类、金属离子等结合而成为难以消化吸收的复合物，故而会降低动物的采食量以及饲料中某些营养元素的生物利用率。加上单宁本身和代谢产物往往能对动物产生毒害作用，因此被认为是抗营养因子。单宁可以降低动物对饲料的采食量、消化率，甚至直接对动物产生毒害，具有较强的抗营养作用，因此，在动物饲料中应慎重添加富含单宁的植物性饲料原料或进行脱毒处理。

降解单宁的方法主要包括溶液浸提、干燥、脱壳、挤压、碱处理、聚乙二醇处理、射线处理、微生物降解等。目前已有大量关于微生物降解单宁的研究报道。微生物不仅可以显著降解植物性饲料原料中的单宁，还可以同时降解其他多种抗营养因子，并提高其营养物质含量，改善消化率。单宁降解菌以青霉属和曲霉属种类居多。

3.其他抗营养物质

秸秆中还含有其他抗营养因子，包括植酸盐和非淀粉多糖等。

（1）植酸盐　植物性饲料中的磷大部分以植酸磷的形式存在，

而且植酸盐中的磷通过螯合作用，降低动物对锌、锰、钙、铜、铁、镁等元素的利用，以及通过与蛋白质结合，形成复合体而降低对蛋白质的消化吸收。

（2）非淀粉多糖　非淀粉多糖主要包括纤维素、果胶、β-葡萄糖、阿拉伯木聚糖等。植物性原料的细胞壁通常含有纤维素、果胶、木聚糖等物质，蛋白质等营养物质包裹在纤维素和果胶等成分中，而纤维素和果胶在动物消化道中较难被消化，因而阻碍了秸秆类物质的消化利用。

（3）阿魏酸　阿魏酸通过酯键与多糖和醚键与木质素相连，并且在木质素和多糖间或多糖之间形成酯醚桥，改变了秸秆细胞壁的机械强度和延展性，降低了植物细胞壁多糖的降解效率。

（4）香豆酸　香豆酸通过酯键和醚键与木质素相连，只有少量的通过酯键与多糖相连。香豆酸被认为是反映植物木质化程度的指标之一。

第四章

农作物秸秆的加工调制技术

第一节　秸秆饲料的物理处理

秸秆物理处理的目的主要是将秸秆经过机械加工、热加工、碾青处理等物理处理，提高饲料的消化率，从而提高秸秆的利用价值。同时在生产中由于秸秆饲料体积较大，不便于长途运输，则通过机械加工方式将秸秆进行压块，便于储存、运输；或与谷物饲料制成颗粒性饲料提高秸秆饲料采食量。

一、秸秆颗粒性饲料的加工调制

颗粒饲料是用动物的平衡饲粮制成的，便于饲喂以减少浪费。颗粒饲料具有大小均匀、表面光滑、质地均匀、手感较硬、没有裂纹、利于咀嚼等特点。

秸秆颗粒化技术将秸秆揉搓、粉碎成粉后，加上精料或其他营养添加剂，再加上少量黏合剂，最后利用制粒设备，将秸秆制成颗粒饲料（图 4-1、图 4-2），整个工艺包括粗粉碎、细粉碎、混合、制粒等，使得经粉碎的粗饲料通过消化道的速度减慢，防止消化率下降。

研究结果发现，将玉米秸秆加工处理后取其穰，进而加工成颗粒饲料，经过检验测定和试验证明，玉米秸秆穰饲料要优于粉碎后发酵的秸秆饲料。制作好的玉米秸秆穰颗粒饲料，粗纤维降低了 $2.79\% \sim 2.81\%$，粗蛋白质提高了 6.8%（玉米含蛋白质

8.5%），氨基酸总量达到1.46%，饲喂效果非常理想。其主要的加工工艺路线为玉米秸秆皮穰分离→玉米秸秆穰粉碎→混合→制粒→干燥→包装。

图 4-1　玉米秸颗粒饲料

图 4-2　玉米秸配合颗粒饲料

1.秸秆颗粒饲料的优点

秸秆的颗粒化技术将秸秆经粉碎揉搓之后，根据不同种类及不同阶段家畜的需要设计配方，与其他农副产品及饲料添加剂搭配、混匀，用颗粒机械制成颗粒饲料，以提高秸秆饲料的营养价值，使饲料中的各营养物质全面均衡，还改善适口性，进而提高采食量和生产性能。该技术操作容易、实用性强、饲喂效果明显、一次性投资少，是一项值得推广的实用技术。其优点主要如下。

（1）营养价值全面　秸秆颗粒饲料是将玉米秸、稻草、麦秸、葵花秆、高粱秆之类的农作物秸秆等粉碎后，根据动物的营养需要，配合适当精料、糖蜜、维生素和矿物质等添加剂混合均匀，加工制成的颗粒饲料，保证了饲料的全价性，使动物能均衡地进食不同的饲料有效成分，满足营养需要。

将秸秆制成颗粒，可以防止茎叶等高营养价值部分的损失；同时减少粉尘，压缩体积，使质地硬脆，颗粒大小适中，利于咀嚼；并很容易将维生素、微量元素、非蛋白氮、添加剂等成分强化进颗粒饲料中，提高营养物质的含量，使饲料达到各种营养元素的平衡，能够保持混合饲料中各组成部分的均质性，防止牛挑食等，能有效地减少饲料的损失浪费。与散状秸秆饲料相比，颗粒化秸秆具有更广泛的优势，如能满足牛不同生长发育阶段的营养需要，同时可有效开发和利用农副产品和工业副产品等饲料资源；有利于进行大规模的工业化生产，减少饲喂过程中的饲草浪费；挤压成型后的颗粒饲料与豆秸原料相比，粗纤维含量下降了 23.05%，粗脂肪含量提高了 0.173%。

（2）提高粗饲料利用率　农作物秸秆经颗粒化处理后改善了原来的理化性质，使饲料中的干物质、粗蛋白质、粗纤维在瘤胃内的降解率明显提高，也就是加快了饲料通过瘤胃的速度。

秸秆经过加工后，制成的颗粒饲料密度增加，体积减小，适口性增加，节约了动物采食所需要的时间，从而降低了采食过程中能量的消耗，降低热增耗。研究表明，牛采食普通饲料的时间每次为 60～90 分钟，时常剩下秸秆饲料，而采食颗粒饲料的时间每次为 45～60 分钟，采食时间缩短 30%～50%。另外试验还发现，采食颗粒饲料牛食欲旺盛，进食速度也快。更为重要的一点是，秸秆或牧草通过高温高压由生变熟，改善了饲料中某些营养成分的理化性质，提高了饲料利用率。制粒过程中因蒸汽处理及机械作用，植物细胞组织被打破，释放出草香味和微甜味，而且原料中的淀粉和糖类物质还发生了酶化反应，通过高温高压粗纤维得以细化，粗蛋白质含量提高 6%，木质素糊化，水溶性糖类增加，易于消化吸收。此外，饲料中磷的有效性和某些氨基酸的利用率也因制粒而提高。比如玉米秸秆制成颗粒后，其消化率提高 25%，比铡切后直接饲喂适口性更好，可有效地防止牛的挑食，采食率为 100%，节约了饲草，从而提高了牛的干物质采食量，增加日增重。采食颗粒化全价秸秆日粮后，牛瘤胃内可利用碳水化合物与蛋白质分解利用更趋于同步，同时又可以防止在短时间内因过量采食精料而引起瘤胃 pH 值的突然下降，维持瘤胃内环境的稳定，并有利于瘤胃微生物（细菌与纤毛虫）的数量、活力及瘤胃内环境的相对稳定，减少真胃移位、酮血症等疾病发生的可能性。加拿大萨斯喀彻温省立大学用肉牛做试验的研究结果也表明，秸秆全价颗粒饲料使得饲料有机物和纤维素的消化率分别提高了 4% 和 13%。大多数人认为，饲喂颗粒化全价秸秆饲料，牛日增重的增加与日粮适口性的改善、采食量的增加以及日粮养分转化率的提高有关。

（3）安全无菌、消化率与日增重提高　在颗粒制作中原料要经过高温高压处理，饲料中某些有毒有害物质因热作用而被破坏；制粒过程中产生的高温可以有效地杀灭大部分病原微生物和寄生虫卵，大大降低了动物通过饲料传染疾病的机会，从而增强了机体抵抗力。同时加工后的产品没有任何危害性物质，具有无毒、无病原菌、水分低、不发生霉变等特点，降低了引起牛发病的一些不安全因素。将分散的秸秆变成牛羊的压缩饼干，可直接饲喂，也可提前10 分钟喷水，待膨胀散开后再行饲喂。在秸秆颗粒饲料加工过程中可以产生 70℃ 的温度，这样可以防止病虫害的侵入，生产中也无"三废"排放。

农作物秸秆的颗粒化技术包含了物理法破坏植物细胞壁，同时增加了瘤胃微生物侵入植物细胞的过程，提高了营养物质的消化率。张永根等曾经用颗粒化全价饲料饲喂肉牛，日增重比对照组提高了 0.12 千克，料肉比降低了 0.73，消化率提高 25%，适口性提高 34%；奶牛产奶量提高 16.4%，乳脂率提高 0.2%，肉牛日增重提高 15%。

（4）便于储存运输，减少损失　秸秆颗粒化后密度比原样增加5 倍以上，体积减小，吸湿性小。也有研究表明，玉米秸秆精粗颗粒的密度比玉米秸秆粉增加 10 倍以上，体积大大减小（表 4-1），便于储藏、包装和运输，提高稳定性，减少损失。可存储 1～3 年，体积缩小，降低储存空间。包装过程降低了高营养价值部分（叶）的损失，同时降低了包装难度。成品运输过程中避免了自动分级现象，运输十分方便，并具有防火等特点，减少了管理费用，降低了运输成本。秸秆颗粒是秸秆捆体积的 1/3，铁路运输和水上运输可比草捆降低运费 2/3。氨化和青贮只能在农区就地取材，就地利用，不能远距离运输，且秸秆捆的庞大体积，运价高，而颗粒的最大优势是低运费。我国北方广大牧区，每年冬季都有不同程度的大风雪发生，被广大农牧民称为"白灾"，而颗粒饲料以上的特点，对抗灾的饲料补给十分有利，可作为抗灾自救的"突击队"。秸秆颗粒饲料具有压缩比例大，制作周期短（1～3 天）的优点，它既可充分利用夏秋季节丰富的青绿饲料资源，又可解决圈养地区冬春季节饲料短缺的现状，而且克服了青贮、氨化等不宜储存和运输的缺点。更值得一提的是，它完全可以根据不同畜种、不同生长期、不同饲养要求，按科学配方生产不同的饲料，完全或者部分替代粮食饲料，降低饲料成本。

表 4-1　玉米秸秆精粗颗粒饲料及其原料的密度比较

项目	饲料种类			
	玉米秸粉	玉米秸颗粒	精粗颗粒饲料	混合精料
密度/（克/米³）	0.091	1.277	1.117	1.342

注：引自莫放（2006）。

（5）使用范围广，养殖成本降低，提高了工作效率　秸秆颗粒饲料实现了草业史上的一次革命，成为一种商品走入千家万户，为养殖业可持续发展提供了充足的饲草保证。为"闭牧舍饲"和"抗灾保畜"提供主要的饲草料来源，减少精饲料用量。确保科学管理、科学养殖（定时、定草、定料），减少用工，降低了养殖成本。将秸秆加工成颗粒，不但可以充分利用秸秆资源，形成规模化和商品化，而且可以节约饲养成本。秸秆颗粒粗饲料，实现了牛、羊粗饲料的工业化生产，改变了几千年一贯的露天保管的方式，可在各种地理环境中使用并长期储存，而且秸秆颗粒符合牛粗饲料的特点，因此被誉为牛的"压缩饼干"。另外，秸秆制成颗粒饲料后，相对密度增加，体积减小，饲养员在饲喂过程中更便于操作，从而大大降低了饲养员的工作强度，提高了工作效率。

2.秸秆颗粒饲料的发展前景

秸秆颗粒饲料加工技术适用于公司加农户模式，能工厂化生产，商品化流通，生产成本低。还可以应用颗粒饲料成套设备，自动完成秸秆粉碎、提升、搅拌和进料功能，并随时添加各种饲料添加剂，能够实现全封闭生产，该套设备是一种自动化程度较高的高效型秸秆颗粒饲料加工机组。目前中小规模的秸秆颗粒饲料加工企业都采用这种技术。另外还有适合大规模饲料生产企业的秸秆精饲料成套加工生产技术，自动化控制水平更高。以全价秸秆饲料颗粒成套加工技术为例，加工工艺流程包括粉碎系统、配料混合系统、造粒系统、冷却系统等部分。生产工艺特点：计算机控制配料和称料，精确控制碱液的添加量，保证按比例添加，使碱液在反应器中充分与秸秆反应转化成有机物，以致无碱液残留伤害动物胃肠道。秸秆、氢氧化钠在蒸汽的作用下会发生化学反应，产生热量，使物料温度很快上升到90℃，在反应器内可保持10分钟以上。化学反应是在高温高压状态下进行的，可使产品无毒无菌。在高温高压作用下，物料被碾辊压进模具制成颗粒，物料被压缩成原来的1/10，密度可达 $450\sim500$ 千克/米^3。

秸秆颗粒饲料的出现，将对我国城郊奶牛场传统的奶牛饲料及传统的饲喂方式产生一场革命。秸秆颗粒饲料加工技术就是机械设备配套完成的一整套工艺技术，因设备规格和生产工艺不同，可生产多品种秸秆颗粒饲料，如秸秆颗粒、全价秸秆颗粒等。

3. 秸秆颗粒饲料加工工艺和设备

秸秆颗粒饲料加工是将秸秆粉碎或揉搓丝化之后，根据一定的配方，与其他农副产品及饲料添加剂混合搭配，再制成颗粒状的混合饲料的过程。受高温、高压作用，通过造粒机挤压，生产出来的颗粒增加了其适口性。牛用颗粒饲料直径6～8毫米。颗粒大小取决于模具孔的大小，根据需要选择模具，将料加进料斗，即可生产出颗粒饲料。制成的秸秆颗粒饲料具有成型率高、抗碎性强和密度大的特点（表4-2）。秸秆颗粒饲料制成后及时将颗粒料晾干、装袋，放在阴凉、干燥处备用。

表 4-2　秸秆颗粒饲料加工后的特性

项目	羊秸秆颗粒饲料	牛秸秆颗粒饲料
成型率/%	95.04	95.42
抗碎性/%	98.12	98.64
密度/(千克/米^3)	854	856.8

注:引自刘善斋(2015)。

(1) 秸秆颗粒饲料制作要点

① 挑选原料。各种农作物收获后的秸秆或田间牧草（黄色、绿色均可），选取沿根部向上 20 厘米以上的无霉变、无黑瘤的秸秆，保持通风畅气，以防发热变质。

② 机械粉碎。选用普通的秸秆粉碎机即可。如果采用的原料水分含量较大，粉碎后是浆状的，如果采用原料水分含量太低，则将是粉状的。

③ 加添加剂及多功能生物转化酶。粉碎后的原料要根据不同的营养配方，加入所需营养型或保健型添加剂（如大蒜等），充分搅拌（机械或人工），然后将多功能生物转化酶溶解于水，加入原料中，充分搅拌均匀。

④ 烘干制粒。将搅拌好的原料送入秸秆烘干造粒机，直接烘干，根据需要选择颗粒大小造粒，即可形成秸秆颗粒饲料。

⑤ 冷却包装。将加工成型的秸秆颗粒饲料进行冷却处理，随后进行包装储存。

(2) 秸秆饲料加工的工作原理　主要是用工业化学处理法和物理处理法，以玉米秸、稻草、麦秸、葵花秆、高粱秆之类的农作物秸秆等低值粗饲料为原料，在秸秆晒干后，应用秸秆粉碎机粉碎秸秆，加入其他添加剂后搅拌均匀，在颗粒饲料机中，由磨板与压轮挤压加工成颗粒饲料。压缩过程中产生的高温与压力，使秸秆氨化、碱化、熟化，具有熟香味，使秸秆木质素彻底变性。通过多功能生物转化酶的作用，将其中的纤维素、半纤维素、木质素和硅酸盐转化分解，提高营养成分。同时又加入铁、铜、锌等微量元素和钙、磷等生命必需元素，最后经过烘干造粒制成品质一致的颗粒状饲料，成为反刍动物的基础饲粮。加工的饲料颗粒表面光洁、硬度适中，大小一致，其粒体直径可以根据需要的规格进行调整。加工后的秸秆变为颗粒状粗饲料，俗称"牛饼干"，其粗蛋白质含量从 $2\%\sim3\%$ 提高到 $8\%\sim12\%$，消化率从 $30\%\sim45\%$ 提高到 $60\%\sim65\%$，其营养成分相当于草原产的中等羊草。同时产品没有任何有危害物质，具有无毒、无病原菌、水分低、不发生霉变、营养成分高等特点。

（3）工作过程　秸秆草捆由输送机输入，在切碎机内切成短秆，进入粉碎机粉碎，粉碎的同时通入热空气加热干燥。粉碎机的粉碎加工起调制作用，有利于干燥和降低锤式粉碎机的动力消耗。粉碎后的秸秆进入颗粒压制机前，需先在混合机内与添加的维生素、黏结剂及其他添加剂混合，同时喷洒质量分数为 $4\%\sim6\%$ 的氢氧化钠溶液。在制粒机中，由于压力和温度的作用，能有效地使氢氧化钠溶液扩散均匀，增加溶液对纤维素的浸透、溶解作用，为进一步与细胞壁木质素组织反应、破坏木质素组织提供了条件。这样加工的秸秆颗粒饲料，有利于反刍动物瘤胃发酵酶菌水解，提高了消化率或利用率。

（4）加工工艺流程　图 4-3 是秸秆颗粒饲料生产工艺流程。秸秆颗粒加工大致分为选料、铡短及粉碎、添加发酵剂、加水、装容器发酵、综合配料、制粒及散热、晾干、装袋、储存等步骤。

① 选料。大多数农作物秸秆都可作为颗粒饲料的原料，所选秸秆要确保无腐烂、无石块等杂质，确保秸秆原料的匀质性，也就是质量均匀。

② 铡短、粉碎。先用铡刀将秸秆铡至 3~5 厘米长短，并用粉碎机粉碎至玉米粒大小的碎粒。压制直径 10 毫米的秸秆颗粒时，粉碎的秸秆段长度应不超过 5 毫米，粉碎机筛片直径以 5~10 毫米为宜。粉碎后将碎粒摊晾，散去热气、水分，分别装袋堆放于干燥处备用。

③ 掺拌发酵剂。以使用中曲发酵为例，根据各种秸秆粉的多

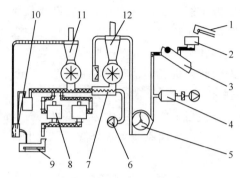

图 4-3　秸秆颗粒饲料生产工艺流程图（引自裴进灵，2004）

1—草捆输送机；2—切碎机；3—输送机；4—热空气；5—粉碎机；

6—碱溶液；7—混合机；8—制粒机；9—皮带秤；10—冷却器；

11—冷却集尘器；12—气流输送器

少，分别用秤称取一定量的秸秆粉，堆放在干净的水泥地面上，使各种成分尽量均衡。以每 100 千克秸秆粉加 3～4 千克中曲粉的比例加入中曲，用木锨反复翻拌，使尽量混合均匀。若选用其他发酵剂，可采用其包装上标注的使用比例和秸秆粉配合，方法同上。

④ 掺水。取干净的井水或自来水，加温到不致烫手为止。以 100 千克上述混合料加 85～100 千克温水的比例，逐渐将温水加入混合料中，边加边用木锨翻拌，使混合料完全湿润，即加水至用手将料握成团不散且不滴水为好。应特别注意，水分过少则发酵不透，过多则料中空气少，不利于菌种繁殖，并易引起厌氧丁酸发酵，降低饲料的品质。

⑤ 装容器发酵。将拌好的原料装入水泥池或陶瓷缸或塑料袋等容器中，踩实或压实，然后密封发酵。

⑥ 综合配料。对于普通牛，发酵料内的营养成分已可满足其需要，若用于架子牛短期育肥，仅靠发酵料中营养成分尚不能满足需要，应在发酵后的料内适量加入玉米粉、豆粉、菜籽饼粉等精料，使之有足够营养，能在较短时间内达到育肥目的。也可以在饲喂过程中单独加精料。

⑦ 制粒。密封发酵 1 天以上，即可把原料取出用于造粒。通

过制粒机挤压，生产出来的颗粒增加了适口性，同时，这种颗粒能在温水中浸泡2～3小时不碎，因此，特别适合反刍需要。颗粒大小取决于模具孔的大小，根据需要选择模具，开动机器，将料加入料斗，即可生产出颗粒饲料。

⑧散热、晾干、装袋、储存。及时将颗粒饲料晾干、装袋，放在阴凉、干燥处以备使用。

（5）制粒设备　整套制粒设备包括压粒机、蒸汽锅炉、油脂和糖蜜添加装置、冷却装置、碎粒去除和筛分装置。制粒机主要类型是平模压粒机和环模压粒机两种。

①平模压粒机。由螺旋送料器、变速箱、搅拌器和压力器等组成，图4-4为平模压粒机结构的示意图。螺旋送料器主要用来控制喂料量，其转速可调。搅拌器位于送料器下方，在其侧壁上开有小孔，以便把蒸汽导入，使粉状饲料加热、熟化，然后送入压力器。压力器内装2～4个压辊和一个多孔平模板（图4-5）。工作时平模板以210转/分的速度旋转。熟化后的粉料落入压力器内，即被匀料刮板铺平在平模板上，然后受到压辊的挤压作用，穿过模板上的圆孔，形成圆柱形，再被平模板下面的切刀切成长为10～20

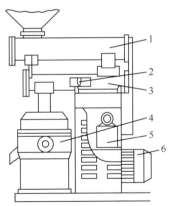

图4-4　平模压粒机（引自冀一伦，1997）
1—螺旋送料机；2—蒸汽管接口；3—搅拌器；4—压粒器；
5—蜗轮箱；6—电动机

毫米的颗粒。平模压粒机有动膜式、动辊式和膜辊式三种。平模板孔径有 6 毫米、8 毫米几种规格，压辊直径为 160～180 毫米。图 4-6 是中型秸秆饲料颗粒机。

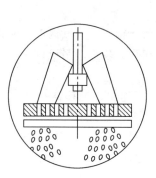

图 4-5　压力器工作简图

（引自冀一伦，1997）

图 4-6　中型秸秆饲料颗粒机

　　② 环模压粒机。环模压粒机产量高，加工的颗粒质量好，因而是生产中应用最广泛的机型，它由螺旋送料器、搅拌器、压粒器和传动机构等组成，图 4-7 是其工作过程示意图，图 4-8 是环模颗粒饲料机。

　　螺旋送料器用来控制进入压粒机的粉料量，其供料数量应能随压粒机负荷进行调节，一般多采用无级变速，调节范围为 0～150 转/分。搅拌室的侧壁开有蒸汽导入口，粉料进到搅拌室后，与高压过饱和蒸汽相混合，有时还加一些油脂、糖蜜和其他添加剂。在条件不允许时也可以用水来代替蒸汽，但效果较差，产量下降，耗能和摩擦增大。搅拌完的粉料随即进入压力器中，压力器由环模和压辊组成。作业时环模转动，带动压辊旋转，于是压辊不断将粉料挤入环模的模孔中，压实成圆柱形，圆柱体从孔内被挤出后随环模旋转，与切断刀相遇时，即被切断成颗粒。模孔的孔径愈大，产量愈高，功率消耗愈小。孔径大小由牲畜的需要而定。

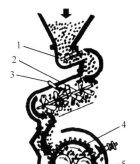

图 4-7　环模压粒机工作过程示意图
（引自冀一伦，1997）

1—螺旋送料器；2—搅拌器；3—蒸汽导入口；
4—环模；5—压辊；6—切断刀

图 4-8　环模颗粒饲料机

③ 平模颗粒机与环模颗粒机的区别。

a. 喂料方式。环模制粒机采用机械强迫式进料，高速旋转离心分布进入制粒室，利用刮刀来分布物料；平模制粒机是靠物料自身重量垂直进入压制室的。

b. 压力。环模颗粒机由于其结构限制，压力不可调；平模颗粒机结构简便，压力可调。

c. 出料方式。环模属于高转速；平模属于低转速。

d. 产量。平模压粒机产量较小，环模压粒机产量大。

4. 秸秆颗粒饲料的生产模式

当前，秸秆颗粒饲料加工技术的发展和应用，很好地解决了秸秆本身存在的对规模发展畜牧业的制约，解决了大部分秸秆利用技术就地处理、就地使用的弊端，结束了"十里不运草，百里不运粮"的历史。在实际秸秆颗粒饲料加工中，其生产模式主要有以下三种。

（1）自动化高效生产模式　以我国引进的德国生产的玉米秸秆为原料的秸秆颗粒饲料生产线为例，这是当今世界颗粒化处理农作物秸秆中最先进、最科学的设备之一。该生产线用工业化学处理法和物理处理法，使玉米秸秆经粉碎，在高温、高压状态下，利用高科技的化学处理法将玉米秸秆的木质素彻底变性，提高其营养成分，制成品质一致的颗粒状饲料，作为反刍动物的基础饲粮。生产的产品没有任何有危害物质，具有无毒、无病原菌、水分低、不发生霉变、营养成分高的特点，符合国际标准。设备自动化程度高，生产效率高，但是一次性投资也高。

（2）半自动化生产模式　该模式以国内生产设备和机械为主，或采用国内成套设备，或由单台颗粒饲料加工机械根据实际需要组合配套，建立流水生产线。也有分段进行生产的，自动化程度较低，但是投资较少，产品主要用于出口。该生产线总投资在 50 万～100 万元不等，年加工秸秆颗粒饲料 2 万～5 万吨，可消化玉米秸秆 3 万～8 万亩。

（3）户用型生产模式　这种模式应用更为广泛，主要由秸秆粉碎机和小型秸秆饲料颗粒机单台机械组成，分段加工，效率低，投资少，更适合我国农村养殖户中小规模养殖的实际情况。近几年市场上推出的各种小型颗粒饲料加工机组、小型颗粒饲料机，大小各异，型号多样，适应多种需求，只需要投资 1 万～2 万元，即可生产多种颗粒饲料。这种模式适于个体饲料加工户、中小型养殖场使用。

5.秸秆颗粒饲料强化剂

（1）强化剂的概述　单独用秸秆饲料饲喂牛，不能满足其生长发育和生产的需要。所以在用秸秆饲料制作颗粒饲料饲喂牛时，必须合理进行营养的补充，可在秸秆饲料中适量添加一些营养物质，这样能起到更好的饲喂效果。在秸秆颗粒饲料成型工艺中，为了压制出质量好的秸秆颗粒饲料，一般要在制粒之前，增加快速发酵工序，之后按不同配比要求，将发酵好的饲料喂入调试好的颗粒挤压机中进行挤压颗粒生产（如将占颗粒总量 10％的玉米面用开水冲熟成黏糊状，掺入饲料中搅拌均匀，这样既能起到黏合作用，又能提高一部分饲料营养成分）。饲喂颗粒化全价日粮，牛的采食、反刍、瘤胃消化蠕动所消耗的能量减少，饲料净能值增加，代谢能利用率提高，从而增加了肉牛和奶牛有效能的摄入量和能量转化效率。

由于秸秆属于劣质粗饲料，所以，加工成颗粒饲料时，必须加入适量的补充营养的物质，以提高利用价值，提高家畜的产出量，达到合理利用的目的。具体做法如下。

① 补充能量。秸秆类饲料的代谢能一般每千克不超过 8～37 兆焦，净能则相对更低，只能维持牛一般生长发育需要。如需产奶和增重，就必须补充能量。补充能量时通常通过添加精料（如谷物、饼粕类）、糖蜜、优质干草、农副产品等进行，一般精料补充量应在 20%～60% 之间。

② 补充氮素。作物秸秆的粗蛋白质含量一般在 3%～4% 之间，只能够维持牛通常生长发育所需。由于牛瘤胃内存在大量的微生物，能利用饲料中的非蛋白氮合成菌体蛋白，因此在饲喂秸秆饲料时可适当添加尿素等非蛋白氮物质。蛋白质则最好以经过热处理或甲醛处理的过瘤胃蛋白质的形式来补充。

③ 补充维生素和矿物质。秸秆的含磷量一般为 0.02%～0.16%，而牛的正常生长和繁殖则需要 0.3% 左右。因此，如以秸秆为主饲料喂牛，则需补磷、钙及其他一些微量元素，如锌、硒等。维生素的补充一般以维生素 A 或胡萝卜素最为重要。对此，可通过饲喂青饲料或合成维生素 A 进行解决。其他物质应根据秸秆的具体含量而适量补充，以满足牛生长发育的需要。

玉米秸秆精粗颗粒饲料是以玉米秸秆为主要原料，通过机械加工揉搓粉碎后与精料混合，搅拌均匀后制粒而成的。结合牛等反刍家畜的营养特点及生产水平的实际要求，在充分利用玉米秸秆的前提下，可添加 30%～60% 混合精料。不同精粗混合料比例影响精粗颗粒饲料的成型率（表4-3）。经颗粒饲料机压制成圆柱形颗粒（直径 10 毫米，长 15～25 毫米），色泽草黄，气味糊香。

表 4-3　不同精粗混合料比例对产品成型率和秸秆利用率的影响

单位:%

精料的比例	成型率	秸秆利用率
70	80.5	30
60	84.1	40
50	90.8	50
40	93.7	60
30	95.2	70

注:引自莫放(2006)。

根据现有条件和现有设备,从提高秸秆营养价值方面考虑,提出将粉碎后秸秆进行碱化处理,然后通过挤压成型机将其挤压制成颗粒。图 4-9 是秸秆复合化学处理压粒工作示意图。秸秆经 15 毫米筛孔粉碎后,按秸秆比例加入尿素和氢氧化钙,同时加入水,通过输送机送入搅拌机,搅拌均匀后压成 32 毫米直径的颗粒,颗粒出机后温度在 80～90℃。

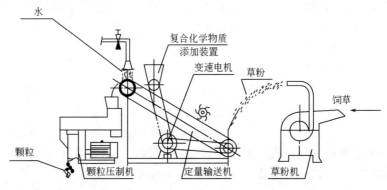

图 4-9　秸秆复合化学处理压粒工作示意图(引自毛华明,1999)

(2)营养强化的颗粒饲料的生产工艺　图 4-10 是营养强化的秸秆颗粒饲料生产过程示意图。

强化处理工艺:　──→秸秆的选配──→粉碎──→秸秆的碱化──→调水分──→制粒──→冷却。

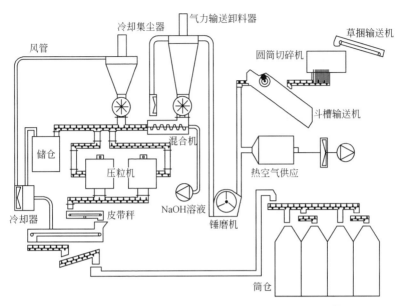

图 4-10　营养强化的秸秆颗粒饲料生产过程示意图（引自王加信，1989）

① 秸秆的选择。严格控制所选秸秆的质量，应选择质优且无霉变的秸秆作为制粒原料。

② 秸秆的粉碎。粉碎可部分破坏秸秆粗纤维晶体结构，削弱纤维素、半纤维素和木质素之间的结合，同时增加秸秆与碱液的接触面积，从而加速碱化进程。

③ 秸秆的碱化。取秸秆干物质重 6％的氢氧化钠倒入 1.5 升水中，配制成溶液，放入秸秆，浸泡 60 分钟后取出秸秆沥掉多余液体，密封在塑料袋内熟化 4 天，取出风干。

④ 调节水分。对经过碱化处理的风干后秸秆饲料，测出其含水率（基本与粉碎后的相同），再根据试验需要，对原料适当地人工调质，以达到试验要求。

⑤ 制粒。将适当粒度、适当水分的秸秆粉料送入螺旋挤压制粒机，加工出颗粒饲料。

⑥ 冷却。制粒过程中机温比较高，刚加工出的颗粒饲料温度

也比较高，必须经过适当冷却后，方可进行包装处理等工序。

本工艺采用氢氧化钠处理粉碎后的秸秆，氢氧化钠可以促使秸秆中的纤维素和半纤维素与木质素分离，使细胞结构变得疏松，使得分解纤维素的酶能够渗透到内部，并可提高秸秆中的含氮物质和潜在碱度，从而提高秸秆营养价值及饲用效果。秸秆物料可以通过单螺杆挤压成型为颗粒饲料。加工前对不同粒度的秸秆物料进行碱化处理，能明显降低粗纤维含量，进而有利于采食率、消化率的提高（表4-4）。

表 4-4　豆秸原料和颗粒饲料的营养成分测试　　单位：%

饲料种类	水分	灰分	粗蛋白质	粗脂肪	粗纤维	无氮浸出物
豆秸原料	10.29	2.87	7.32	0.43	71.12	18.27
豆秸颗粒饲料	8.73	3.66	5.17	0.60	48.07	42.50
豆秸氢氧化钠颗粒饲料	9.84	9.01	8.26	0.58	45.10	37.05

注：引自崔玉洁（2001）。

（3）块状营养强化剂　舔砖是一种简单、有效的为满足牛补充盐、矿物质和维生素等的需要按一定的比例将以上营养成分混合配制而成的新型产品，是可以放在有水源的地方或食槽边供牛自由舔食的一种块状饲料，是秸秆饲料的营养强化剂。应用舔砖的目的是，在放牧和舍饲过程中给牛额外补充矿物质元素、非蛋白氮、维生素等养分，来提高牛的采食量和饲料利用率，从而促进生长，提高经济效益。特别是在冬春枯草季节，给牛饲喂农作物秸秆和青贮料等粗饲料的情况下，补饲舔砖显得尤为重要。例如，有些奶牛用的复合矿物质舔砖含有奶牛泌乳期所必需的矿物质元素、维生素、未知增奶因子、瘤胃调控剂等，采用均性混合技术加工而成，对于改善瘤胃环境，提高奶牛的热应激能力，增进产奶量，改善乳成分，特别对预防奶牛疾病的发生、减少肢蹄病发病率等有显著的效果。

奶牛固型添加剂营养砖，是根据奶牛生活习性及营养需要研制而成的固型物。其主要是以食盐为载体，配制和掺入适量的常量、微量元素和特种添加剂，再加入黏结剂灌注而成的。将它放到运动场上，让牛自由舔食，可增加营养成分。

二、块状粗饲料的加工调制

块状粗饲料是指以农作物秸秆为主要原料，利用专用设备，把秸秆经过干燥、切碎、混合搅匀、高温高压挤压等一系列加工过程制成的块状秸秆饲料。

1. 块状秸秆饲料的优点

农作物秸秆不能被有效利用，不仅造成资源的严重浪费，还使环境污染严重。块状粗饲料是秸秆废物利用的一个重要途径，不仅可以变废为宝，减少环境污染，而且可有效解决农牧区饲草资源短缺的问题，使每年浪费掉的农作物秸秆变成有价值的资源，从而提高了农民的收入。同时，维护了草原生态环境，阻止了草原沙化，提高了牧区抗灾保畜的能力。

块状秸秆饲料是继农作物秸秆青贮、氨化、碱化处理及微生物降解作用后的又一深加工方式，具有其他加工方式无法比拟的优点。经铡切、混合、高温压轧成块后，秸秆密度为 0.6～1.0 克/厘米^3，体积减小为原来的 1/8～1/6，便于储存运输。经过熟化工艺将块状饲料由生变熟并添加钙等矿物质元素后，其营养成分高，适口性好，有特别的香味，可明显提高秸秆饲料的有效营养成分，家畜采食率可高达 100%。有关部门对 50 余头牛进行了 10 个月的饲喂试验，用块状饲料作为奶牛的饲料，试验结果表明：奶牛的产奶量提高了 16.4%，牛奶的脂肪量增加 0.2%；育肥牛的增肉率为 15%，且生长加快，出栏周期缩短。

（1）营养价值高，适口性好　秸秆压块饲料中富含多种矿物质元素，如钙、磷、铁、镁等。粗蛋白质含量≥6%，粗纤维含量达30%以上，粗脂肪含量≥2%，无氮浸出物含量≥45%，钙0.59%，磷 0.11%，灰分＜10%。饲料经高温压缩由生变熟后具有特殊的焦香味和糊香味，色泽新鲜，适口性提高，可减少动物挑食现象，采食率高达 98%以上。

（2）易于消化吸收，提高饲料转化率　秸秆压块饲料在高压的作用下，使饲料发生理化反应，淀粉糊化，半纤维素和木质素被撕碎变软，从而易于动物消化吸收，比铡切后直接饲喂其消化率明显提高。其消化率比原玉米秸秆提高25%，易于转化为肉和奶等。与粉料相比，可提高饲料转化率10%以上，产奶量可提高15%以上，牛奶中脂肪增加0.2%，肉牛增肉率也可提高15%。

（3）饲喂方便，使用安全　秸秆饲料在压块过程中经过高温压制由生变熟，可灭菌灭虫，有利于防病，减少药物的使用，且清洁卫生，可长期保存，还可改善乳肉质量。饲喂时浸水即可食用，饲喂方便，绿色安全。

（4）便于储存、运输　秸秆压块饲料的压缩比为1∶（15～20），经压缩后其密度增大，体积缩小，利于包装，便于储存运输，减少存放场地和运费，储存和运输成本都降低了；不易燃烧，利于防火且在常温下长期保存不易霉烂变质，储藏安全。

（5）饲料原料来源广，成本低　饲料原料来源广，潜力大，主要有苜蓿草、玉米秸秆、豆秸、麦秸、稻草、花生秧和红薯秧等，几乎包含所有农作物秸秆。秸秆压块生产设备结构和工艺简单，便于操作，且秸秆收购成本低，因此秸秆压块饲料的生产可以为农民带来显著的经济效益。

2. 块状秸秆饲料的加工工艺

秸秆经高温高压挤压成型，使纤维结构遭到破坏，粗纤维的消化率可提高25%。在秸秆压块的同时可以添加复合化学处理剂（如尿素、石灰、膨润土等），这样制成的复合化学处理压块，可使粗蛋白质含量提高到8%～12%，使秸秆消化率提高到60%。秸秆压块采用工艺、设备、厂房投资较大，生产率高，不适宜个体养殖户采用，适于产业化生产。

为了使玉米秸秆变成适口性好、营养成分高、质地柔软、有益于健康和便于商品化流通的粗饲料，秸秆压块加工的工艺条件应满足以下几点：秸秆原料加工时其湿度应在20%以内，最佳为16%～18%；秸秆应在每平方厘米20～30吨的瞬时高压下加工；加工中物料瞬间温度应达到 90～130℃，并在高温高压条件下，滞留 12～15 秒；加工时还应备有必要的营养添加系统，以保证秸秆饲料有必需的营养成分。

(1) 秸秆压块饲料加工工作原理及技术要求　块状饲料加工的原理是采用不同角度的高速揉搓，将玉米秸秆纵向撕裂，使之成为饲草，同时破坏和去除其表面的角质层和蜡质层，在增加饲料的表面积、打开微生物分解秸秆屏障的同时，保留了草食类家畜所需要的长纤维，从而提高了秸秆的消化率和利用率。块状饲料加工中的挤压可以将秸秆密度从 0.2 克/厘米^3 提高到 0.6 克/厘米^3，使之便于运输和储存。

① 玉米秸秆的储存与切碎。对玉米秸秆储存过程有以下几个要求。一是玉米秸秆在收获时应采用秸秆收割机或人工收获，其割茬应控制在 10～15 厘米，切忌连根拔起，否则会增加原料中的土和杂质。原料中有时会夹杂石块、金属物、塑料制品等有害物质，也会存在个别发霉变质的原料或带有根土的原料，这些有害物质都会危害家畜健康。在切碎前必须认真检查清理，避免混入切好的原料中。二是玉米秸秆收割后，有条件时应在田间吹晒 2～5 天，使其剩余水分在 50％以内再行捡拾。三是秸秆打捆可采用捡拾打捆机或人工打捆。打捆时应用麻绳或草绳打捆。四是秸秆的存放可采取集中和分散存放相结合的方法，并尽量使其通风。立式码垛，垛两侧留有通风道，垛中留有通风孔，切忌堆放。在储存期间要定期翻垛，防止秸秆受潮发热霉变，同时还要注意防火。五是质量上要求秸秆应保持茎叶完整，呈黄绿色，无发霉变质现象；其含水量控制在 30％左右即可进行切碎。

玉米秸秆在切碎时，应首先检查秸秆中有无杂物和发霉变质的秸秆，如有应及时清除。切碎时应按照切碎机的操作规程进行操作，喂料要均匀，送料速度要稳定。切碎长度应控制在 30～50 厘米之间。切碎后的秸秆不要直接进行压块，而要根据秸秆的干湿程度进行晾晒。切碎的秸秆含水量控制在 18％以下，然后将切碎的秸秆进行堆放 12～24 小时，以使切碎的秸秆原料各部分湿度均匀。

②原料的暂存回性。要求切碎的秸秆原料堆放应有一定高度，料堆重量应能至少满足一个班生产用料以上。原料虽然经过干燥，但其表里的干湿程度并不相同，必须进入缓冲仓或地面堆积暂存回性24～48小时，让水分挥发渗透到秸秆的各个部位，使原料湿度均匀一致。一般缓冲仓可储存20吨以上的原料。在地面堆积的高度应在4米左右。使回性后的原料含水量在16％～18％范围内。若原料含水量低，可适当喷洒补充水分。

③原料的混合调制。混合调制是压块生产非常重要的工艺环节，它关系到压块饲料质量的稳定性和均匀性、压制过程中的能量损耗及压模的磨损。混合调制可以改善饲料的性能，提高秸秆的成型率和生产效率。

④输送到搅拌机。原料是通过上料输送机的速度控制来实现定量给料的，输送机将切碎的秸秆散料均匀地输送到搅拌混料机内。一般采用人工喂料，喂入时要保持上料槽原料均匀，用调控输送机的速度保证原料供给数量一致。因此喂料时应保持充足均匀，同时防止有害物质混入料中。

⑤去除杂质。用除铁器将散料中铁杂质除去，以保证主机的正常工作。

⑥营养和非营养物质的添加。一般草块饲料通常由单一物料压制而成，但是单一的粗饲料往往营养不平衡。如秸秆饲料养分含量低，特别是含氮量不足。因此，为了提高块状粗饲料的营养价值和利用率，需要补充一些必要的养分，或是根据用户加工配方的要求，按比例添加精饲料、微量元素添加剂等营养和非营养添加剂，这样可进一步提高压块饲料的适口性和可消化吸收性，改善饲料营养品质。

对禾本科牧草或秸秆调制草块时，可加入一些豆科牧草，这样能明显改善草块的营养品质和压块性能；相反，在压制豆科草块时，也可加入一些禾本科牧草或秸秆，如压制苜蓿草块时，最多可加入2％的秸秆饲料，而苜蓿草块的质量未受明显影响。此外，科学合理地设计秸秆饲料配方，补充适宜比例的青绿饲料、能量饲料、矿物质饲料、微量元素和维生素添加剂、非营养性添加剂和黏合剂，是十分必要的。对碱化、氨化和黏合剂的添加量可用定量给料器加入，也可在秸秆上料时和原料混合在一起加入，其添加量一般不超过 5%。精料补充料添加用定量给料器计量加入，定量给料器由电脑控制，需按配方输入程序。各种添加物使用前应进行破碎、筛分，以防止颗粒过大影响产品质量。

⑦ 原料的混合搅拌。压块前对物料的充分搅拌也是重要的工艺环节，一般采用人工或机械进行搅拌。因为水是秸秆草块压制过程中唯一的"黏合剂"，进入混合机的原料各有不同的尺寸、粒度、湿度，搅拌混合均匀，显得更为重要，它关系到草块质量的稳定性和均匀性。否则，压制草块的质量难以保证。原料在混合机中的充满程度，以物料料面不低于主轴中心线平面，不高于外螺旋带外径的最高平面为宜。目前，机械搅拌通常是采用双螺旋翅片式结构，两轴异向转动，将输送机送来的散料、添加机送来的散料和添加机送来的添加料经过搅拌轴异向转动，一方面使散料和添加剂充分混合均匀，另一方面使秸秆茎、叶间搅拌均匀，而茎叶之间相互揉搓、摩擦变软，使其松散地被送进轧块机内。

⑧ 原料的调制。原料调制过程中通常包括物料加水、搅拌和导入蒸汽熟化等工艺，它对秸秆饲料的压块尤为重要。可使原料软化、增强黏结力，改善压块性能，降低能耗，提高压块效果和草块质量，减少压模的磨损。为降低成本，秸秆压块生产一般采用冷水调制工艺，即将 1%～3% 的水以雾状喷洒到混合料上，通过连续搅拌，使原料湿度均匀、质地柔软，黏结力增强。有热源条件的可加入 2%～4% 的蒸汽，温度为 110～130℃，压力为 0.98～2.94 兆帕。

⑨ 轧块。轧块机是秸秆压块饲料的核心部分。国内轧块机主要工作原理：内腔有螺旋槽，主轴带有推进螺旋片，通过主轴的旋转，由内外螺旋片将散料推进模块槽中，中轴的一端设有轧轮，通过主轴带动轧轮在模块槽内频繁轧压，产生高压和高温，使物料熟

化，并经周围分布的模口强行挤出，生成秸秆压块饲料。由于产生高压、高温，使秸秆原料中的淀粉及纤维发生了变化。淀粉一般在50～60℃开始膨胀，并失去先前的晶体结构，随着温度的提高，淀粉的颗粒持续膨胀直到爆裂，使淀粉发生凝聚反应（即淀粉的糊化）。糊化促进了淀粉在肠道中的酶解，也更易于消化。同时由于高压、高温，撕裂了物料角质层表面组织和部分纤维组织，使物料中的木质素结构发生变化，纤维素同木质素的联系被切断，破坏了硅细胞及胞间木质素的障碍作用，也扩大了物料表面积，给瘤胃微生物的附着和繁殖创造了良好条件，使物料更加柔软，提高了适口性。

⑩ 输出。风冷机将轧块机模口轧出的秸秆饲料块用风冷的办法将其迅速冷却并降低饲料中水的含量。

⑪ 晾晒。为了保证成品质量，必须对成品进行晾晒，使成品水分含量低于14％，这样才便于长期储存。

⑫ 包装。产品包装是生产的最后一道工序，将秸秆产品按照包装要求进行包装，便可直接销售。

（2）秸秆压块饲料的加工工艺

① 秸秆压块饲料加工工艺的基本条件。秸秆压块工程中的工艺条件直接影响压块饲料的质量、成本、储存和运输性能，确定合理适宜的工艺条件是十分必要的。

a.原料的长度。原料在压制前必须切碎到一定长度，一般为30～50毫米，以适应反刍动物的消化生理特点，利于秸秆被充分地消化。

b.原料的含水量。秸秆压块前必须保持一定的含水量，以保证秸秆的压制成型，含水量一般应控制在20％以内，最适为16％～18％，含水量过高或过低均影响压块成型。

c.机器的压力和温度。为了确保秸秆原料相互黏结在一起，在压制时应满足20～30吨力/厘米^{2}的瞬间压力；通过摩擦挤压在模腔内原料温度达到90～130℃；为达到秸秆成型的稳定性和较适宜的密度，原料必须在模腔内滞留12～15秒。

d. 化学添加剂装置和精料添加剂装置。为保证秸秆饲料块产品的营养质量，要具备准确计量、均匀供给的化学添加剂和精料添加剂系统。

e. 冷却和干燥。刚压制的秸秆饲料块出口温度一般为 45～60℃，含水量略低于原料，为确保产品含水量在 14% 以下，必须迅速使产品冷却降温。

② 工艺流程简图。稻草、麦秸、玉米秸、芦苇、葵花秸等秸秆，经人工喂入粉碎机，粉碎到适当的粒度，粒度大小由改变筛孔大小来实现。粉碎后的物料风送至沙克龙，经沙克龙集料至缓冲仓，缓冲仓内的物料由螺旋输送机排至定量输送机。由定量输送机、化学剂添加装置和精料添加装置完成配料作业，主料由定量输送机输送。按一定配方要求配合成的复合化学处理剂由复合化学剂添加装置输送，精料由精料输送装置输送，二者间的配比的调节，是在机器开动后同时接取各自的输送物料，使其重量达到配方要求而完成的。配合后的物料进入连续混合机，同时加入适量的水和蒸汽，混合均匀后进入压块机压成块。通过倾斜输送机将草块提升至卧式冷却器内，冷却后进行包装。

③ 秸秆原料的收储和调制。秸秆原料收割后因含水量过大不能使用，必须先进行青干调制，使水分含量达到 20% 以下，方能使用。机械处理时人工喂入切碎机中，切碎压裂后抛送到缓冲仓或适当的硬化场地堆积暂存回性 24～48 小时。回性好的原料用上料机均匀定量地送到混料机。营养和非营养添加剂通过定量给料器送到混料机中。压块原料收储数量和收储质量直接影响压块饲料厂的生产效果和产品质量，是块状粗饲料生产的关键环节。所以必须认真做好原料的收割、调制和储存工作。

适时收割可保持原料营养成分处于最佳状态。在不影响籽粒产量的前提下，应对秸秆适时提前收割或者至少在收获籽粒后尽快收割，这样有利于改善秸秆的消化率和营养成分。如玉米植株在成熟期中，全株茎叶的体外消化率每周递减 15%～20%；正常收割的小麦秸秆粗蛋白质含量为 4.4%，而推后 1 周收割的小麦秸秆粗蛋

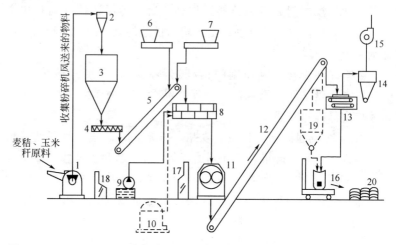

图 4-11　93KCT-1000 型粗饲料压块成套设备工艺流程（引自郭庭双，1996）

1—粉碎机；2—沙克龙；3—缓冲仓（储存粉碎后的物料）；

4—双螺旋输送机；5—定量输送机；6—化学剂添加装置；7—精料添加装置；

8—混合机；9—加水装置；10—锅炉（0.2 吨用户自备炉）；11—粗饲料压块机；

12—倾斜输送机；13—卧式冷却器；14—沙克龙；15—风机；16—包装机；

17—电器控制柜；18—粉碎机控制柜；19—成品仓；20—成品

白质含量则为 3.6%。

使秸秆水分快速蒸发，促进植物细胞及早衰亡，防止秸秆老化。将秸秆割倒后在原地摊开平铺晾晒 1～3 天，使其水分含量降到 40%～50% 便可打捆。秸秆收割和原地平铺晾晒可采用秸秆割晒机一次性完成，其割茬高 10～15 厘米，可确保秸秆不带根土。

晾晒后饲喂玉米秸秆可打成直径 40 厘米的捆儿，运到储存地点码垛，实施青干处理。码垛时将秸秆捆儿横竖交叉一层一层垛起来，捆儿和捆儿之间留 15～20 厘米的通风洞，长方向通风洞应对齐，垛 15～50 米。垛顶上盖一些玉米秸以防晒、防雨、防雪，使其自然风干，一般两个半月后含水量可降到 20% 左右，不会发霉，叶子颜色青绿，即可供压块使用。如在田间垛晾，应选择地势较高、地面平坦、易通风的地点。大面积存放时，各垛之间要留 60～80 厘米的通行和通风间距。

秸秆干燥时间的长短主要取决于其茎秆干燥所需的时间。当叶片水分干燥到 5%～20% 时，茎秆的水分含量仍在 35%～50%。因此，只有把秸秆的茎秆压裂或纵向挤丝、揉搓切碎后，才能消除茎秆角质层和纤维素对水分蒸发的阻碍，加快水分蒸发速度，缩短干燥时间。同时可减少植株的呼吸作用、光合作用和酶的活动时间，从而减少秸秆的营养损失。其方法是将压裂切碎的秸秆抛送到晾晒场地均匀平铺在地面上，厚度约 10 厘米，进行晾晒。每天翻倒 2 次，一般每天可除去水分 15%～20% 左右，晾晒 48 小时后，水分含量达到 20% 左右时，就可以进行堆积储存或供生产使用。每平方米场地晾收干秸秆 10 千克。

④ 秸秆原料机械处理要求。原料中有时会夹杂土或石块、金属物、麻绳、塑料制品等有害物质，也会存在个别发霉变质的原料或带有根土的原料，这些有害物质都会危害牛的健康。在切碎前必须认真检查清理，避免混入切好的原料之中。

根据牛的消化生理特点，饲喂的粗饲料的纤维长度为 20～30 毫米。因此，用压块机组所压制的粗饲料截面尺寸在 3 毫米左右。在压制过程中，若原料切的太短，其尺寸小于截面尺寸，过短过碎时，则草块的纤维长度、成型率及坚实度都会急剧下降；相反，若原料尺寸太长时，也会使物料在压制过程中产生更多的破裂，减少所需的纤维长度，同时也增加压制过程中的能量损耗，影响产量。因此，原料的切碎长度应控制在 30～50 厘米。

原料虽然经过干燥，但其表里的干湿程度并不相同，必须进入缓冲仓或地面堆积暂存回性 24～48 小时，让水分挥发渗透到秸秆的各个部位，使原料湿度均匀一致，回性后的原料含水率在 16%～18% 范围内。若原料含水率过低，可适当喷洒补充水分。

⑤ 压制成型的基本要求。开机后应先少量均匀给料，调节上料机速度来控制给料量。在模孔全部出料时，再逐步加大上料机速度，增加给料量，使产量达到 15～20 吨/小时水平。生产过程中，

应避免频繁启动或过载运行；应随时观察压机运转时的电流、电压情况；要定期检查清除器上的吸附物。

秸秆饲料块应表面光滑、平整，无大于 5 毫米的裂痕，以保证在装运过程中能保持形状；整体尺寸比例合适，以使其具有一定的强度；纤维长度适宜。单体密度为 500～1000 千克/厘米^3，堆积密度为 400～700 千克/厘米^3。

⑥ 冷却和干燥的基本要求。压制成型的秸秆饲料块通过冷却机时，可达到降温除湿的目的，这是一个正确控制草块表里温度和湿度的过程。因此，应尽可能使草块在冷却输送机中增加停留时间，使其温度降低到室温以下，含水量在 14％以下。冷却除湿后的产品需进一步干燥，烘干法效果好成本高，自然干燥法成本低时间长，也可在室内阴干，切忌暴晒。

⑦ 压块饲料储存的基本要求。秸秆饲料块产品应储存在仓库内，以防不良天气造成的损失。仓库要选择在地势平坦、干燥易排水的较高地点，应铺垫石块、木条、秸秆，防止产品底层受潮。产品码垛时，要与顶棚、墙边有一定距离，以便通风散热。

3.块状秸秆饲料的应用前景

在农业产业结构调整中，随着畜牧业和养殖业的快速发展，饲料和饲草的需求量越来越大，对秸秆饲料营养价值的研究也在不断深入。人们对秸秆饲料产品的不断认识，秸秆饲料加工工艺的不断创新，秸秆饲料加工中的新概念、新工艺、新设备不断应用，促进了块状饲料产业的发展。块状饲料成本为 180～190 元/吨，东北地区的零售价格为 400～450 元/吨，广州地区的零售价格为 1100 元/吨，出口日本的价格为 250 美元/吨。玉米秸秆加工成块状饲料出售后，可增加收入 100～150 元/吨，经济效益十分明显。

块状饲料在国际市场十分畅销，日本、韩国和东南亚都需要大量的草块饲料。国内需求潜力也很大，在我国北方牧区如内蒙古锡林郭勒盟，每年冬春季因缺少草料有近半数的羊群死亡。如用储运方便且价格便宜的块状饲料作冬储饲料，可大大减少羊群的死亡率。目前，国家大力倡导发展圈养畜牧业，致使饲料用量在扩大，全国范围内的大城市养殖场（如奶牛养殖场、肉牛养殖场）成为草块饲料的大市场。

目前，国外的饲草压块设备较先进，但价格也较高，一般需要300万元/套，且以苜蓿饲草加工为主。国内也有企业和科研单位研究此类设备，但技术成熟、生产稳定的还不多，其主要原因是设备用电量大、成本高。因此，研究设计适合我国国情的秸秆、牧草压块机具，使直接加工者获取效益，为经营单位和养殖用户创造效益，具有重大的意义。我国北方地区每年生产近2亿吨玉米、大豆、水稻等农作物秸秆，如果将50%的秸秆加工成块状饲料，可产出市场价值500亿元的产品，同时将极大地推动我国北方甚至全国畜牧业的发展。

4.块状秸秆饲料的配制技术

（1）块状秸秆饲料的种类及营养成分　块状秸秆饲料按原料组成可分为全秸秆饲料块、含有精料的全价秸秆饲料块、秸秆苜蓿混合饲料块、经过微生物处理的生物秸秆饲料块；按形状可分为圆柱形秸秆饲料块（即饲料块大棒）、长方形秸秆饲料块。各种形状的玉米秸饲料块产品见图4-12～图4-16，部分秸秆饲料块产品的营养成分分析结果见表4-5。

图4-12　玉米秸圆柱饲料块

图 4-13　玉米秸饲料块

图 4-14　玉米秸苜蓿混合饲料块

图 4-15　玉米秸生物饲料块

图 4-16　玉米秸穰饲料块

表 4-5　玉米秸秆饲料块主要营养成分　　单位：%

产品名称	干物质	粗蛋白质	粗脂肪	粗纤维	粗灰分	无氮浸出物	钙	磷
全玉米秸饲料块Ⅰ型	86.65	5.89	2.52	31.00	5.79	41.45	0.38	0.11
全玉米秸饲料块Ⅱ型	86.00	5.85	2.49	31.02	5.88	40.76	0.42	0.10
玉米秸配合饲料	87.10	12.00	3.90	20.60	5.85	44.73	0.78	0.32
玉米秸生物饲料块	27.03	2.04	0.24	8.00	2.38	14.37	0.13	0.04

玉米秸圆柱饲料块：圆柱状（直径 70 毫米，长度自然断裂），密度 $0.45\sim1.00$ 克/厘米^3，粒度（$1\sim5$）毫米×（$5\sim10$）毫米。

玉米秸饲料块：长方形 [30 毫米×（$30\sim50$）毫米，长度自然断裂]，密度 $0.45\sim0.70$ 克/厘米^3，粒度（$1\sim5$）毫米×（$5\sim10$）毫米。

玉米秸苜蓿饲料块：长方形 [30 毫米×（$30\sim50$）毫米，长度自然断裂]，密度 $0.45\sim0.70$ 克/厘米^3，粒度（$1\sim5$）毫米×（$5\sim10$）毫米。

玉米秸生物饲料块：正方形（直径 320 毫米，长度自然断裂），密度 $0.40\sim0.60$ 克/厘米^3，粒度（$1\sim5$）毫米×（$5\sim10$）毫米。

玉米秸穰饲料块：正方形（直径 32 毫米，长度自然断裂），密度 $0.45\sim0.55$ 克/厘米^3，粒度（$1\sim5$）毫米×（$5\sim10$）毫米。

由于秸秆属于粗饲料范畴，即纤维性饲料，其消化特性主要体现在纤维上。玉米秸秆产品的各种纤维组成均表现出了与瘤胃降解率正好相反的趋势，即玉米秸生物饲料块＜玉米秸穰饲料块＜全玉米秸饲料块Ⅰ型＜全玉米秸饲料块Ⅱ型＜粉碎玉米秸＜玉米秸硬皮（表 4-6）。其中木质素是影响纤维素消化特性的决定性因子，因为在牛瘤胃液中，微生物自身不能合成分解木质素的酶类。但由于通过机械不同程度的高温及强力挤压等物理作用，其纤维素、半纤维素及木质素间的镶嵌结构部分被破坏，降低了木质素的抑制作用，改善了秸秆的纤维结构，从而提高了其可消化养分含量，这也正是粉碎玉米秸和玉米秸饲料块虽然在粗纤维和木质素含量上接近，而瘤胃降解率却表现出两种玉米秸饲料块比粉碎玉米秸稍高的直接原因。而玉米秸生物饲料块、玉米秸穰饲料块的瘤胃降解率高也同样是由于其木质素含量远低于粉碎玉米秸引起的。

表 4-6 不同玉米秸产品的纤维组分 单位：%

秸秆类型	粗纤维	中性洗涤纤维	酸性洗涤纤维	木质素	细胞壁物质	低消化性纤维
全玉米秸饲料块Ⅰ型	35.78	69.76	40.54	9.02	77.54	70.95

秸秆类型	粗纤维	中性洗涤纤维	酸性洗涤纤维	木质素	细胞壁物质	低消化性纤维
全玉米秸饲料块Ⅱ型	36.07	69.85	40.67	9.23	78.31	71.55
玉米秸穰饲料块	30.17	66.60	34.38	5.63	70.97	63.61
玉米秸生物饲料块	29.61	62.04	32.54	5.59	63.46	58.93
粉碎玉米秸	37.97	70.88	42.09	9.72	80.07	72.59
玉米秸硬皮	42.09	79.54	44.52	13.00	80.64	78.39

（2）全价秸秆压块技术　全价秸秆压块技术是指根据不同家畜、不同饲养目的、不同发育阶段的营养需要，以粉碎的秸秆饲料为基础粗饲料，加入能量、粗蛋白质、维生素、微量元素、矿物质等饲料，按照一定的饲料配方生产的全价饲料块，供给市场销售，以满足草食家畜的需要。常见的我国生产的压块成套设备，可以压制出 25 毫米×25 毫米和 30 毫米×30 毫米的方形断面草快，也可压制出直径为 8～30 毫米的圆柱形草块。草块密度为 0.6～1.0 克/厘米^3，堆积密度 0.4～0.6 吨/米^3。草块状态密度增加，便与储存、运输和机械化饲喂，方便进入商品流通。

（3）肉牛玉米秸饲料块日粮的配制　日粮组合具有很强的技术性，要根据所确定的日粮营养水平科学合理地进行组合。首先要根据生长速度和所具备的饲料原料种类，确定每头牛每天吃多少配合精料、多少干草、多少青贮或酒糟等，然后决定玉米秸饲料块的用量。肉牛育肥阶段日粮的精粗比例：前期粗料为 55%～65%，精料为 45%～35%；中期粗料为 45%，精料为 55%；后期粗料为 15%～25%，精料为 85%～75%。在实际生产中，要根据不同种类、不同质量的原料来确定玉米秸饲料块的比例。表 4-7～表 4-11 是根据生产中常用的饲料原料制订的 4 种不同类型的日粮结构模式，供读者参考。在实际生产中，根据各种原料的价格和牛的市场行情，可以适当调整，但干物质总量、蛋白质和能量水平要尽量保证牛的营养需要。

表 4-7　肉牛配合精料＋酒糟＋玉米秸饲料块型日粮

体重 /千克	混合精料 /[千克/(头·天)]	酒糟 /[千克/(头·天)]	玉米秸饲料块 /[千克/(头·天)]
200～300	2～2.5	4～7.5	3～4
300～400	2.5～4	7.5～8.5	4～4.5
400～500	4～4.5	8.5～10	4 左右

表 4-8　肉牛配合精料＋全株青贮玉米＋玉米秸饲料块型日粮

体重 /千克	混合精料 /[千克/(头·天)]	全株青贮玉米 /[千克/(头·天)]	玉米秸饲料块 /[千克/(头·天)]
200～300	1～2	7.5～10	3～3.5
300～400	2～3	10～12.5	3.5～4
400～500	3～4	12.5 左右	4 左右

表 4-9　肉牛配合精料＋青贮玉米秸＋玉米秸饲料块型日粮

体重 /千克	混合精料 /[千克/(头·天)]	青贮玉米秸 /[千克/(头·天)]	玉米秸饲料块 /[千克/(头·天)]
200～300	2.25～2.75	6～8	2.5～3.5
300～400	2.75～4.5	8～9	3.5 左右
400～500	4.5～5.55	9 左右	3 左右

表 4-10　肉牛配合精料＋干草＋玉米秸饲料块型日粮

体重 /千克	混合精料 /[千克/(头·天)]	干草 /[千克/(头·天)]	玉米秸饲料块 /[千克/(头·天)]
200～300	2.5～3.5	2	2～3.5
300～400	3.5～5	2	3.5 左右
400～500	5～6	2	3 左右

表 4-11　肉牛配合精料＋玉米秸饲料块型日粮

体重/千克	混合精料/[千克/(头·天)]	玉米秸饲料块/[千克/(头·天)]
200～300	2.5～3.5	4～5.5
300～400	3.5～5	5.5 左右
400～500	5～6	5 左右

三、其他物理处理

1.切短和粉碎

将秸秆切短、粉碎，以增加其与瘤胃微生物的接触面，这样的处理可提高秸秆的采食量和通过瘤胃的速度。但是其消化率并不能得到改进。利用铡草机将秸秆切短成小段，秸秆铡短的程度应视牛的品种、生理阶段及秸秆本身质地的不同而定。过长作用不大，过短不利于咀嚼，加工花费的劳力也多。一般柔软、疏松的秸秆如稻草、谷草可稍长一些，以3～4厘米为宜；而质地粗硬坚韧的玉米秆、高粱秆、豆秸则应短一些，以1.5～3厘米为宜。饲喂犊牛、母牛及老弱牛的均应更短一些。实践证明，如果未经切短的秸秆家畜只能采食70%～80%的话，那么，对切短的秸秆，几乎全部可以吃尽。如果将切短的多种秸秆混合饲喂，则可起到营养互补的作用，效果比单独饲喂要好；如果将禾本科秸秆与豆科秸秆或青贮饲料混合，再适当补充精料并添加食盐喂牛，效果会更理想。

牛所用的秸秆饲料一般不粉碎，但有一些研究证实，在肉牛日粮中适当混合部分秸秆粉，可以提高采食量，而增加的采食量所提供的能量可以在一定程度上解决秸秆本身能量不足的问题，因而有利于肉牛的育肥。切短与粉碎加工处理的优点如下。

第一，可以减少能耗。各种秸秆经过切短或粉碎处理后，便于牛咀嚼，从而减少咀嚼产生的能耗，将采食到的能量更多地用于产肉和产奶中。

第二，改善秸秆品质，提高采食量。避免牛在采食过程中将粗饲料茎秆部分挑拣出去，减少饲喂过程中的饲料浪费。秸秆经粉碎、铡短处理后，体积变小，便于采食和咀嚼，增加了与瘤胃微生物的接触面，可提高过瘤胃速度，增加采食量。由于秸秆粉碎、铡短后在瘤胃中停留时间缩短，养分来不及充分降解发酵，便进入真胃和小肠，虽然消化率并不能得到改进或提高，但消化吸收的总养分增加，不仅减少了秸秆的浪费，尤其是在低精料饲养条件下，饲喂肉牛的效果更为明显。秸秆经切短或粉碎后喂牛，采食量增加

20％～30％，日增重提高 20％左右。生产实践证明，未经切短的秸秆，肉牛只能采食 70％～80％，而经切碎的秸秆几乎可以全部利用。秸秆粉碎的细度以 0.7 厘米效果最好。如用这样的粉料饲喂育肥小阉牛，并代替日粮中 30％的未切短秸秆，每日采食量可由 7.1 千克增加到 8.9 千克，日增重由 21.09 千克增加到 21.14 千克，每千克增重所需要精料由 6.5 千克减少到 5.49 千克，降低了 15.53％。

第三，可提高秸秆饲料的利用率和吸收率。使用秸秆粉碎机将秸秆粉碎，秸秆粉碎不能提高秸秆营养价值，但可增加秸秆的表面积，使瘤胃微生物及其所分泌的酶容易与之接触，活体外培养一般均表现为提高有机物或干物质的消失率与消失速度。长时间的球磨、研磨可以将秸秆的消化率提高到 70％～80％。实际工作中可行的是锤片粉碎机细粉碎，筛孔直径以 6～12 毫米为宜，秸秆越干效率越高。此法提高了适口性，也提高了饲料利用率，而且切得越细，其消化率就越高（表 4-12）。但也有消化试验表明，细粉碎主要表现为降低消化率。这主要是由于饲料在消化体内的流通速度提高，减少了细胞壁在瘤胃内停留消化的时间，而细胞壁只有在瘤胃内才能有效地被消化利用。此外，由于细粉碎饲料在瘤胃内消化速度较快，挥发性脂肪酸生成的速度快，加之反刍减少，唾液分泌相对量少，瘤胃 pH 值较低，瘤胃发酵生成丙酸或乙酸的比例提高，甲烷生成减少，因而消化能的利用率较高。这个效果一般可以抵消消化率降低的不利作用。由于细粉碎的粗饲料在消化道内流通速度的提高，牛的进食量大大提高，产生的净效果是有效能量的进食量显著提高。

表 4-12　不同长度秸秆对牛消化率的影响

处理方式	有机物/％	酸性洗涤纤维/％	氮/％
粉碎 7 厘米	76.1	53.5	81.8
切短 25 厘米	71.9	41.4	78.8
整秸秆	70.6	40.0	76.5

第四，易于和其他饲料进行配合。秸秆切短和粉碎后可以和牧草、精料补充料充分混合，制成全混合日粮，提高牛的采食量和生产性能。

2. 揉碎

揉碎机械是近年来推出的新产品，为适应牛对粗饲料利用的特点，将秸秆饲料揉搓成丝条状，尤其适于玉米秸的揉碎。秸秆揉碎不仅可提高适口性，也可提高饲料利用率，是当前秸秆饲料利用比较理想的加工方法。在生产中，一般与粗饲料压捆机联合使用，生产出以农作物秸秆为主的秸秆捆饲料，图 4-17 是秸秆揉搓捆饲料。将收获后的农作物秸秆经饲草秸秆揉搓机处理，一次性破坏掉秸秆粗硬的外皮和硬质茎节，揉搓成无硬节、较柔软的丝状散碎饲草料。经自然晾晒变干达到安全储存水分后，再用打捆机压制成 30 厘米×30 厘米×（60～80）厘米的秸秆捆，或用饲草液压打包机打包压缩成 60 厘米×40 厘米×20 厘米的大截面秸秆块。该饲料产品具有许多优点。

图 4-17　秸秆揉搓捆

① 秸秆经打捆后，产品密度可达到 300～400 千克/米³，可以规则地码垛储藏，与自然堆放的草料相比缩小储运体积 50%～70%，便于长期储存和长途运输，可作为秸秆类产品销往异地，大幅度降低运输费用，作为商品进行长距离运输比较经济，还能作为牧区抗灾保畜急需的饲料。

② 节省仓储空间，饲喂方便，可降低饲养成本，采食利用率

高，浪费少，适用于集约化程度较高的舍饲养殖；饲料营养损耗少，基本上能保持原有的色泽和营养，且具有明显的草香味，饲喂效果好。

③ 提高采食量，秸秆在揉搓机的作用下被揉碎成丝状，茎节被完全破坏，使其适口性大为改善，特别是秸秆，经过揉搓，全株采食率可由未加工前的 45% 提高到 90% 以上。

④ 加工工艺简单，成本较低，饲喂效果较好。

3. 软化

常用的软化法有浸湿软化和蒸煮软化两种方法。用食盐将秸秆浸湿软化，并用少量饲料进行搅拌调味，可使家畜对秸秆类粗饲料摄入量提高 1～2 千克。如果将秸秆浸湿软化后与块根类饲料按 1:2 的比例调配成混合饲料，那么，掺有少量精料的 5 千克软化秸秆可以分 2 次在 88 分钟内被吃完。而 5.3 千克的软化秸秆和芜菁混料，牛在 59 分钟内一次就可吃完。因此，秸秆浸湿软化和拌入少量精料或块根、块草类的饲料，不仅可以增加牛的采食量，而且可明显加快采食速度。如加入尿素，可以将纤维素的消化率提高 10%；添加玉米面，可将纤维素的消化率由 43% 提高到 54%。这是因为瘤胃纤维素细菌的营养条件得到了改善。

4. 热加工

热加工主要指蒸煮、膨化、热喷。下面分别做一描述。

（1）蒸煮　将切碎的粗饲料放在容器内加水蒸煮，以提高秸秆饲料的适口性和消化率。蒸煮使秸秆变软，使细胞壁的复杂结构发生某些改变而提高秸秆的消化率（表 4-13）。

表 4-13　不同物理处理对秸秆消化率的影响

秸秆处理方法	谷物类秸秆/%	甘蔗秆/%
不处理	37	27
粉碎为 1 毫米	42	32
粉碎为 2 毫米	33	29
粉碎为 3 毫米	34	26

续表

秸秆处理方法	谷物类秸秆/%	甘蔗秆/%
粉碎为4毫米	29	25
蒸煮(120℃,90分钟)	40	38
蒸煮(140℃,90分钟)	48	46
蒸煮(170℃,60分钟)	59	52
蒸煮(170℃,90分钟)	57	49

注:引自邢庭铣(2008)。

(2) 膨化 挤压膨化加工农作物秸秆能改变秸秆的理化性状,提高秸秆饲料的适口性、采食率和消化率。膨化后秸秆外观改变明显,堆放体积缩小,梗状物减少,大部分都变成絮状物,蓬松柔软,并伴有籽实的糊香味。利用电子显微镜观察秸秆膨化前后的微观结构,发现膨化前秸秆细胞排列整齐,细胞结构完整,细胞壁(主要成分为纤维素)包裹着细胞内容物。膨化后的秸秆细胞结构被破坏,细胞壁被撕裂变为絮状纤维,细胞间距拉大,轮廓模糊,细胞内容物游离出来,这样秸秆在牛消化道内与消化酶接触面扩大,为被瘤胃微生物最大限度地降解创造了条件。图4-18和图4-19是6毫米豆秸膨化前后的电子显微照片,图4-20和图4-21是6毫米玉米秸膨化前后的电子显微照片。

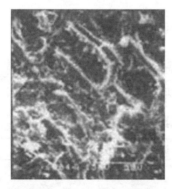

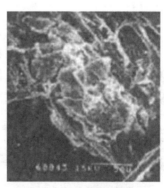

图4-18 6毫米未膨化豆秸的纤维照片(引自张祖立,2001)

图4-19 6毫米膨化豆秸的纤维照片(引自张祖立,2001)

图 4-20 6 毫米未膨化玉米秸的
纤维照片（引自张祖立，2001）

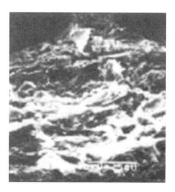
图 4-21 6 毫米未膨化玉米秸的
纤维照片（引自张祖立，2001）

膨化加工对秸秆的粗蛋白质和粗脂肪等成分的含量基本上没有影响，可见这种高温高压短时膨化农作物秸秆的加工方法基本上不损失秸秆的粗蛋白质和粗脂肪这两种营养物质，而影响牛对其消化吸收的粗纤维和酸性洗涤纤维含量都得到不同程度的下降，容易吸收的无氮浸出物含量得到了提高。膨化玉米秸较未膨化玉米秸，粗纤维降低了 8.02%，酸性洗涤纤维降低了 3.37%，无氮浸出物增加了 9.83%；膨化豆秸较对照未膨化豆秸，粗纤维降低了 17.67%，酸性洗涤纤维降低了 9.20%，无氮浸出物增加了 31.54%（表 4-14）。

表 4-14 膨化和未膨化豆秸、玉米秸营养成分对照分析结果

单位:%

序号	品名	水分	灰分	粗蛋白质	粗脂肪	粗纤维	无氮浸出物	酸性洗涤纤维
1	未膨化玉米秸	8.42	9.47	5.45	0.76	32.68	47.20	46.85
2	膨化玉米秸	8.07	8.17	5.26	0.78	30.06	51.84	45.27
3	未膨化豆秸	10.10	4.52	4.80	0.46	52.23	30.72	65.23
4	膨化豆秸	10.40	5.07	4.87	0.45	43.00	40.41	59.23

注:引自张祖立(2001)。

（3）热喷　秸秆热喷技术是近年来采用的一项新技术，是一种热力效应和机械效应相结合的物理处理方法，利用热喷效应，使饲料木质素熔化，纤维结晶度降低，饲料颗粒变小，消化总面积增加，从而达到提高家畜采食量和消化吸收率以及由于高温高压而杀虫、灭菌的目的。主要设备为压力罐。基本工艺程序是，将秸秆送入压力罐内，通入饱和蒸汽，在一定压力下维持一段时间，然后突然降压喷爆。由于受热效应和机械效应的作用，秸秆被撕成乱麻状，秸秆结构重新分布，从而对粗纤维有降解作用。热喷技术的工作原理是，秸秆在水蒸气的高温高压下，使秸秆中 $6.5\%\sim12.0\%$ 的木质素熔化，纤维素分子断裂、降解，当秸秆排入大气中时，造成突然卸压，产生内摩擦力喷爆，进一步使纤维素细胞撕裂，细胞壁疏松，从而改变了秸秆中粗纤维的整体结构和分子链的构造。用这项技术秸秆经过热喷处理后，质地柔软，味道芳香，营养价值和利用价值大大提高，全株采食率可由 50% 提高到 90%，消化率提高 50% 以上，能使小麦秸、玉米秸和高粱秸的体外消化率分别从 38.46%、52.09% 和 54.04% 提高到 55.46%、64.81% 和 60.03%（表4-15）。结合氨化对饲料进行迅速热喷处理，可将氨、尿素、氯化氨、碳酸氢铵、磷酸氨等多种工业氨安全地用于牛、羊反刍动物的饲料中，使粗饲料及精料的粗蛋白质水平成倍提高。另外，饲料热喷技术还具有对菜籽饼、棉籽饼、生大豆等含毒素的原料进行热去毒的作用，从而使这些高蛋白饲料得到充分利用。由此可见，推广应用饲料热喷技术，对开发农区秸秆资源，缓解饲料紧缺，促进秸秆畜牧业发展，必将产生较高的社会经济效益。

表4-15　热喷处理前后秸秆消化率　　　　单位：%

秸秆种类	处理前	处理后
小麦秸	38.46	55.46
玉米秸	52.09	64.81
高粱秸	54.04	60.03

注：引自秦海生（2003），秸秆热喷处理养畜技术（河北农机）。

5. 盐化

盐化是指铡碎或粉碎的秸秆饲料，用 1％ 的食盐水，与等重量的秸秆充分搅拌后，放入容器内或在水泥地面上堆放，用塑料薄膜覆盖，放置 12～24 小时，使其自然软化，可明显提高适口性和采食量，减少秸秆的浪费。盐化玉米秸可代替部分饲草饲料，它的粗蛋白质、粗脂肪、无氮浸出物等指标高出干草 10％ 以上，并且含糖量高，牛爱吃，增膘快，产奶多。用玉米秸秆盐化饲料饲喂牛，牛的采食速度可提高 20％，采食量提高 7％ 左右。1 头奶牛比不喂盐化玉米秸每日多产 1 千克奶，育肥牛日增重提高 40％ 以上，经济效益显著。

盐化秸秆的制作方法如下。第一步，选好玉米秸，先将其铡短约 2～3 厘米长或粉碎。第二步，每百千克玉米秸，用食盐 0.5 千克加 60 千克水制成溶液，均匀地喷洒玉米秸。同时放入尿素 1％ 效果较好。第三步，在事先砌好的水泥池、大缸、塑料袋中，把喷洒好的玉米秸原料分层踩好、压实装入，上面用塑料袋盖上封严，塑料袋把口扎严达到不透气为止。水泥池一般 1 米左右深、2 米宽即可，至于多长可根据养牛数量而定。可使用塑料袋，也可内层为纤维袋，外层为塑料袋。这样能增加饲料营养价值和采食量，增加牛的适口性，促进牛的食欲，更重要的是用玉米秸盐化比用稻草可降低成本约 3 倍。

6. 碾青处理

首先将秸秆铺在地面上，厚度为 30～40 厘米，然后上面铺同样高度的青饲料，最上面再铺秸秆，然后用碌碡碾压。青饲料流出的汁液被上、下两层秸秆吸收，在南方有些地区处理麦秸时一般使用此种方法。经过此种处理，可缩短青饲料晒制的时间，并提高麦秸饲料的适口性和营养价值。在石碾或机械的碾压作用下，麦秸茎秆破裂、折断，体积进一步缩小。

麦秸中加入一定比例的苜蓿。苜蓿富含蛋白质、维生素、矿物质等营养，水分含量较高。碾压作用使苜蓿汁液和营养物质渗入麦秸之中，因而麦秸的适口性和营养价值得到明显提高。饲喂单一的麦秸不仅不能满足牛生长繁殖的需要，而且容易引起营养缺乏性疾病，造成蛋白质的浪费，增加饲养成本。应用碾青麦秸，既能发挥麦秸填充消化道和维持饲养的作用，又可使苜蓿和麦秸的营养物质达到互补作用，在能量、粗蛋白质、矿物质、维生素等方面能够达到生长、繁殖的需求，明显地改善牛营养状况和生产水平。

饲喂碾青麦秸，牛的干物质采食量比单独饲喂麦秸和鲜苜蓿的牛高 $10\% \sim 15\%$。因为单独饲喂麦秸适口性差、体积大，饲喂苜蓿则因水分含量较高，使干物质采食量降低。应用碾青麦秸饲喂晋南牛，由于头日采食量增加，比单独饲喂麦秸的肉牛头日增重提高 0.3 千克左右，比单独饲喂鲜苜蓿的肉牛头日增重也有明显提高，日增重达 0.4～0.5 千克。饲喂碾青麦秸后，肉牛增重速度加快，饲料利用率提高，育肥期缩短，单位增重消耗的饲草降低，平均每头肉牛的育肥收入比单纯饲喂碾青麦秸增加 50～70 元。

7. 其他

除上述 6 种途径外，还可采用射线照射处理。该方法是利用 γ-射线等照射低质秸秆，以增加饲料的水溶性部分，提高其饲用价值，一般可提高体外消化率和瘤胃挥发性脂肪酸的产量。在一定辐射剂量条件下，用射线辐射再经 1% 氨＋5% 氢氧化钙处理的秸秆，可大大提高秸秆的消化率。用 γ-射线对低质饲料进行照射，有一定的效果，但尚处于试验阶段。

第二节　秸秆饲料的化学处理

我国农作物秸秆数量巨大，每年有各类秸秆资源 7 亿～8 亿吨左右。然而近年来，因为抢农时倒茬播种以及农村能源结构逐渐改变等因素影响，秸秆废弃和违规焚烧现象比较普遍，由此引发的环境污染、交通隐患和资源浪费等问题引起了社会的广泛关注。如何解决秸秆废弃和焚烧问题？秸秆的处理现在主要有以下几种：肥料、饲料、食用菌基料或者作为燃料和工业原料。我国的秸秆气化、秸秆压块技术还不够成熟，秸秆直接还田的比例仅为 10％，而秸秆饲料的利用比例达到了 1/3，因此利用废弃秸秆发展畜牧业尤其值得重视。牛等反刍动物能够很好地利用秸秆作为饲料，因此养牛是秸秆利用最好的出路。

然而，由于秸秆类饲料是一种营养成分含量较低的物质，主要表现为粗蛋白质、脂肪和可溶性糖分含量较少，能量水平较低，而纤维素含量很高，非淀粉多糖较多。其中秸秆粗纤维高达 30％～45％，且木质化程度较高，质地坚硬粗糙，适口性较差，可消化能低，因此存在消化率低、利用率不高的问题。

纤维素是植物细胞壁的主要成分，它的化学结构是许多 β-1,4 糖苷链连接而成的葡萄糖单位的聚合体，在葡萄糖单位上的第六碳原子呈反式连接，从而导致整个纤维素结构呈稳定的扁带状的微纤维。除此以外，在微纤维之间还有牢固的氢键连接，从而导致纤维素基本上不可溶。对于各种酶的作用也具有极大抵抗力。

半纤维是许多不同的单糖聚合体的异源性混合体，包括葡萄糖、木糖、甘露糖、阿拉伯糖与半乳糖等，各单糖聚合体间分别以共价键、氢键、酯键或醚键相连接，因而呈现稳定的化学结构。此外，随着农作物秸秆的成熟，植物体内的半纤维素逐渐增长，并参与其中，从而进一步增强了植物体的坚实性，也降了它们的可消化性。

而木质素是一种杂聚物，基本结构单元苯基丙烷靠多种共价键连接形成一种不溶性的、异质的、无光学活性的、不规则的、高度分枝的三维网络大分子。它与纤维素、半纤维素一起构成细胞壁的主要成分，其中 80％存于植物细胞壁中，20％分布于细胞间隙中，成为细胞联合的粘连剂。木质素的惰性对于植物来说是极具价值的结构组成，但却是所有自然产物中转化率最低的物质，由于木质素分子间链键多为酯键或 C—C 键，非常稳定，其连接单元不易水解，所以以木质素降解过程是一系列酶催化和非酶催化的非特异性氧化还原过程。

自从德国化学家贝克曼发明秸秆饲料碱化方法以来，已有近百年的历史，虽然具体方法在不断改进，但使用碱性物质处理秸秆，提高消化率，至今仍是最为有效的化学处理方法，世界许多国家如英国、法国、波兰和韩国还在继续使用。另外化学方法也可以结合其他一些方法联合对秸秆进行处理，例如通过应用物理、化学或生物学的加工处理技术，破坏其木质纤维结构，可以有效地提高低质粗饲料的消化率和营养价值，改善其对反刍动物的饲喂效果。

化学处理是指利用化学制剂对作物的秸秆进行作用，以达到打破秸秆细胞壁中半纤维素与木质素之间的共价键，从而使秸秆消化率得到提高的目的。化学处理方法主要有酸处理、碱处理及氧化等方法。近一个世纪以来，用化学处理法提高秸秆饲料的营养价值已取得了较大进展，有些化学处理方法已在生产中得到广泛应用。目前，生产中主要用氨、尿素、氢氧化钠、石灰等碱性化合物处理秸秆，以打开秸秆中纤维素、半纤维素、木质素之间对碱不稳定的酯键，使纤维素发生膨胀，改变秸秆中木质素、纤维素的膨胀力与渗透性，进而使酶与被分解的底物有更多的接触面积，从而使瘤胃液易于渗入，使底物更易被酶分形成乙酸、丙酸、丁酸等挥发性脂肪酸。挥发性脂肪酸被吸收后便作为能源而被利用。化学处理时可同时释放出细胞内的粗蛋白质，从而达到改善适口性，增加采食量，提高对秸秆内营养物质的消化率和利用率的目的。

一、秸秆的碱化

1900 年，Kellner 和 Kohler 用 2%～4%的 NaOH 溶液在高压锅内煮黑麦秸秆，使纤维素的消化率提高 1 倍。1922 年，德国的贝克曼用 1.5%的 NaOH 溶液浸泡秸秆 24 小时，然后冲洗。干物质损失仅 20%，纤维素几乎全部存在，冲洗中仅 25%～30%的木质素及 8%～15%的戊聚糖损失。

秸秆的碱化，简单说就是在秸秆中加入一定比例的碱溶液（如氢氧化钠、氢氧化钾以及氢氧化钙等），使秸秆细胞壁内部分木质素软化，硅酸盐溶解，纤维素膨胀，木质素与纤维素、半纤维素分离，纤维素与半纤维素部分分解，增加与消化酶的接触面积，使饲料消化率得以提高。如果用石灰水处理还可增加饲料中的钙含量，但会使蛋白质和维生素遭受破坏。

利用氢氧化钠、石灰水、氨水和尿素等碱性化合物处理秸秆饲料，都属于秸秆饲料碱化处理。但是，通常所说的秸秆碱化处理是指用氢氧化钠、氢氧化钙和过氧化氢等碱性物质进行处理的技术。而氨水和尿素等处理秸秆饲料一般列入氨化处理秸秆饲料技术的范围。在实际生产中，秸秆碱化使用较多的是氢氧化钠和石灰水处理两种方法。秸秆碱化后可制作成散料、碎粉或是秸秆颗粒，也可以同其他饲料一起处理和使用。秸秆的碱化处理简单易行，成本较低廉，适合广大农村使用。

1. 秸秆饲料的准备

玉米秸、高粱秸、稻草、麦秸等均可进行碱化处理。一般情况下，秸秆的碱化技术同时需要物理方法协同处理，以达到改进秸秆饲喂价值的目的。物理处理方法经常作为碱化或者氨化的预处理，从而提高碱化和氨化的效果。较简单实用的物理处理方法是切短和揉搓（图4-22）。秸秆经切短或粉碎后饲喂家畜，可减少浪费，提高采食量达20%～30%，日增重提高20%左右。通常秸秆的加工长度应在一个有效范围内：长度过长会影响家畜对其的采食；过短会影响咀嚼和反刍，缩短秸秆在瘤胃内的停留时间，降低秸秆的消化利用效率，还增加了加工成本。秸秆的合理铡切长度取决于秸秆的种类。玉米秸、高粱秸等粗硬秸秆要相对切短些，为1～2厘米；如果秸秆是相对细、软一些的麦秸或稻草一类的，可以切短在3～4厘米。另外家畜的种类和年龄不同，秸秆的切短长度也应有变化，如绵羊的利用切短长度为1～2厘米，牛则以3～4厘米为宜，老、弱、幼畜可更短一些。秸秆粉碎后，横向和纵向都遭到破坏，扩大了微生物接触粉碎料的表面积，有利于细菌集群和消化，能够改善秸秆的消化率。近年来许多试验表明，粉碎的秸秆粉与切短的秸秆相比其消化率差异不大。粉碎过细，家畜咀嚼不全，唾液不能充分混匀，秸秆粉在家畜胃内形成食团，同时加快了秸秆通过瘤胃

秸秆切（铡）短

揉碎机

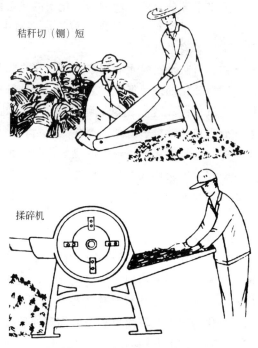

图 4-22　秸秆的切短和揉搓

的速度，减少了秸秆在瘤胃内的发酵时间，降低了秸秆的消化率。切短后的秸秆体积变小，便于牛采食和咀嚼，减少能耗，增加饲料和牛瘤胃微生物的接触面积，不但能够增加采食量，还能够提高日增重。

揉搓处理也是一种提高饲料利用率的方法。作物秸秆经切断、揉搓后成丝状，质地变得柔软，适口性好，剩料量大大降低。但这种方法需要配套机械，成本相对会有所增加。

2. 氢氧化钠处理

用氢氧化钠处理秸秆，主要可分为湿法和干法处理两种，并在此基础上衍生出其他一些方法。

（1）湿法碱化处理　所谓"湿法"碱化，是将秸秆浸泡在 1.5% 的氢氧化钠溶液中，每 100 千克秸秆需要 1 吨碱溶液，浸泡

1～3 天后，捞出秸秆，淋去多余的碱液（碱液仍可重复使用，但需不断增加氢氧化钠，以保持碱液浓度），再用清水反复清洗。湿法碱化处理能维持秸秆原有结构，有机物损失较少，纤维成分全部保存，干物质大约只损失 20%，且能提高消化率，适口性好，成本较低。但该方法也存在缺点，如在清水冲洗过程中，有机物及其他营养物质损失较多，有 25%～30% 的木质素、8%～15% 的戊聚糖物质损失掉；并且产生污水量大，需要净化处理，否则会污染环境，因此这个方法现在使用较少。

（2）干法碱化处理　湿处理法是提高秸秆和其他粗饲料营养价值的有效方法，但要消耗大量碱和水（每 10 克秸秆需碱 8～10 克，水 3～5 升），并且在冲洗过程中损失 20% 的可溶性营养物质，因此 Wilson 等在 1964 年创立了这种更加简单、价廉的干处理法。

干处理法又可分为工业化处理法和农场处理法两种。在丹麦和英国发展为工业化处理方法，其所用碱液是 27%～46% 的氢氧化钠溶液，秸秆中最适的氢氧化钠含量为秸秆干物质的 3%～6%。把已喷洒氢氧化钠的秸秆送入制粒系统，制粒温度为 80～100℃，压力为 50～100 个大气压，秸秆在制粒机中的停留时间以及原料与碱之间的反应时间不超过 1 分钟。此法无需水冲洗，不会造成干物质损失，氢氧化钠全部参加反应，无残留，绝大多数秸秆呈中性，经储存后即可用于饲喂。工业化处理大大提高了秸秆的消化率和能值。农场干处理法应用氢氧化钠溶液喷洒秸秆，每 100 千克秸秆喷洒 1.5% 氢氧化钠溶液 30 升，边喷洒边搅拌，使之充分混合，以便碱溶液渗透到秸秆中。此方法的优点是处理后不需用清水冲洗，可减少有机物的损失和对污水的处理，并便于生产。用该方法处理后秸秆的消化率可提高 12%～15%。但长期饲喂这种碱化饲料，牛粪便中钠离子会增多，若用作肥料，对土壤有一定的影响，长期使用会使土壤碱化。

（3）喷洒碱水快速碱化法　将秸秆铡成 2～3 厘米的短草，每千克秸秆喷洒 5% 的氢氧化钠溶液 1 千克，边喷洒边搅拌均匀，经 24 小时后即可饲喂。处理后的秸秆呈潮湿状，鲜黄色，有碱味，牲畜喜食，与未处理秸秆相比，采食量可增加10％～20％。处理后的秸秆pH值为10左右。若不补喂其他饲料时，碱化秸秆的氢氧化钠溶液浓度可为5％，若碱处理秸秆饲料只占日粮一半时，碱液浓度可提高到7％～8％。

（4）喷洒碱水堆放发热处理法　使用25％～45％的氢氧化钠溶液，均匀喷洒在铡碎的秸秆上，每吨秸秆喷洒30～50千克碱液，充分搅拌混合后，立即把潮湿的秸秆堆积起来，每堆至少3～4吨。堆放后秸秆堆内温度可上升到80～90℃，这是由于氢氧化钠与秸秆间发生化学反应，释放出热量所致的。温度在处理3天左右达到高峰，以后逐渐下降，到第15天左右恢复到环境温度水平。处理使秸秆的温度升高，水分被蒸发，因此应使秸秆的含水量达到适宜保存的水平，即秸秆处理前含水量低于17％。若水分高于17％，就会产热不足且不能充分干燥，草堆可能发霉变质。经堆放发热处理的碱化秸秆，消化率可提高15％左右。

（5）喷洒碱水封储处理法　此法适于收获时尚绿或收获时下雨的湿秸秆。用25％～45％浓度的氢氧化钠溶液，每吨秸秆需60～120千克碱液，均匀喷洒后可保存1年。由于秸秆含水量高，封储的秸秆温度不能显著上升。从外观和营养价值看，用这种方法处理的秸秆和快速碱化处理的秸秆相同。

（6）草捆浸渍碱化法　20世纪80年代初，挪威等国出现了"浸渍法"，即将切碎的秸秆压成捆，浸泡在1.5％的氢氧化钠溶液里，经浸渍30～60分钟捞出，放置3～4天后进行熟化，可直接拿来饲喂牛，有机物消化率可提高20％～25％。

（7）机械法　是通过机械的作用，将碱溶液洒布在秸秆的碎段上，以促进纤维素、半纤维素降解，提高秸秆的消化率。最简单的秸秆化学处理机是一种碱溶液洒布处理装置，由处理容器、洒布设备和碱溶液储液器三部分组成（图4-23）。

储液器内有浓度为1％～2％的氢氧化钠溶液，启动电动机，溶液经液泵打入洒布管洒在容器内的秸秆上，再经一定时间碱化即可获得碱化秸秆。我国已研制出P3TH-400型秸秆化学处理机。该

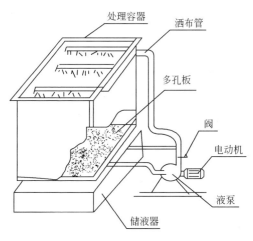

图 4-23 碱溶液洒布装置示意图

机采用的化学处理剂主要有氢氧化钠、石灰、尿素等单一处理液，也可使用复合液及液体添加剂等化学试剂进行处理。稻草经处理后干物质和粗纤维消化率分别达到 70.5％ 和 64.4％，比未处理稻草分别提高 12.5％ 和 31.6％。用此稻草喂牛，采食量可提高 48％，日增重提高 100％，达 0.8 千克。

（8）氢氧化钠处理的优缺点　氢氧化钠处理秸秆的优点是化学反应迅速，反应时间短；对秸秆表皮组织和细胞木质素消化障碍消除较大；牛对秸秆的消化率和采食量提高明显，易于实现机械化商品生产。缺点是牛采食了碱化秸秆饲料后会随尿排出大量的钠，污染土壤，易使局部土壤发生碱化；秸秆饲料碱化处理后，粗蛋白质含量没有改变；处理方法较繁杂，费工费时，而且氢氧化钠腐蚀性强。

碱化处理能显著改善秸秆消化率，促进消化道内容物排空，所以也能提高秸秆采食量。用 4％ 的氢氧化钠溶液处理稻草后发现，碱处理能改善稻草细胞壁在瘤胃内的消化速度和潜在消化率，加快稻草残渣从瘤胃的排空速度，不但能改善消化率，也能显著增加稻草的采食量。若在此基础上再添加氮源，由于养分平衡性得到改善，稻草养分消化率和采食量的改善更大，可消化物质的采食量可超过未处理稻草的1倍以上。

较佳的碱用量在4％～6％。采食碱化秸秆后，牛的饮水量和瘤胃pH值都将增加，特别是采食过量的碱化秸秆将影响瘤胃渗透压、降低粗饲料在瘤胃的停留时间和纤维消化率等。但是，氢氧化钠处理秸秆中的残余碱几乎全呈碳酸氢钠状态存在，因此，残余碱本身似乎不会对牛产生大的影响，关键是其中的钠离子浓度。

3. 生石灰处理

石灰与水相互作用后生成氢氧化钙，这是一种弱碱，能起到碱化作用。但正因为是弱碱，要想达到理想的效果，处理秸秆所需的时间比氢氧化钠要长。必须注意的是，氢氧化钙非常容易与空气中的二氧化碳结合生成碳酸钙，对于处理秸秆来说，碳酸钙是一种无用物质。因此，不能利用在空气中熟化的或者熟化后长期放于空气中的石灰，而应该使用迅速熟化的好石灰。未熟化的块状石灰要予以正确熟化，已正确熟化的石灰乳应放入严密遮盖的窖内保存。

用生石灰处理秸秆，就是用氧化钙（或氢氧化钙）处理秸秆的方法。这种方法可提高营养价值0.5～1倍。但用水量较大，污水也需处理。石灰碱化秸秆的主要优点是，成本低廉，原料各地都有，可以就地取材。

石灰在水中的溶解度很低，所以处理秸秆最好是用石灰乳，而不用石灰水。所谓石灰乳，就是氢氧化钙微粒在水中形成的悬浮液。

（1）石灰水浸泡法　将秸秆切（铡）成2～3厘米长，制备石灰溶液要求用含氧化钙（CaO）不少于90％的生石灰，每吨秸秆需30千克，放入2～2.5吨清水中熟化，充分搅拌后使其自然澄清。为提高处理效果，可添加10～15千克食盐，用澄清液浸泡切碎的秸秆，经24小时浸泡后，把秸秆捞出，放在倾斜的木板上，使多余的水分流出，再经过24～36小时后不需用清水冲洗即可饲喂牲畜。石灰水可以继续使用1～2次。

石灰水碱化处理法是比较经济的方法。在生产中，为了简化操作和设备，可采用喷淋法，即在水泥地上铺上切碎的秸秆，再用石灰水喷洒数次，然后堆放，经软化 1～2 天后即可饲喂牛。

（2）生石灰碱化法　将切碎秸秆按 100 千克秸秆加入 3～6 千克生石灰的方法把生石灰粉均匀地撒在湿秸秆上，加水适量使秸秆浸透，保持在潮湿的状态下 3～4 天，使秸秆软化，取出后晒干即可饲喂牛。用此种方法处理的秸秆饲喂牛，可使秸秆的消化率达到中等干草的水平。

（3）石灰处理的优缺点　石灰处理秸秆的效果，虽然不如氢氧化钠，但其具有原料来源广、成本低、不需清水冲洗等优点，还可补充秸秆中的钙质。经石灰处理后的秸秆消化率最高可提高 20%，牛的采食量可增加 20%～30%。由于经石灰处理后，秸秆中钙的含量增高，而磷的含量却很低，钙、磷比达（4～9）：1，极不平衡，因此纯饲喂此种秸秆饲料时应注意补充磷。如果再加入 1% 的氨，即能抑制霉菌生长，可以防止秸秆发霉。

氢氧化钙是对环境无害的化学物质，用来处理秸秆后，秸秆中多余的钙对牛以及环境不会造成污染，由于其碱性较弱，与秸秆发生化学反应的时间比氢氧化钠长（1～2 周）。霉菌和效率问题是氢氧化钙处理秸秆中遇到的主要问题，可以用在氢氧化钙青贮秸秆中添加尿素的办法解决霉变问题。在稻草中按 70 克/千克氢氧化钙在常温下对含水量 40% 的稻草密封处理 60 天，发现氢氧化钙处理过程中易发生霉变，如同时加入 20 克/100 克以上的尿素则可以有效防止霉变。以 1.5% 氢氧化钙调整 pH 值为 12～13，浸泡稻草 12～24 小时后饲喂奶牛，可显著提高奶牛的产奶量和乳脂率，特别在饲喂低 pH 值日粮的条件下，可保持瘤胃内正常的 pH 值（pH 值应高于 6），提高其对纤维的消化，促进蛋白质合成，增加饲料采食量。

4. 其他碱化处理

（1）氢氧化钠和生石灰复合处理　原料为含水率 65%～75% 的高水分秸秆，将未切短的秸秆饲料铺成 15～30 厘米厚的不同层次，每铺一层，用浓度均为 1.5%～2%、重量各半的氢氧化钠和生石灰水混合液喷洒（每 100 千克秸秆饲料用 80～120 千克混合液），然后压实。每吨秸秆需喷 0.8～1.2 吨混合液，大约 1 周后，秸秆内温度达到 50～55℃，秸秆呈现淡绿色到浅棕色并带有新鲜青贮料的气味时即可。

该方法也可用混合液浸润秸秆。将切成 2～3 厘米的秸秆放入盛有 1.5％～2％的氢氧化钠和 1.5％～2％的石灰混合液的碱化池内，浸泡 1～2 天，然后捞出秸秆放在栅板斜坡上沥干，再放 1 周左右即可饲喂。混合液与秸秆的比例为（2～3）：1。

处理后秸秆的粗纤维消化率可由 40％提高到 70％，粗脂肪、粗纤维消化率达 77％～82％。用氢氧化钠与生石灰混合液处理秸秆，不仅可提高秸秆饲料的消化率，同时可使牛获得适当的钙和钠。如果仅利用一种碱，则因饲料中某种物质积累过多，会影响采食量。

单用氢氧化钠处理秸秆效果虽然好，但成本较高。石灰处理秸秆的效果尽管不如氢氧化钠，但其原料来源广，价格低廉。为克服各自存在的弊端，将两者按一定比例混合起来处理秸秆，可使秸秆粗纤维的消化率提高 40％以上。并且，用该方法处理后的秸秆，含氢氧化钠的浓度也较低，喂前不需要用清水冲洗，也不需要再给牛补饲食盐，省力、省工、节约、实用。但是，由于秸秆饲料营养物质含量不平衡，饲喂前应注意补磷，并保证供给牛充足的水源。

（2）碳酸钠处理　用碳酸钠处理秸秆时，按照重量的 8％添加碳酸钠，即每千克秸秆干物质用 80 克碳酸钠调制。用 4％碳酸钠溶液处理玉米秸、稻草和小麦秸时，干物质消化率分别达 78.7％、64.7％和 44.2％，有机物消化率分别达 80.3％、74.4％和 47.5％。

（3）过氧化氢处理　按秸秆干物质的 3％添加过氧化氢，将过氧化氢溶液均匀地喷洒在秸秆表面，边喷边拌匀，并加水调节秸秆含水量至 40％上下，在室温下密闭保存 4 周左右，开封后将秸秆晒干即可饲喂牛。研究表明，用过氧化氢和尿素配合使用时，效果更好。例如用 6％尿素和 3％过氧化氢处理玉米秸秆，秸秆的粗蛋白质含量增加 17.7%，而纤维素含量下降 9%，干物质消化率提高 4%。

二、秸秆的氨化

氨化处理的研究始于 20 世纪 30～40 年代，但是最初仅着眼于非蛋白氮的利用上。之后才逐步转为处理各种粗饲料，以提高其饲用价值。秸秆含氮量低，与氨相遇时，其中的有机物就与氨发生氨解反应，破坏木质素与纤维素、半纤维素链间的酯键结合，并形成铵盐，铵盐可成为牛瘤胃内微生物的氮源。获得了氮源后，瘤胃微生物活性将大大提高，对饲料的消化作用也将增强。此外，氨溶于水形成氢氧化铵，对粗饲料有碱化作用。因此氨化处理通过碱化与氨化的双重作用提高秸秆的营养价值。氨化处理通常使用的是液氨、氨气或者尿素。秸秆经氨化处理后，粗蛋白质含量可提高 100%～150%，纤维素含量降低 10%，有机物消化率提高 20% 以上，因此氨化处理可以提高秸秆的营养价值。经氨化处理的秸秆是牛等反刍动物良好的粗饲料。氨化饲料的调制方法较多，而且成本低、效益高，方法简单易行，非常适合广大农村采用。目前，常用的有堆垛氨化法、窖氨化法、塑料氨化法、缸氨化法、抹泥氨化法和氨化炉法等。

氨化处理的效果，受原料、氨源、含水量、处理温度和时间等多种因素影响。理论上，液氨、尿素、氨水、碳酸氢铵甚至尿都可作为氨源，但液氨处理需要一定的设备，宜在集约化饲养或为千家万户服务的条件下推广。国内目前多用尿素处理，获得了十分理想的效果。在考虑到价值、来源等因素时，才用碳酸氢铵处理，在降低氨源用量的条件下，也可获得理想效果。据试验，碳酸氢铵处理稻草的最佳用量为 8%～12%，含水量 35% 左右，处理时间和温度则与其他氨源处理情况相同。

本法有双重意义：一是氨溶于水呈弱碱性，有与碱处理相同的作用；二是氨可给牛提供非蛋白氮，供瘤胃微生物所用，也就是说起到了强化粗蛋白质的效果。氨化之所以能提高秸秆消化率、营养价值和适口性，就是由于氨化中有 3 种作用的结果，即碱化作用、氨化作用、中和作用。

1. 秸秆氨化的好处及效果

将秸秆氨化后饲喂家畜有以下几方面的好处。

第一，氢氧化钠处理秸秆会使得家畜饮水量增大，导致排尿量增加，尿中钠的含量较多，若用作施肥会使土壤碱化。而氨化相对于碱化，处理秸秆后尿中氮的含量增加，对保持土壤的肥力有好处，因此符合生态畜牧业发展的要求。

第二，氨化处理可以使秸秆有机物消化率提高 10％～12％，粗蛋白质含量由 3％～4％提高到 8％以上。

第三，氨化秸秆的能值比氢氧化钠处理秸秆略低，但比较接近。

第四，氨化处理后秸秆有糊香味，可改善适口性，大大提高了牛只的采食量。牛只不仅喜食氨化秸秆，并且采食时间也大大缩短（图 4-24）。

图 4-24　牛只喜食氨化秸秆

第五，氨化处理方法简单，材料容易获得，成本低，经济效益高，适合在广大的农牧产区推广。

第六，氨化可以防止饲料霉变，并可杀死病菌，很好地保存水分较多的粗饲料。

张浩等（2000）通过对不同处理稻草的营养成分和干物质瘤胃降解率进行比较，对氨化处理提高稻 CP 含量，降低 NDF、ADF、纤维素（CEL）及 ADL 的含量，干物质降解率等进行了研究。选择优质稻草，切碎成 2 厘米长，进行氨化稻草处理。取稻草干物质 5％的尿素溶于水中，喷洒在稻草上，使含水量为40％，装入塑料筒中，密封。氨化 60 天后打开，摊开 24 小时。结果显示，氨化后的稻草，呈褐色或深褐色，质地松软，无光泽，有刺鼻的气味，放氨后有糊香味。而普通干稻草质地坚硬，呈枯草黄色，无味。稻草经氨化处理后，CP 含量增加近 1 倍。氨化使稻草 NDF、ADF 和 CEL 有不同程度的降低，氨化还能降低木质素的含量。氨化稻草与普通干稻草相比，各时间点干物质降解率均有大幅度提高，其中以 24 小时提高最大。氨化处理能使稻草干物质部分的降解速度常数明显提高。氨化处理能破坏表皮细胞，氨解多糖（纤维素、半纤维素）与木质素之间的酯键，形成氨盐，使细胞壁结构疏松，膨胀度增加，从而有利于瘤胃微生物的发酵分解。总之氨化能使稻草粗蛋白质含量从 4.66％提高到 8.83％，效果明显，而且可不同程度地降低 NDF、ADF 和CEL 含量，因此能提高稻草营养价值。

辛杭书等（2015）通过体外产气法，研究了氨化处理水稻秸秆对瘤胃发酵模式的影响。秸秆氨化处理 30 天。用未处理干秸秆晾晒至风干样作为对照。结果显示，氨化处理后产气量提高，氨化秸秆的 NH_3-N 浓度最高，提高了体外培养的挥发性脂肪酸浓度，氨化秸秆处理组显著提高了丙酸含量，降低了乙酸/丙酸的值。氨化处理显著降低了培养液中甲烷菌的相对数量，但各处理方式对瘤胃培养液中白色瘤胃球菌、黄色瘤胃球菌、真菌和原虫的相对数量没有显著影响。

2.氨化秸秆的原料处理

适用于氨化的秸秆类型多样，如麦秸、玉米秸、豆秸、高粱秸、谷物秸秆等均可用作氨化。所用秸秆必须是没有霉变的，要及时将收获籽实后的秸秆进行氨化处理。特别是针对南方多雨地区，及时氨化对于制作后的质量具有重要意义。另外，秸秆的品质也影响了氨化的效果。如品种、栽培地域、季节、施肥、收获时间、储藏时间等均会影响氨化的效果。通常来说，较差的秸秆品质，氨化后可明显提高其消化率，增加非蛋白氮的含量。

秸秆的主要成分是纤维，所以质地粗硬、适口性差、不易消化，牛采食量低，更由于收割后在地里暴晒、雨淋等因素的影响，秸秆的品质好坏不等。一般来说，需经过人工处理后才能达到满意的效果。

饲喂秸秆首要的问题是要取用品质良好的秸秆，要尽量保持嫩软、干燥，防止粗老和受潮霉坏。秸秆中各部位的成分与消化率是不同的，甚至差别很大。例如，玉米秸各部位的干物质消化率，茎为 53.8%，叶为 56.7%，芯为 55.8%，苞叶为 66.5%，全株为 56.6%，苞叶的消化率高于茎和芯。也有试验测定出，玉米干物质消化率，茎叶为 59%，苞叶为 68%，芯为 37%；小麦干物质消化率，叶为 70%，节为 53%，麦壳为 42%，茎为 40%；稻草，则茎的消化率为 48%，叶为 40%。不同种类和状态的秸秆都可以氨化，如干的或新鲜的早晚稻草、麦秸、玉米秆等。

调节好秸秆含水量，要求在 30%～50% 之间。据实测，碳酸氢铵氨化稻草时的最佳含水量为 35%。用干秸秆氨化，应喷水淋湿，而水分高的原料，需掺入干秸秆。原料选择应注意以下几点。一要禁用严重风化的秸秆制作。由于未及时收割，在野外暴露时间过长，叶片变薄、变白或灰色，用手触摸叶片脱落，更严重的仅剩叶脉和茎秆，营养物质损失殆尽，用此秸秆氨化费工费时，效果极差。二要禁用霉变秸秆氨化。玉米收完后及时将秸秆砍收并避雨堆放，砍收时应避免雨天进行，已砍收的秸秆应及时氨化，堆放时间过长容易引起霉变。秸秆最好切成 5～10 厘米长，经揉搓机揉碎更好，以扩大氨的接触面，便于氨化作用，也有利于牛采食，减少浪费。长秸秆也可直接氨化，只是处理效果不如切短的好，一定程度上可适当增加氨化时间加以弥补。

3.氨化秸秆的氮源

所谓秸秆氨化，就是在密闭和氨源存在的条件下，将秸秆在常温下经过一定时间存放，提高秸秆饲用价值的方法。经过氨化的秸秆称为氨化秸秆，如氨化稻草、氨化麦秸等。因此，秸秆氨化必须有氨源和一定的氨化条件。

（1）无水氨 无水氨（液氨）分子式为 NH_3，含氮量为 82.4％。氨在 1 个大气压、零下 33.4℃时变成液体，称其为液氨。当温度高于液化点（零下 33.4℃）或遇空气后，立即化成气体氨。氨很活泼，易与有机酸化合成铵盐，所以氨化效果很好。一般呈液态运输，与家用液化煤气有点相似。国外许多国家用无水氨处理秸秆。但由于需要专用液化氨罐装运，且有一定的燃爆特性，根据我国大部分地区目前条件，使用不太现实。另外，液氨需要高压容器储运（氨罐和槽车等），一次性投资大。

（2）氨水 氨水是氨（NH_3）、水（H_2O）和氢氧化铵（NH_4OH）等物质的混合体，其反应式：

$$NH_3 + H_2O \Longleftrightarrow NH_3 \cdot H_2O \Longleftrightarrow NH_4OH$$

即一部分氨溶解于水中，与水结合生成氢氧化铵，同时氢氧化铵又会分解出游离的氨，呈动态平衡。随着温度升高，游离氨会增加，这些氨就可氨化秸秆。农用氨水的含氨量一般为 18％～20％，含氮量 15％左右。

（3）尿素 尿素的分子式为 $CO(NH_2)_2$。在适宜温度和脲酶作用下，尿素可以水解为氨（NH_3）和二氧化碳（CO_2），其反应式：

$$CO(NH_2)_2 + H_2O \xrightarrow{\text{脲酶、适温}} 2NH_3 + CO_2$$

尿素为白色颗粒状的固体，易潮解挥发，需用双层塑料袋储运，放置在阴凉干燥处。尿素含氮量 46％左右，1 千克尿素水解生成 567 克氨，生成的氨就可氨化秸秆。某些秸秆脲酶含量极低，难以将尿素分解为氨，因而有时用尿素氨化的效果不佳。国外有些国家推荐加入脲酶含量较高的大豆粉等以保证处理效果，这在我国现有饲料资源紧缺的条件下不大现实。

尿素可以在常温常压下储存、运输，氨化时不需要复杂的设备，因此在安全性和方便性上要优于液氨氨化。此外，用尿素溶液氨化秸秆，对密封条件的要求也不像液氨那样严格。这对在农村条件下推广秸秆氨化是有利的。目前，尿素是我国普遍使用的一种氨源，氨化效果好，仅次于液氨，比碳铵要好。

（4）碳酸氢铵　碳酸氢铵，简称碳铵，分子式为 NH_4HCO_3，溶解于水生成氨（NH_3）、二氧化碳（CO_2）和水（H_2O），反应式：

$$NH_4HCO_3 + H_2O \longrightarrow NH_3 + CO_2 + 2H_2O$$

1 千克碳酸氢铵完全分解，能产生 215 克氨，温度升高将加速这个过程。农用碳酸氢铵的含氮量为 15%～17%，与氨水相仿。碳酸氢铵比尿素更易分解，且使用比氨水安全，同时其来源广泛，一般小化肥厂都能生产，因而是成本低、使用方便、效果又好的氨源。特别是在多雨的南方，碳铵氨化后的秸秆霉斑比尿素氨化的秸秆要少。

但是由于碳铵分解需要一定的温度，在低温下分解效果不是很理想。用氨化炉氨化，温度可以达 90℃，碳铵能完全分解，1 天就可完成氨化。

单洪涛等（2007）用碳酸氢铵对豆秸进行氨化处理，测定了处理前后秸秆主要化学成分的变化，并用尼龙袋法测定了其瘤胃干物质降解率。豆秸处理：在平整干燥的地上将 0.1～0.2 毫米厚的无毒聚乙烯塑料薄膜铺开，按每 100 千克秸秆（干物质重）添加 12 千克碳酸氢铵、45 千克水分的比例，将水均匀喷到豆秸上，并将其混匀，将豆秸逐层撒到铺开的薄膜上，边堆垛边撒碳酸氢铵。最后，根据场地大小或饲喂需要，将垛堆到适宜大小，并将垛下铺和上盖的塑料薄膜一起用泥土密封严，避免漏气。处理时间为 30 天。

结果显示，与未处理秸秆相比，氨化处理后其粗蛋白质（CP）含量提高 66.0%，中性洗涤纤维（NDF）降低 4.5%，瘤胃干物质（DM）降解率提高 15.3%，但钙磷无显著变化（表 4-16）。

表 4-16 豆秸氨化处理前后成分变化

材料	DM	CP	NDF	Ca	P
未处理豆秸	91.7	5.3	78.6	0.36	0.03
处理豆秸	94.5	8.8**	75.1**	0.37	0.03

注：**表示同列差异极显著（$P < 0.01$）。

4.氨化秸秆的处理方法

（1）概述 根据实际情况，可以利用各牛场现成的青贮窖作为氨化场地，即实行窖氨化法，既易储藏也便于密封。没有青贮窖的地方可在平地上进行堆垛氨化，也可挖土窖氨化，小型牧场也可采用塑料袋氨化法、缸氨化法等。利用不同氨源处理秸秆的方法和理想处理条件列于表 4-17。

表 4-17 秸秆饲料的氨化处理方法

氨源	处 理 方 法	最 佳 条 件
无水氨	将秸秆捆堆垛，用塑料膜密封后通入氨气	按干物质量的 3%～3.5% 施氨，物料湿度为 15%～20%，按温度变化处理 1～8 周
	将秸秆装入密闭的房子或箱子内处理，加热或不加热均可	不加热时方法同上述塑料膜密封；加热（90℃）时处理 15 小时，闷炉 5 小时
尿素	把松散物料储存于地坑、深沟、塑料袋或堆垛，逐层添加尿素	按 5% 的尿素量制成水溶液，按重量 40% 混入物料，按温度适时处理
	在饲料厂制颗粒以前，在切碎或磨碎物料中加入尿素	尿素占 2%～3%，湿度 15%～20%，最低温度 133℃
碳酸氢铵	把松散物料储存于地坑、深沟、塑料袋或堆垛，逐层添加碳酸氢铵	按 10% 的碳酸氢铵量制成水溶液，按重量 40% 混入物料，按温度适时处理
	在饲料厂制颗粒以前，在切碎或磨碎物中加入碳酸氢铵	碳酸氢铵占 4%～6%，湿度 15%～20%，最低温度 133℃

续表

氨源	处 理 方 法	最 佳 条 件
氨水	将秸秆捆堆垛，从顶部浇入氨水后，用塑料膜密封	按干物质量的12％～14％施加氨水（25％氨），物料湿度为30％～40％，按温度变化处理1～8周
	将秸秆捆堆垛，用塑料膜密封后插入管子，通入氨水	

（2）氨化的原理

① 碱化作用。秸秆中碳水化合物含量丰富，但绝大部分是细胞壁构成成分，如纤维素、半纤维素、木质素和角质等。纤维素和半纤维素可在牛瘤胃微生物作用下分解为脂肪酸，被牛吸收和利用；而木质素和角质等不能被消化，它们坚固地镶嵌在纤维素中，并且紧密相连，形成木质化和结晶化，阻碍了牛消化道对秸秆的消化和分解。氨水是氨、水和氢氧化铵的混合物。一部分氨溶于水，与水发生化学反应生成氢氧化铵。同时，另一部分氢氧化铵又分解出游离氨。氢氧化铵是碱性溶液。碱中的氢氧根离子（OH^-）能削弱纤维素与木质素之间的联系，使木质素与纤维素、半纤维素分离，使得纤维素、半纤维素部分分解，细胞膨胀，结构疏松，这样就更有利于瘤胃微生物附着到纤维表面起作用。另外，少部分木质素被溶解形成羟基木质素，使消化率提高。

② 氨化作用。氨化处理过程中，氨源游离、分解而产生的氨（NH_3）遇到粗饲料时，就和其中的有机物质发生氨解反应，在破坏木质素与多糖间酯键的同时，形成铵盐（醋酸铵）。铵盐是一种非蛋白氮化合物，在瘤胃中瘤胃脲酶的作用下，铵盐被分解为氨，能被瘤胃微生物利用，合成优良的菌体蛋白，后者可在肠道与饲料蛋白质一道被牛消化吸收。同时，由于瘤胃微生物获得了生长所必需的氮源，其活力将大大提高，对饲料的消化作用就会更大。在氨水的作用下，每千克秸秆可形成40克醋酸铵，在牛瘤胃内可以形成同等数量的菌体蛋白。氨化处理中由于添加了非蛋白氮，低质粗饲料的含氮量能提高1倍或更高。铵盐可以替代反刍家畜蛋白质需要量的25％～50％。

③ 中和作用。氨属于碱性物质，当处理低质粗饲料时，能与其中的有机酸中和，为牛瘤胃微生物的活动创造良好的环境条件。这样，随着微生物数量的增加，不但可生产更多的菌体蛋白，而且将消化更多的饲料供牛利用。此外，氨化秸秆属于碱性饲料，在精饲料喂量较高或饲喂大量青贮饲料导致瘤胃 pH 值降低时，氨化秸秆能产生一定的缓和作用。

同时，铵盐还可以改善秸秆的适口性，促进乳脂肪和体脂肪的形成。

（3）影响氨化效果的因素

① 场址选择。可以利用现成的青贮水泥窖。如需新建，应选择地势高燥、排水良好的岗地作为窖址，最好是向阳背风的地方，也要注意便于交通和管理，同时不受人畜祸害。窖的大小可按每立方米装切短的干秸秆 75 千克左右设计，各地根据实情自行掌握。

② 氨化剂用量。氨的经济用量以占干秸秆重量的 2.5%～3.5%为宜。无水氨的用量一般为秸秆的 3%，其他氨源的用量则根据含氮量换算，一般液氨的含氮量为 82.4%，尿素为 46.67%，碳酸氢铵为 15%～16%。如果氨源用量严重不足，即使密闭性很好，也不能抑制微生物发酵，将会使秸秆发热，严重时发生焦化。因为氮转换为氨的系数为 1.21，所以用不同氨源氨化秸秆，每 100 千克秸秆（干物质）的用量可用下式换算。

$$不同氨源用量（千克）＝\frac{氨的最经济用量}{氨源的含氮量×1.21（系数）}$$

根据上式换算结果，结合生产实践经验，氨化 100 千克秸秆（风干）所需氨化剂的量分别为，液氨 3 千克，尿素 4～5 千克，碳酸氢铵 8～12 千克，氨水（含氮 15%）15～17 千克。

③ 温度。氨化是一种缓慢的化学反应，氨化效果随温度提高而改进。氨化时间长短与环境温度密切相关，温度越低氨化时间越长，温度越高氨化效果越快越好，大致时间如表 4-18 所示。夏季（38℃）氨化的麦秸比冬季（7℃）的粗蛋白质含量高83%，日粮干物质消化率提高 12%，采食量提高 19.3%。一般

认为只有在25℃以上的环境中氨化，才能最大限度地提高氨化秸秆的含氮量。

表4-18　环境温度与氨化时间的关系

环境温度/℃	氨化时间/天
30～40	7～15
15～30	15～30
5～15	30～60
＜5	＞60

注：引自刘畅（2010），利用秸秆制作氨化饲料及饲养实践（中国资源综合利用）。

液氨注入秸秆垛后，温度上升很快，在6小时就达到最高峰。秸秆垛温度的上升快慢取决于开始时的温度、氨的剂量、水分含量、周围环境温度和其他因素，但一般变动在40～60℃之间，其中最高温度在草垛顶部，1～2周后下降并接近周围的温度。所以氨化应在秸秆收割后不久、气温相对高的时候进行。液氨处理时温度越高越好，但用尿素处理时，温度过高则会抑制甚至破坏脲酶。这种情况下，即使没有发生漏气漏水也不会氨化成功，有时还会有一股强烈的厩粪味。因此，夏天高温季节不宜用尿素氨化。

④ 氨化时间。氨化时间的长短要依据气温而定。气温越高完成氨化的时间越短，气温越低则时间越长。当环境温度为4～17℃时，氨化需要8周；17～25℃时需要4周。用尿素处理时，要比氨水处理延长5～7天。因为尿素首先需要在脲酶作用下，经水解释放出氨后才能真正起到氨化的作用，而水解所需的时间约5～7天。当然脲酶作用的时间也与温度的高低有关。温度高，脲酶作用的时间就短。一般来说，所有氨化处理时间，夏季10天，春秋季半个月，冬季30～45天即可腐熟使用。

⑤ 秸秆含水量。水是氨的载体，氨与水结合生成氢氧化铵，其中 NH_4^+ 和 OH^- 分别对提高秸秆含氮量和消化率起作用。含水量是否适宜，是决定秸秆氨化饲料制作质量乃至成败的关键。氨化

秸秆最佳含水量为 25%～35%，而秸秆本身一般含水量为 10%～15%，再加上氨水中的含水量，扣除上述两项，余下的比例即为再加水量。含水量分别为 2.5%、5%、7.5% 和 10% 的秸秆，用 2% 的液氨处理 6 周，其消化率分别为 52.1%、58.5%、59.1% 和 66%，说明消化率随着含水量的增加会有所提高。含水量过低（低于 10%），水都吸附在秸秆中，没有足够的水充当氨的"载体"，氨化效果差；含水量过高，氨化本身无多大影响，但水分很高的氨化秸秆容易变质，开窖后取饲时因难以晒干需延长晾晒时间，也影响适口性，且由于氨浓度降低易引起秸秆发霉变质。虽然再增加含水量对消化率有所提高，但超过 35% 时既不便于操作运输，也会增大发霉的危险。

⑥ 秸秆的类型。秸秆经氨化后，其营养价值提高的幅度与秸秆原有的营养价值有较大关系。一般品质差的秸秆，氨化后营养价值提高幅度大；品质好的秸秆，提高幅度较小。因此，如果秸秆的消化率达 55%～65%，一般用不着氨化。

⑦ 空气。秸秆氨化开始时的条件虽然不必像青贮时那样严格，但封闭后也要保持严格密闭，要防止氨气跑掉，控制霉菌和腐败菌（需要氧气）等的活动。有的秸秆发生局部霉变或腐烂，就是由于漏气漏水后，霉败菌作用的结果。

⑧ 压力。如在氨化炉内进行秸秆氨化，容器内的压力也是影响氨化秸秆质量的重要因素。压力在 98～490 千帕的范围内，压力的增加与秸秆消化率的提高呈正相关。因此，将氨化秸秆压制成颗粒，可以提高秸秆的消化率和含氮量。

5. 氨化处理方法

氨化处理一般有堆贮和窖贮两种，窖贮包括塑料袋氨化法、缸贮氨化法、水泥池氨化法等。

(1) 窖（池）氨化法 窖（池）氨化法是我国目前推广应用最为普遍的一种秸秆氨化方法。

窖（池）氨化法的优点：可以一池多用，既可用来氨化秸秆，也可用来青贮，而且还可长年使用；便于管理，没有害怕老鼠啃坏薄膜等缺点；可以节省塑料膜的用量，降低了成本；容易测定秸秆重量，便于确定氨源（如尿素）的用量。

窖的设计：窖的大小根据饲养牛的种类和数量而定。经过各地测算，每立方米的窖可装切碎的风干秸秆（麦秸、稻草、玉米秸）150千克左右。一般来说，牛日采食秸秆的量为其体重的2%～3%之间。例如，一头300千克的架子牛，日采食秸秆在7千克左右。根据这些参数，再考虑实际情况（每年氨化次数、养牛多少等），然后设计出窖的大小。窖的形式多种多样，可建在地上，也可建在地下，还可一半地上一半地下。建窖以长方形为好，如在窖的中间砌一隔墙，即成双联池则更好（图4-25）。双联池的优点是可轮换处理秸秆。若用此窖搞青贮，还可减轻取用青贮喂畜过程中的二次发酵。一个2米^{3}的池子（窖）可装麦秸300千克，双联池可交替使用，氨化一池可供2头架子牛吃1个月。如制作青贮饲料，一池可贮1000千克。氨化窖的剖面结构如图4-26所示。

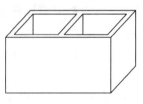

图4-25　双联池

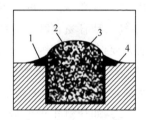

图4-26　氨化窖断面图
1—泥土；2—塑料薄膜；3—秸秆；4—窖壁

窖贮时先挖一长形、方形或圆形的窖，在窖底层铺上塑料布。把秸秆切至2厘米左右，一般的原则是，粗硬的秸秆（如玉米秸）切得短些，较柔软的秸秆可稍长些。铡短的秸秆（如玉米秸秆）装入后，每100千克秸秆（干物质）需5千克尿素（或碳酸氢铵）、40～50千克水。把尿素（或碳酸氢铵）溶于水中搅拌，待完全融化后分数次均匀地洒在秸秆上，不断搅拌，使秸秆与尿素溶液混合均匀，尿素溶液喷洒的均匀度是保证秸秆氨化饲料质量的关键。秸秆入窖前后喷洒均可，如果在入窖前将秸秆摊开喷洒则更为均匀。

边装窖边踩实，待装满踩实后用塑料薄膜覆盖密封，再用细土等压好即可。如同时加 0.5％盐水（但不增加水的总量），可提高饲料的适口性。气温 20℃贮 7 天，15℃贮 10 天，5～10℃贮 20 天，0～5℃贮 30 天，秸秆即变成棕色。此时揭去顶层薄膜，1～2 天放净氨味后即可饲喂牛。放净氨气时一定要注意防止人畜中毒。尿素氨化所需要时间大体与液氨氨化相同或稍长一些。开窖取料要喂多少，取多少，取后即封严窖口。

目前国内已研制生产出专用秸秆氨化处理机械。这种机械通过搓擦与撞击将纤维物质纵向裂解，并通过同步化学处理剂的作用，使木质素溶解，半纤维素水解和降解，提高秸秆的可消化性。经处理后的秸秆含氮量增加 1.4 倍，干物质和粗纤维消化率分别达到 70％和 64.4％，采食量可提高 48％，饲喂奶牛可提高产奶量 20.7％。而以尿素为氨源氨化玉米秸秆，玉米的粗蛋白质含量增加了 2 倍多，相当于羊草。泌乳奶牛日粮中饲喂 50％氨化玉米秸秆加 50％的羊草，与全喂羊草效果相同。也可按每千克秸秆加 50 克尿素，配成浓度为 5％尿素溶液喷洒，然后封存，封存时间随气温而定。麦秸、玉米秸需要切成 2～3 厘米，稻草 5～7 厘米。此法切忌过量使用尿素或碳酸氢铵，否则会有造成牛中毒的危险。

秸秆上存在脲酶，当尿素溶液喷洒在秸秆上并将之封存一段时间，尿素被脲酶分解产生氨，氨对秸秆产生氨化作用。用尿素作氨源，要考虑尿素分解为氨的速度。它与环境温度、秸秆内生脲酶多少有关。温度越高，尿素分解为氨的速度越快，宜在温暖的地区或季节采用。一般认为，要使尿素分解快，在氨化过程中最好加些脲酶丰富的东西，如豆饼粉等。

（2）堆垛氨化法　堆垛氨化法是将秸秆堆成垛、用塑料薄膜密封进行秸秆氨化处理的方法，亦称堆垛法、垛贮法。季节和天气的选择、原料和材料的准备等与窖氨化法基本相同，不同的是不需要水泥窖或土窖，可在平地上进行（图 4-27）。

① 操作步骤。在干燥平整的地上把 0.1～0.2 毫米厚的无毒聚

图 4-27　堆垛氨法现场

乙烯塑料薄膜铺开，再把铡短到 2～3 厘米的玉米秸秆或粉碎处理的秸秆分层整齐堆放。用尿素或碳酸氢铵作为氨源处理秸秆。一般是边堆垛边施放氨源，可以将氨源溶解于水中浇洒，也可采用边撒尿素或碳酸氢铵，边浇水。若用氨水处理，可一次垛到顶后再浇泼，每 100 千克玉米秸秆加注 50％浓度的氨水 8～10 千克，喷拌均匀，然后再盖上一层塑料薄膜，四边用土压实。用液氨氨化，是在堆垛、密封后用专门设备将氨气注入。

　　垛的大小可视情况而定。大垛适合于液氨氨化，可节省塑料薄膜，容易机械化管理，但水不易喷洒均匀，且容易漏气。规格一般长×宽×高为 4.6 米×4.6 米×2 米。为了便于通氨，可在垛中间埋放一根多孔的塑料管或胶管。也可在平坦地面上铺平厚 0.15 毫米、长和宽各 6 米的聚乙烯塑料布，然后码放草捆，每边塑料布留出 70 厘米，用于折叠边部封口。秸秆垛体积长宽均为 4.6 米，高 2.1 米，重量 1～2 吨。盖顶塑料布的长宽各 10 米，将秸秆垛严密地包裹起来。用一根前部带孔的管子将氨水或无水氨气导入垛中心。氨水用量如为 25％浓度的氨水，则每吨秸秆用 120 升，22.5％浓度的每吨用 134 升，20％浓度的每吨用 150 升，17.5％浓度的每吨用 170 升。氨气用量每吨用 30～35 千克。待氨水或氨气导入完后，将管子抽出，并把塑料布上的孔洞扎紧或用胶布粘严，以防漏气，危及人畜安全。小垛适合于尿素或碳酸氢铵氨化，规格一般长×宽×高为 2 米×2 米×1.5 米。草垛也可以做成圆锥体形。无论哪种规格，垛顶均应作成屋脊形，以利于排掉雨水。垛下铺和上盖的塑料薄膜在每边留出 1 米，以便把两面的塑料膜折叠好，用泥土压紧、封住，不使漏气。

利用液氨氨化秸秆，具有成本低、操作简便、氨化效果好等许多优点。但以往多是人工操作，费工费时，生产效率不高。目前，我国已研制出施氨成套设备。

如果采用液氨氨化，堆垛完成后注氨。将硬塑料管与液氨管或氨瓶接通，按秸秆干重的 3％通入氨气即可。目前我国采用的通氨方式主要有两种：一种是用氨槽车从化肥厂灌氨后直接开到现场氨化；另一种是将氨槽车中的氨分装入氨瓶后，再向秸秆中施氨（图4-28）。该设备主要由氨瓶、氨压表、液氨计量表、输氨管和氨枪等组成。连接好施氨设备后，操作人员首先要穿好工作服，戴上胶皮手套，准备好防毒面具，然后把氨枪插入秸秆垛内，插孔高度以距离地面 0.5 米为宜。缓慢拧开氨瓶的阀门，注入适量的液氨。注毕应先关闭氨瓶阀门，待 4～5 分钟后让管内和枪内余氨流尽，方可拔出氨枪。最后用胶纸把罩膜上的注氨口封好，或用绳子将注氨孔扎紧密封。

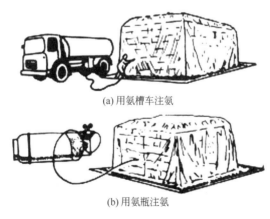

(a) 用氨槽车注氨

(b) 用氨瓶注氨

图 4-28　堆垛法向秸秆垛内注入液氨的方法

② 氨化站的建设。液氨是最便宜的一种氨源，利用液氨氨化秸秆的好处多，值得大力提倡使用。但是由于液氨有毒、易燃

爆，需用高压容器储运，因此就需要建立液氨供应系统。目前来看，建立氨化站最为适宜。氨化站可以从化肥厂用氨槽车大容量购氨，用大型储罐储存液氨，再用氨瓶进行分装，然后向用户提供注氨服务。这样既安全又便于管理，也有利于秸秆氨化技术的推广应用。

③ 堆垛氨化注意事项。

a. 塑料薄膜的选用。所用的塑料薄膜要求无毒、抗老化且气密性能好，通常用聚乙烯薄膜，膜的厚度和颜色视具体情况而定。较粗硬的秸秆，如玉米秸，应选择厚一点的薄膜（厚度 0.12 毫米），若氨化麦秸则可选用薄一点的塑料膜。膜的宽度主要取决于垛的大小和市场供应情况。膜的颜色，一般以抗老化的黑色膜为好，便于吸收阳光和热量，有利于缩短氨化处理时间。

b. 液氨的安全操作。液氨为有毒易爆材料，操作时应注意安全。操作人员应配备防毒面具、风镜、防护靴、雨衣、雨裤、橡胶手套、湿毛巾，现场应备有大量清水、食醋。氨瓶禁止碰撞和敲击，防止阳光暴晒。

（3）氨化炉法 秸秆氨化炉是一种密闭的粗饲料氨化设备，它可将秸秆等粗饲料进行快速氨化处理。目前，我国已研制出了三种形式的氨化炉，即金属箱式氨化炉、土建式氨化炉和拼装式氨化炉。氨化炉由炉体、加热装置、空气循环系统和秸秆车等组成。炉体要求保温、密封和耐酸碱腐蚀。加热装置可用电加热，也可用煤矿作燃料通过水蒸气加热。秸秆车要求秸秆便于装卸、运输和加热，以带铁轮的金属网车为好。

用氨化炉氨化秸秆的操作方法是将秸秆切短打捆后置于草车中，用相当于干秸秆重 8%～12% 的碳酸氢铵或 5% 的尿素溶液均匀洒到秸秆上，将秸秆的含水量调整到 45% 左右。草车装满后，推进炉内，关上炉门后加热。将炉温控制在 95℃ 左右加热 14～15 小时，再闷炉 5～6 小时。最后从草车中取出秸秆，自由通风，放掉余氨即可饲喂。

用氨化炉法制取氨化秸秆，可缩短氨化时间，氨化效果好，不受季节限制。但其成本较高，推广应用比较困难。近年来，有的地方用现有的烤烟炉氨化秸秆，以煤为燃料，既节约了设备投资，也减少了能源开支，大大降低了氨化成本。

6.氨化秸秆的品质检验

氨化秸秆在饲喂牛之前，要进行品质检验，以确定能否用以喂牛。品质良好的氨化秸秆，外观黄色或棕色，刚打开时氨味浓郁，放掉氨气后应该有糊香味，质地柔软，不霉变，不腐烂。一般经过2～5天自然通风将氨味全放掉。开始喂牛时，应由少到多，少给勤添，先与谷草、青干草等搭配饲喂，1周后即可全部喂氨化秸秆。应与一些精料，如玉米、麸皮、糟渣、饼粕类饲料等合理搭配使用。

（1）感官评定　氨化处理的好坏，可从下面几方面感官指标来判断（表4-19）。

表4-19　氨化秸秆品质感官鉴定一览表

项目	氨化好的秸秆	未氨化好的秸秆	霉变秸秆	腐烂秸秆
颜色	鲜秸秆呈棕色、深黄色、褐色，发亮，颜色越深越好；陈秸秆呈黄褐色	颜色无变化，与原料相同	呈白色，发黑有霉云	呈深红色或酱色
气味	打开时有强烈氨味，放氨后呈糊香味或酸面包味	无氨味，仍为普通秸秆味	强烈的霉味	有霉烂味
质地	较柔软，发散。放氨后干燥	无变化，仍较坚硬	变得糟损，有发黏现象	发黏，出现酱块状
温度	手插入感觉温度高	手插入感觉温度不高	手插入感觉有发热感	手插入感觉有发热感

① 质地。应柔软蓬松，用手紧握无明显的扎手感。

② 气味。成功的氨化秸秆有糊香味和刺鼻的氨味。氨化的玉米秸气味略有不同，既具有青贮的酸香味，又有刺鼻的氨味。有时秸秆氨化前后无多大变化，无氨味，则说明漏气跑氨了，此时应继续封闭氨化一段时间。

③ 颜色。不同秸秆氨化后的颜色与原色相比都有一定的变化。

经氨化的麦秸颜色为杏黄色（原为灰黄色），玉米秸为褐色（原为黄褐色）。如变为黑色、棕黑色，黏结成块，则为霉变。霉变的原因通常是因为秸秆含水率过高、密封不严或是开封后未及时晾晒。如果氨化后秸秆的颜色同氨化前基本一样，虽然可以饲喂，但说明没有氨化成功。

④ 发霉情况。因加入的氨有防霉杀菌作用，主要注意水量不可过多，一般氨化秸秆不易发霉。有时氨化设备封口处的氨化秸秆有局部发霉现象，但封口处以内的秸秆仍可用于饲喂。

⑤ pH 值。氨化秸秆偏碱性，pH 值为 8 左右，未经氨化的秸秆偏酸性，pH 值为 5.7 左右。

（2）化学成分分析　秸秆氨化的内在营养变化要通过化学分析来鉴定。秸秆氨化后，粗蛋白质、纤维成分等都会发生变化，特别是粗蛋白质含量会成倍增加。当然，根据氨化原料、氨源、氨化方法、时间、温度等的不同，变化程度会有所差别。据报道，利用青贮窖氨化秸秆，液氨剂量为秸秆重的 3%，氨化后的麦秸、稻草和玉米秸粗蛋白质分别提高 5%、4% 和 5%，消化率分别提高 10%、24% 和 18%。

除了看营养成分变化外，还有一个指标是氨化效率（或氮的损耗率）。所谓氨化效率，就是所用氨源氮与秸秆结合成铵盐的量占氨源氮施加量的百分比。分析氨化前后秸秆的粗蛋白质含量，两者相减则得通过氨化纯增加的粗蛋白质量，该量与施加氨源的粗蛋白质量之比再乘 100%，即得氨化效率，计算公式：

$$氨化效率 = \frac{氨化后粗蛋白质含量 - 氨化前粗蛋白质含量}{施加氨源的粗蛋白含量} \times 100\%$$

例如，某地进行稻草氨化，氨化前、后稻草的粗蛋白质含量分别为 4% 和 8%，碳酸氢铵（含氮量 17%）用量为稻草的 10%，此时氨化效率 =（8-4）/10.6×100% = 37.7%，其中的 10.6 是从碳酸氢铵含氮量折算的粗蛋白含量，即 17%×10%×6.215 = 10.6%。

另外 pH 值也是一个重要指标。氨化秸秆的 pH 值在 8 左右，偏碱性；未氨化的 pH 值约为 5.7，偏酸性。

（3）饲喂效果评定　氨化效果的好坏，最终应该用动物饲喂试验来判断。将氨化秸秆和未氨化秸秆饲喂牛、羊，比较采食量、增重速度、生产性能（产奶、产肉、产毛等）；有条件的可通过消化代谢试验，测定养分消化率、利用率及营养价值的变化。

三、其他化学处理

1. 秸秆的酸化

秸秆碱化作用的原理在于 OH⁻ 能削弱纤维素、半纤维素之间的氢键，皂化半纤维素和木质素间的酯键，分离半纤维素与木质素之间的醚键，溶解半纤维素，利用瘤胃微生物进一步消化。但用碱性试剂处理秸秆的意义并非使木质素溶解，或者使其与纤维素分离，而是中和秸秆潜在的酸性，为纤维素分解菌的生命活动创造比未处理秸秆时更为良好的条件。但碱化法用碱量大，需大量水冲洗，易造成环境污染，生产中应用并不广泛。也有人研究用酸处理秸秆，如硫酸、盐酸、磷酸、甲酸（蚁酸）等，酸处理秸秆的原理与碱化处理基本相同，但效果不如碱化。

酸处理也叫酸水解，包括浓酸预处理和稀酸预处理。浓酸预处理对设备有腐蚀作用，处理后必须回收增加了生产成本，因此稀酸应用更广泛。稀酸预处理可造成纤维素内部的氢键破坏，有利于木质纤维素中的半纤维素（稀酸水解木聚糖到木糖转化率很高）、纤维素的水解，降低木质纤维素聚合度。Sung 等（2012）在优化稀酸预处理研究中得出最优预处理条件如下：稀酸浓度为 1.2%，在 110℃ 下反应 14.04 分钟，固体重量降低了木糖最大理论溶解量的 20%～73.4%，在稀酸预处理后，可在 24 小时获取 90% 的葡萄糖。

酸化处理常用的试剂有硫酸、盐酸、磷酸和蚁酸等。硫酸和盐酸多用于秸秆和木材加工厂副产品的处理，而磷酸和蚁酸则多用于保藏青贮饲料。

李湘等（2006）分别对碱处理、汽爆处理、酸处理、未处理四个不同方法的 pH 动态、生物量变化、发酵产物的数据分析对比。其中酸化过程是配制浓度为 1.5％的稀 H_2SO_4 溶液，将秸秆完全浸泡于此溶液 24 小时，取出秸秆用清水反复冲洗至 pH 值呈中性；于 105℃烘箱中烘至恒重，取出备用。结果发现，酸处理 pH 值基本没有很大波动，最低值出现在第 3 天，为 6.7，说明在此过程中只有较少量秸秆被分解。在此过程中，发酵液内微生物生长状况也很不稳定，在第 0～3 天内，菌体浊度迅速上升后又有所下降，整个过程中生物量虽有波动，但最高浊度未超过 0.2，说明其中微生物量很少。微生物发酵过程中的关键因素包括温度、养分、发酵液内溶解氧量以及 pH 值，本实验的其他三个条件严格相同，但由于预处理过程的影响，使得秸秆的 pH 值难以控制。所以酸处理中造成效果不理想的原因可能是由于 pH 值的失调。

2. 氧化剂处理

氧化剂处理是针对植物的木质化纤维素对氧化剂比较敏感而提出的，主要是指二氧化硫（SO_2）、臭氧（O_2）及碱性过氧化氢（AHP）处理秸秆的方法（张红莲和张锐，2004）。氧化剂能破坏木质分子间的共价键，溶解部分半纤维素和木质素，使纤维素基质中产生较大空隙，从而增加纤维素酶和细胞壁成分的接触面积，提高饲料的消化率。

（1）SO_2 处理 SO_2 的处理可使秸秆中的多聚糖、纤维素木质素溶解。SO_2 处理对细胞壁成分无影响。但用 SO_2 和 NaOH 共同处理可使秸秆细胞壁有机物含量从 754 毫克/克干物质降到 520 毫克/克干物质，纤维素和木质素含量也相应下降，但对半纤维素的含量无影响。用 SO_2 处理麦秸后，细胞内容物和纤维素含量比未处理麦秸分别提高 20.4％和 2.4％，半纤维素、木质素和不溶性灰分含量比未处理麦秸分别降低 21.0％、1.1％、0.9％。用 SO_2 处理麦秸不影响总氮含量。用 SO_2 处理存在许多问题，如秸秆的适口性降低，B 族维生素遭到破坏，而且会加重家畜酸的负担，使能量代谢受到影响。

（2）臭氧处理 用臭氧（O_3）处理秸秆可使木质素、半纤维素含量分别降低 50％和 5％，而纤维素含量变化很小。臭氧处理组日粮的有机物表观消化率是 NaOH 处理的 1.17 倍。由此可看出臭氧处理能从根本上解决粗饲料营养价值低的问题，是一种比碱化更有效的手段。但用臭氧也会引起一些副作用，如木质素降解时会积累一些有毒的酚类物质，长期饲喂会导致家畜中毒。另外，臭氧处理能量投入太高，所需臭氧量大，约 1 克/5 克秸秆，效益不佳，这些因素导致臭氧目前仍没有在实际生产中广泛应用。

（3）过氧化氢处理　　过氧化氢处理秸秆时，pH 值大于 11 的条件下才能保证木质素的降解。相比而言，碱性过氧化氢（AHP）处理效果更明显。Kerley（1985）用 AHP 处理玉米芯、玉米秸和麦秸，测出 DM 消化率从处理前的每小时 3.76％、4.34％和 2.98％上升到处理后的 6.64％、7.18％和 5.96％。AHP 处理可使秸秆氮含量稍有降低，干物质、糖及酚类物质有一定损失，可溶于硝基苯提取物的酚单位含量下降，葡萄糖含量提高，同时可部分地消除细胞壁多糖，改变木质素的组成，利于瘤胃微生物对细胞壁碳水化合物利用率的提高。H_2O_2 处理粗饲料的机制主要依赖于 pH，因为分解产生如下两个反应：$H_2O_2 \longrightarrow H^+ + HOO^-$，$H_2O_2 + HOO^- \longrightarrow OH^- + O_2 + H_2O$。这两个反应主要依赖于溶液的碱性。提高溶液的 pH，可加速 H_2O_2 分解成 HOO^- 进而促进 OH^- 的形成，加快脱木质素的速度。AHP 处理木质素的影响因素包括 pH、搅拌、H_2O_2 和 NaOH 的浓度、H_2O_2 与秸秆的比例等。用氧化剂处理秸秆，能从本质上破坏木质素与纤维素的结合，明显提高秸秆的消化率。从长远来看，秸秆的处理可能会转向氧化剂的处理，但因成本太高，目前还不能在生产中推广应用。

（4）湿氧化法　　湿氧化是在加温加压条件下水和氧共同参加的反应。氧化反应可使木质素单体之间连接的醚键和木质素与糖类复合体之间连接的醚键、缩醛键氧化断裂，故湿式氧化可有效地使木质素分离，半纤维素溶解，以便木质纤维素原料容易酶解和发酵。此方法的优点是酶水解和发酵过程中抑制物生成少，可以有效脱除木质素，但是湿式氧化工艺条件要求较高，需要耐高温、高压和抗

腐蚀的设备（徐昌洪，2011；李宗强，2011）。Efthalia Arvaniti 等（2012）利用湿氧化技术处理油菜秸秆，250℃下湿氧化 [12 巴（1 巴＝10^5 帕）氧气压力，并且原料浸没在水中] 处理 3 分钟，获得乙醇最高产量为 67％，可重获 100％纤维素、半纤维以及 86％的木质素。Nóra Szijártó Bjerre 等（2009）利用湿氧化预处理芦苇秸秆，最佳条件下预处理芦苇秸秆后发现其在纤维素酶作用下消化率比未经处理的芦苇高 3 倍以上，预处理中可以溶解 51.7％的半纤维素和 58.3％的木质素，而 87.1％的纤维素仍保留在固体中，纤维素酶水解为葡糖糖的转化率为 82.4％，同步糖化发酵水解最后乙醇浓度可达 8.7 克/升，收益率为理论产量的 73％。Nadja Schultz-Jensen 等（2012）通过实验发现在 O_3 预处理并经水洗后的小麦秸秆中纤维素和半纤维素没有变化，但是木质素被去除了 95％。

3. 氨化盐化复合法

氨化与盐水法结合处理，按每 100 千克秸秆取尿素 3.2 千克、食盐 1 千克溶于 50 千克水中，制成溶液备用。将稻草（麦秸）逐层放入水泥池中，每层装 20～30 厘米，然后喷洒溶液，草上覆盖塑料布，四周用土压实，密封。30 天后开池放氨，取出摊晾 1～2 天后饲喂。

4. 粉碎氨化酶法综合法

徐中等（2004）通过对大豆秸秆纤维素预处理过程的影响因素进行了探索，对预处理前后大豆秸秆的物理结构变化、化学成分变化及预处理条件对大豆秸秆酶水解产糖的影响进行了研究。试验结果显示，预处理工艺对大豆秸秆酶水解具有显著的影响。随试样粉碎细度增加，酶与底物接触面积增大，因此酶解液还原糖量逐渐增加。到细度达 140 目后其还原糖量增加幅度减小，原因可能是随试样粉碎细度增加其对表面积增加的影响有所减少。氨水浓度对大豆秸秆酶水解的影响结果是随氨水浓度增加，酶解液还原糖浓度增加，氨水浓度达 10％酶解液还原糖浓度达到最高，随氨浓度继续增大酶解液还原糖浓度逐渐减小，这可能是由于氨水浓度增加会引起纤维素及半纤维素部分分解破坏，导致酶解液还原糖浓度减小。

氨水预处理时间对大豆秸秆酶水解也有影响，粉碎结合氨处理可提高大豆秸秆酶解产糖量；氨水预处理对木质素去除的同时半纤维素也有部分分解。经氨水处理后的试样在该谱带处的吸收峰减弱，说明试样中半纤维素及木质素在氨处理过程中部分发生分解。经氨处理后试样的纤维素含量增加，结晶成分减小，这说明氨处理不仅对纤维物料的组成及形态有影响，还使纤维素的结晶区受到一定程度的影响。秸秆表面结构比较紧密、有序，质地也比较坚硬，秸秆经粉碎及氨预处理后，由于部分半纤维素及木质素的去除，表面变得疏松、柔软，且具有部分微孔，比表面积增加，有利于纤维素酶的作用。由预处理对大豆秸秆酶水解及成分和结构的影响可以得出：氨水预处理对大豆秸秆的化学成分及结构有一定的影响，可使物料纤维素含量提高，结晶成分减小，纤维素与物料接触面积增加，有利于大豆秸秆的酶解产糖；粉碎结合氨处理对大豆秸秆酶解产糖影响较大，较适宜的预处理条件是大豆秸秆粉碎至 140 目，室温下10％氨水处理 24 小时。

5. 氨化酸化复合法

氨水可用来处理秸秆和青贮饲料。当氨水与饲料中的有机物质作用时，可以形成铵盐，而铵盐是反刍动物瘤胃微生物的良好营养源。在氨水的相互作用下，1 千克的秸秆中能形成 40 克醋酸铵，在反刍动物的瘤胃中也可形成同样数量的菌体蛋白。铵盐可代替反刍动物蛋白质需要量的 25％～50％，而且铵盐对于饲料的消化性具有促进作用，并可提高乳脂肪和体脂肪的形成。青贮饲料含有大量的有机酸。玉米青贮料中总酸量为 1.55％，乳酸占 63％，醋酸占 37％。用氨水调制这类饲料时，氨与醋酸、乳酸等起中和反应，生成醋酸铵及乳酸铵。如按重量计算，每 17 份氨水（含氨 25％）与饲料含有的醋酸，可形成 60 份醋酸铵，或与乳酸形成 90 份乳酸铵（方国玺等，1979）。这些铵盐饲料进入瘤胃，补偿天然饲料内蛋白的不足，将其转变成菌体蛋白，提高动物的营养水平和饲料的全价性，同时改善日粮营养物质的消化性和利用率。通常用的化学保藏剂有磷酸和蚁酸等。磷酸的作用主要在于使青贮饲料迅速酸化及保持适当固定的氢离子浓度的水平（pH3.8～4）。应当指出，酸度降低到这种水平还不能完全排除所有微生物的繁殖，某些乳酸菌甚至在 pH 3.3～3 时仍繁殖。在氨化酸化复合法中利用氨处理秸秆的意义在于中和秸秆中的潜在酸度，反刍动物瘤胃中的细菌能更充分地分解纤维素。当氨作用于秸秆时，断了乙酰基，生成醋酸铵，是反刍动物氮的营养源。因此氨可提高粗纤维的利用率，可增加秸秆中的氮。酸化可迅速提高酸度，可及时防止有害丁酸菌和腐败微生物的发育。另外，青贮料的迅速酸化可以抑止酶起作用，促进青贮料中更好地保存像蛋白质那样重要的营养物质。

6.碱-氨复合处理方法

秸秆碱-氨处理是一种复合化学处理法，它是在碱化处理的基础上再进行氨化处理，以提高秸秆的营养价值。例如，用不同比例的氢氧化钙和尿素相结合处理稻草，或用 4％氨和 4％氢氧化钙处理稻草和麦秸，均取得了显著效果。研究表明，碱-氨复合处理的秸秆，干物质降解率提高了 1 倍，中性洗涤纤维可下降 6.1％～6.6％。如果每千克稻草秸秆干物质用 40 克尿素再加上 50 克氢氧化钙去处理，其消化率可从 51.0％提高到 71.2％，粗蛋白质含量可从 4.31％提高到 10.39％。用碱-氨复合处理麦秸，其体外有机物质消化率可从 38.9％提高到 63.3％，提高 62.8％（表 4-20）。因此，碱-氨复合处理秸秆，能提高秸秆的适口性和消化率，在生产实践中有一定的应用价值。

表 4-20　氨-碱复合处理对秸秆消化率的影响　　单位:％

秸秆种类	未处理	尿素处理	氢氧化钙处理	氨碱复合处理
稻草	51.0	60.6	61.0	71.2
麦秸	38.9	47.0	47.0	63.3

7.氨化碱化盐化"三化"复合法

秸秆"三化"复合法处理技术可发挥氨化、碱化以及盐化的综合作用。该方法可以弥补氨化成本高、碱化不易久储、盐化效果欠佳等单一处理的缺陷。"三化"复合法处理的麦秸与未处理组相比各类纤维都有不同程度降低，干物质降解率提高 22.4%。

其制作步骤如下。

① 容器选择。可以用一般氨化窖、青贮窖等，也可以用堆垛法、塑料袋或水缸等。

② 秸秆选用。需要清洁未霉变的秸秆。可选用麦秸、稻草、玉米秸秆等，以铡短为 2～3 厘米为宜。

③ 处理液配制。将尿素、生石灰粉、食盐按一定比例放入水中混合均匀，形成混悬液。尿素、生石灰粉、食盐和水的用量见表 4-21（曹玉凤等，2010）。

表 4-21 "三化" 法处理液配制比例

秸秆种类	秸秆重量/千克	尿素/千克	生石灰/千克	食盐/千克	水/千克
干麦秸	100	2	3	1	45～55
干稻草	100	2	3	1	45～55
干玉米秸秆	100	2	3	1	40～50

④ 装窖。土窖应先在窖底和周围铺一层塑料薄膜。窖底装入 20 厘米左右的秸秆，均匀喷洒处理液，压实，然后再铺 20 厘米秸秆，按上述方法处理直到铺满。

⑤ 封窖。当秸秆高于窖口 100～150 厘米时，充分压实，再覆盖薄膜并用重物压住顶部封实。

8. 有机溶剂法

有机溶剂处理秸秆蜡质层一定程度上影响了秸秆的生物降解，在一定程度上可以提高秸秆的生物可降解性，如果将秸秆蜡收集利用与秸秆生物降解预处理相结合，可探索出一条秸秆综合利用与生物降解的新途径。

选择的有机溶剂分别为乙醇、乙醚、甲苯、氯仿、正己烷，均为分析纯。以秸秆失重率为指标，筛选出效果较好的溶剂，以水为对照。经有机溶剂预处理，溶解了水稻秸秆中有机可溶物，秸秆的失重率均大于 1%，与对照相比，各处理差异达显著水平（$P <$

0.05），其中乙醚、氯仿、正己烷 3 种溶剂处理的效果较好，秸秆的失重率分别为 1.85％、1.96％、2.13％。由于秸秆中可溶性脂肪酸含量较少，可推断，有机溶剂去除的主要是蜡质等有机可溶性物质，但这仍需要得到蜡质化合物分析结果的佐证（连海兰等，2005；周小云等，2007）。

9.化学＋汽爆法

通过秸秆的微生物发酵，对秸秆进行生物转化是一种较好的提高秸秆营养价值的方法。但秸秆这种天然纤维性材料是复杂的立体结构，特别是木质素的屏障作用，使微生物很难将其快速转化。蒸汽爆碎预处理是一种集物理化学作用为一体的秸秆预处理方法，在高温高压的作用下，秸秆中的半纤维素发生水解，木质素也部分解聚，加上突然的减压喷放所产生的机械破坏作用，使整个底物可降解性大大提高。目前，针对秸秆汽爆预处理的研究主要集中在汽爆后汽爆材料的酶解率，而对氨化处理后的汽爆秸秆进行固态发酵的研究较少。

杨雪霞等（2001）在加氨条件下对玉米秸秆进行了汽爆处理（简称氨化汽爆）和固态发酵。结果表明，氨化汽爆同样可使秸秆中的半纤维素降解，并使玉米秸秆的酶解率提高到 42.97％，同时可使秸秆的有机氮含量提高 1.27 倍。利用氨化汽爆秸秆进行固态发酵，可提高蛋白质含量到 23.45％，比不加氨汽爆的玉米秸秆提高了 1 倍。而加过氧化氢的氨化汽爆不利于微生物发酵。

10.微波＋碱法

微波是一种频率为 300 兆赫兹～300 吉赫兹、波长 0.0001～1 米的高频电磁波。微波被广泛应用于冶金、化工、食品加工、医药等领域中。近年来，已经有学者将其应用于秸秆预处理中。邓辉等（2009）以棉花秸秆资源的综合利用为目的，对其碱预处理及微波/碱预处理条件进行了试验。结果表明，2％ NaOH，固液比 1∶20，120℃，处理棉花秸秆 75 分钟，棉秆中的木质素、半纤维素含量分别降低 60.42％、35.05％；利用碱/微波（700 瓦）预处理棉花秸秆 15 分钟，棉花秸秆中的木质素、半纤维素分别降低 61.31％、

44.78%，提高微波功率对于处理后的棉秆中木质素、高聚糖（纤维素＋半纤维素）收率无明显影响，但功率越高，所需时间越短；不同预处理后的棉花秸秆酶水解试验表明，碱预处理棉花秸秆酶水解 96 小时，水解率为 20.01%，碱/微波预处理棉花秸秆酶水解 48 小时，水解率为 20.05%。

11. 化学及高温发酵

热沙来提汗・买买提等（2012）以棉花秸秆为材料研究化学及高温发酵处理对其营养成分及消化性的提高效果。化学法以粗粉碎棉花秸秆为原料分别用 $Ca(OH)_2$、尿素或 $Ca(OH)_2$ 和尿素共同处理，对棉秆消化性提高效果进行研究。高温发酵法利用粗、细两种粉碎棉花秸秆中同样添加 5% 麦麸、3% $Ca(OH)_2$、1.5% 尿素、1% 过磷酸钙和 9.5% 发酵菌剂进行高温发酵，对棉花秸秆营养成分及消化性提高效果进行比较研究。结果表明，$Ca(OH)_2$、$Ca(OH)_2$ 和尿素共同处理能明显降低棉花秸秆中性洗涤纤维（NDF）含量，但是，对酸性洗涤纤维（ADF）、半纤维素含量没有明显影响，且均能提高粗蛋白质（CP）水平和消化率。高温发酵粗、细粉碎处理对棉花秸秆 NDF、ADF 和半纤维素含量没有显著影响，但能提高 CP 水平和消化率。因此，化学处理以 $Ca(OH)_2$ 和尿素共同处理效果最佳，提高消化率 58.67%。高温发酵处理后细粉碎棉花秸秆饲料化效果最好，CP 含量 10.15%，消化率 41.07%。

第三节 秸秆饲料的生物处理

一、青贮发酵

1. 青贮调制的原理与过程

（1）青贮的特点

① 青贮饲料能够保存青绿饲料的营养特性。青绿饲料在密封厌氧条件下保藏，由于不受日晒、雨淋的影响，也不受机械损伤影

响，储藏过程中，氧化分解作用微弱，养分损失少，一般不超过10%。青绿饲料在晒制成干草的过程中，养分损失一般达20%～40%。每千克青贮甘薯藤干物质中含有胡萝卜素可达94.7毫克，而在自然晒制的干藤中，每千克干物质只含2.5毫克。在相同单位面积耕地上，所产的全株玉米青贮料的营养价值比所产的玉米籽粒加干玉米秸秆的营养价值高出30%～50%。

② 可以四季供给家畜青绿多汁饲料。调制良好的青贮料，管理得当下可储藏多年，因此可以保证牛一年四季都能吃到优良的多汁饲料。青贮饲料仍保持着青绿饲料的水分高、维生素含量高、颜色青绿等优点。我国西北、东北、华北地区气候寒冷、生长期短，青绿饲料生产受到限制，整个冬春季节都缺乏青绿饲料，调制青贮饲料把夏、秋多余的青绿饲料保存起来，供冬春利用，解决了冬春家畜缺乏青绿饲料的问题。

③ 消化性强，适口性好。青贮饲料经过乳酸菌发酵，产生大量乳酸和芳香族化合物，具有酸香味，柔软多汁，适口性好，各种家畜都喜食。青贮料对提高牛日粮内其他饲料的消化率也有良好的作用。用同类青草制成的青贮饲料和干草，青贮料的消化率有所提高。

④ 青贮饲料单位容积内贮量大。青贮饲料储藏空间比干草小，可节约存放场地。1 米^{3}青贮料重量为450～700千克，其中含干物质为150千克，而1米^{3}干草的重量仅有70千克，约含干物质60千克。1吨青贮苜蓿占体积1.25米^3，而1吨苜蓿干草则占体积13.3～13.5米^3。

在储藏过程中，青贮饲料不受风吹、日晒、雨淋的影响，也不会发生火灾等事故。青贮饲料经发酵后，可使原料中含有的病菌、虫卵和杂草种子失去活力，减少对农田的危害。如玉米螟的幼虫常钻入玉米秸秆越冬，翌年便孵化为成虫继续繁殖为害。秸秆青贮是防治玉米螟的最有效措施之一。

⑤ 青贮饲料调制方便，可以扩大饲料资源。青贮饲料的调制方法简单、易于掌握。修建青贮窖或准备塑料袋的费用较少，一

次调制可长久利用。调制过程受天气条件的限制较小，在阴雨季节或天气不好时，晒制干草困难，青贮则受影响较小。调制青贮饲料可以扩大饲料资源，一些植物如菊科类及马铃薯茎叶在青饲时，具有异味，适口性差，饲料利用率低。但经青贮后，气味改善，柔软多汁，提高了适口性，成为牛喜食的优质青绿多汁饲料。有些农副产品如甘薯、萝卜叶、甜菜叶等收获期很集中，收获量很大，短时间内用不完，又不能直接存放，或因天气条件限制不易晒干，若及时调制成青贮饲料，则可充分发挥此类饲料的作用。

（2）青贮饲料的种类与选择

① 青贮饲料的种类。青贮饲料按原料含水量或按发酵难易程度可以划分成几个种类。

a. 按原料含水量划分。青贮饲料按原料含水量可划分为半干青贮、中水分青贮和高水分青贮。其中，半干青贮（低水分青贮）含水量在 65% 以下，原料水分含量低，微生物处于生理干燥状态，生长繁殖受到抑制，饲料中微生物发酵弱，养分不被分解，从而可达到保存养分的目的。该类青贮由于水分含量低，其他条件要求不严格，故较一般青贮扩大了原料的范围，尤其对于常规青贮不易成功的饲料，如苜蓿，是一种较好的青贮方式。其他两种，中水分青贮的含水量在 65%～75%，高水分青贮含水量在 75% 以上。

b. 按发酵难易程度划分。按发酵难易程度可划分为一般青贮、混合青贮、添加剂青贮。一般青贮是将原料切碎、压实、密封，在厌氧环境下使乳酸菌大量繁殖，从而将饲料中的淀粉和可溶性糖变成乳酸。当乳酸积累到一定浓度后，便抑制腐败菌的生长，将青绿饲料中的养分保存下来。混合青贮是指禾本科牧草与豆科牧草或富含碳水化合物的原料（包括玉米粉、大麦粉、马铃薯）混合后的一种青贮。添加剂青贮在青贮时加进一些添加剂来影响青贮的发酵作用。如添加各种水溶性碳水化合物，接种乳酸菌，加入酶制剂等，可促进乳酸发酵，迅速产生大量的乳酸，从而使青贮的 pH 值很快降低达到要求（3.8～4.2）；或加入各种酸类、抑菌剂等可抑制腐败菌等不利于青贮的微生物的生长；或加入尿素、氨化物等可提高青贮饲料的养分含量。这样可提高青贮效果，扩大青贮原料的范围。

② 对青贮原料的要求。青贮原料的组成对青贮饲料发酵品质有重要的影响，其中主要包括干物质含量、水溶性碳水化合物含量和缓冲能力三个部分。

a. 干物质含量。青贮饲料干物质的含量直接影响到青贮饲料中营养物的流失、微生物生长、压实程度。

青贮流失物主要包含水溶性碳水化合物、蛋白质、矿物质及发酵产物，水溶性碳水化合物的损失将减少青贮发酵时其可利用的数量。青贮流失物不仅造成养分的损失，也会造成严重环境污染。由于流失物（各种来源）污染水系统的问题越来越受到各种环境保护部门的重视，在欧洲的许多国家，如果青贮流失物进入水系统，农牧场主将会被指控。一般青贮饲料养分流失主要有两种情况：一是，在青贮的早期阶段，由于压实作用、植物体内酶的作用以及微生物活动，细胞结构被破坏，汁液从细胞内释放出来；二是，饲草干物质含量低的情况下，尤其是未萎蔫饲草中过剩的水分（包含水溶性化合物）会从青贮窖或青贮捆流失。流失量与制作青贮的饲草的干物质含量及青贮的压实程度直接相关。当干物质含量增加，流失量下降，当干物质含量达到约 30％时，流失将不会发生。为防止养分的损失，有些牧场在青贮窖底部开一个下水道，将汁液引流出来。由于汁液营养丰富，可将流出的汁液浇于饲喂青贮饲料里。也可在窖底铺麦秸吸附汁液，这样既不致发霉、浪费又可增加麦秸营养。但目前青贮前饲草萎蔫被认为是减少青贮过程中养分流失的有效管理措施。

发酵阶段微生物的生长受到饲草干物质含量的直接影响。当饲草干物质含量增加及青贮 pH 值下降，所有青贮微生物活性将下降。由于 pH 值下降发酵被终止，一些水溶性碳水化合物可能未被发酵。剩余的水溶性碳水化合物可能导致青贮在好氧条件下更不稳定，最终导致在饲喂过程中更大的损失。当饲草干物质含量增加，细菌的活性在较高 pH 时即停止。通常干物质含量大于 30% 时可以限制梭菌生长，利于乳酸菌生长，改善青贮发酵质量。梭菌是引起青贮腐败的主要的一种细菌，对干物质含量极为敏感，且在低干物质条件下能够迅速增殖。

在制作青贮饲料时，如果饲草干物质含量太高，更难获得合适的压实程度，从而造成表层物料的大量损失。如果青贮的密度低，氧气将残留在青贮窖内，一方面增加细菌呼吸和干物质及能量损失；另一方面饲草暴露在氧气中，增加霉菌污染的概率。

b. 水溶性碳水化合物含量。青贮饲料主要依赖于乳酸菌将水溶性化合物发酵转变成乳酸，水溶性碳水化合物是青贮发酵的重要底物之一。青贮原料中应含有足够的易溶的碳水化合物，这是保证乳酸菌大量繁殖、形成足量乳酸的基本条件。发酵良好的青贮饲料，基于鲜重，水溶性化合物在青贮原料中的含量应该大于 2.5%，如果低于 2.5%，青贮发酵不充分，pH 值就不能迅速下降，从而腐败菌得以繁殖，使得发酵品质降低。使 pH 值达 4.2 时所需要的原料含糖量是十分重要的条件，通常把它叫作最低需要含糖量。原料中实际含糖量大于最低需要含糖量，凡是青贮原料为正青贮糖差就容易青贮，且正数愈大愈易青贮。青贮发酵所消耗的葡萄糖只有 60% 转变成乳酸，即每形成 1 克乳酸就需要 1.7 克葡萄糖，因此糖分不足会影响青贮效果，青贮原料中糖分至少应占鲜重的 1%～1.5%。

根据糖含量可将青贮分为三类。第一类是易于青贮、含糖高的原料，如玉米、甜高粱、燕麦、禾本科牧草、野生植物、甘薯秧、芜菁、甘蓝、甜菜叶、胡萝卜、菊芋、向日葵等。第二类是不易青贮、含糖低但饲料品质、营养价值较高的原料，如苜蓿、草木樨、红豆草、沙打旺、三叶草、大豆、毛苕子、苋菜、饲用粟、直立蒿、马铃薯茎叶等，它们可与第一类混贮或添加制糖副产物混贮（表 4-22）。第三类是不能单独青贮、含糖低、营养低、适口性差的原料，需添加高糖原料才能调制出中等质量的青贮饲料，如南瓜蔓、西瓜蔓、甜瓜蔓、番茄茎叶、水蓼、稗草等。

表 4-22　一些青贮原料的干物质中含糖量

易于青贮原料			不易青贮原料		
饲料	青贮后 pH 值	含糖量/%	饲料	青贮后 pH 值	含糖量/%
玉米植株	3.5	26.8	紫花苜蓿	6.0	3.7
高粱植株	4.2	20.6	草木樨	6.6	4.5
菊芋植株	4.1	19.1	箭舌豌豆	5.8	3.6
向日葵植株	3.9	10.9	马铃薯茎叶	5.4	8.5
胡萝卜茎叶	4.2	16.8	黄瓜蔓	5.5	6.8
饲用甘蓝	3.9	24.9	西瓜蔓	6.5	7.4
芜菁	3.8	15.3	南瓜蔓	7.8	7.0

注：引自王成章主编《饲料生产学》，1998。

　　温带禾草中主要的糖类是葡萄糖、果糖、蔗糖和果聚糖。温带豆科作物的主要糖类是果糖、葡萄糖、蔗糖。温带豆科作物、热带禾草和热带豆科作物水溶性化合物含量低于温带禾草的含量。在温带禾草中果聚糖是最重要的储存碳水化合物形式，而温带豆科饲草中主要的储存碳水化合物是淀粉，淀粉不溶于水。在谷类作物中水溶性碳水化合物含量在营养生长期较高，但是随着灌浆进行，水溶性碳水化合物含量下降，淀粉含量增加。大多数自然存在的乳酸菌不能发酵淀粉。因此，淀粉不是乳酸菌生长的理想发酵物，除非淀粉被植物淀粉酶降解或发酵过程中被酸水解，使淀粉转变为水溶性碳水化合物。另外，大多数乳酸菌不能发酵半纤维素，但半纤维素水解后（由于植物酶和青贮饲料酸）可以释放发酵所需的糖类。影响饲草水溶性碳水化合物含量的因素很多，但植物的种类和生长阶段是最大的因素。

　　c.缓冲能力。缓冲能力的高低将直接影响青贮发酵的品质。植物原料的缓冲能力或抗 pH 值变化的能力是影响青贮的重要因素。缓冲力较高时，由于缓冲剂中和了一些青贮酸，限制和延迟 pH 值的下降，发酵较慢，营养物质损失就多，不良发酵的风险就会增大。而成功发酵与饲料干物质含量、水溶性碳水化合物含量（占干物质 96%）与缓冲容量之比有关。饲草作物的缓冲能力由阴离子（有机酸盐、正磷酸盐、硫酸盐、硝酸盐、氯化物）和植物蛋白共同来完成，其中蛋白质的贡献量占 10%～20%。原料的缓冲力与粗蛋白质含量有关，它们二者之间呈正比例关系。

（3）青贮饲料发酵原理与过程

① 青贮发酵的原理。青贮主要是利用青贮原料上附着的乳酸菌等微生物的生命活动，将青贮原料中的碳水化合物，变成乳酸等有机酸。随着青贮饲料酸度的增加，各种有害细菌微生物活动被抑制，从而达到青贮料长期保存的目的。

a.乳酸菌。乳酸菌种类很多，它是青贮发酵的主要微生物，在青贮过程中乳酸菌不但能够改善发酵品质，促进青贮过程的顺利进行，还能够保证牛的饲喂安全。同时通过不断促进乳酸菌在竞争中的优势地位，pH 值降低，从而抑制其他有害微生物的产生，提高青贮饲料有氧稳定性。这是由于添加乳酸菌能够与酵母菌产生竞争，从而可以抑制青贮饲料开窖后的二次发酵。

乳酸菌主要是两种。一种是同质型发酵乳酸，发酵后只产生乳酸。主要是乳酸链球、德氏乳酸杆菌。利用 1 分子葡萄糖产生 2 分子乳酸，其中发酵主要产生的是乳酸，引起 pH 值迅速下降，乳酸乙酸生成比例增大，同时降低丁酸和乙醇的生成量，从而抑制梭菌和肠细菌的生长。且在青贮过程中养分损失较少，但产生的能够抑制酵母菌、霉菌等生长繁殖的短链脂肪酸的数量非常少，当贮料与空气接触后发酵产生的乳酸和碳水化合物为好氧性微生物利用，就容易产生二次发酵。另一种是异质型发酵菌，发酵产物为乳酸和乙酸，还产生大量的乙醇、醋酸、甘油和二氧化碳等。异质型发酵比同质型发酵在青贮过程中损失的饲料养分要多，青贮饲料中的异质型乳酸菌发酵 1 分子葡萄糖产生 1 分子牛不易代谢的 D-乳酸，转化为乳酸的效率是同质型发酵的 17%～50%，并产气，可造成饲料中营养物质的浪费，而且使青贮饲料的酸度下降缓慢，为腐败菌的增殖提供了条件，但异质型发酵乳酸菌能够提高贮料的有氧稳定性和贮料品质。

乳酸的大量形成，一方面为乳酸菌本身生长繁殖创造了条件，另一方面产生的乳酸使其他微生物如腐败菌、酪酸菌等死亡。乳酸积累的结果使酸度增强，乳酸菌自身也受抑制而停止活动。在良好的青贮饲料中，乳酸含量一般占青贮饲料重的 1%～2%，pH 值下降到 4.2 以下时，只有少量的乳酸菌存在。

b. 梭菌。梭菌又称丁酸菌或酪酸菌。菌形呈棒状或杆状。它在厌氧的状态下生长，能分解糖、有机酸和蛋白质，是青贮饲料中的有害微生物。根据梭菌的有害作用，可划分为乳酸发酵和氨基酸发酵两大生理类型：一些梭菌发酵乳酸和糖为丁酸，这种梭菌主要有丁酸梭菌、类腐败梭菌和酪丁酸梭菌；另一些可以发酵氨基酸为氨、胺和挥发性脂肪酸，这种梭菌主要有双酶梭菌和生孢梭菌，降低牛对青贮中氮的利用，导致干物质和能量损失，降低适口性。梭菌在中性 pH 和湿润的环境容易繁殖，pH 约为 4 以下、水分为75% 以下时梭菌会被抑制。

c. 酵母菌。酵母菌是好气性菌，喜潮湿，不耐酸。酵母菌只在青贮原料青饲料切碎尚未装贮完毕之前的表层繁殖，待封窖后，氧气越来越少，其作用随即减弱。酵母菌利用原料间残存氧气与乳酸菌争夺糖分并发酵产生乙醇，因此青贮饲料具有酒香味。而乙醇对青贮饲料几乎无保存价值。除产生乙醇外，酵母菌发酵还产生正丙醇、异戊醇、乙酸、丙酸和异丁酸以及少量的乳酸。在有氧条件下，糖分被酵母彻底氧化产生二氧化碳和水。

d. 霉菌。霉菌是青贮饲料的有害微生物，也是导致青贮变质的主要好气性微生物，低 pH 值和厌氧条件足以抑制霉菌的生长，所以仅存在于青贮饲料青贮初期，易在青贮饲料表层或边缘等易接触空气的部分产生。霉菌除了使纤维素和其他细胞壁组分分解外，还能通过呼吸作用分解糖分和乳酸。分解蛋白质产生氨，使青贮料发霉变质并产生酸败味，降低其品质，甚至失去饲用价值。

e. 醋酸菌。醋酸菌是一类专性好氧微生物，属醋酸杆菌属。酵母或乳酸发酵产生的乙醇，再经醋酸菌发酵产生醋酸。通常在青贮初期青贮窖内氧气残存过多，醋酸可大量产生，因醋酸有刺鼻气味，影响青贮适口性并使品质降低。

② 青贮发酵的过程。青贮的发酵过程，可以大体上分为四个阶段。

a.青贮饲料的预备发酵阶段。青贮饲料的预备发酵阶段也可称好氧阶段，当作物被收割，就意味着好氧阶段的开始。由于青鲜饲料受铡断或挤压，其中的可溶性营养成分会外渗，在植株间隙中还残余有氧气，这两者维持植物和微生物的呼吸作用，各种需氧菌和兼性厌氧菌都旺盛地繁殖起来，包括腐败菌、酵母菌、肠道细菌和霉菌等。植物酶利用水溶性碳水化合物进行呼吸直到所有发酵物或可利用的氧气耗尽，同时产生热量。蛋白酶开始分解蛋白质转变为各种非蛋白氮化合物——多肽、氨基酸、氨基化合物和氨。一旦青贮窖形成厌氧环境，呼吸作用也就停止。

预备发酵期的长短依赖于很多因素，包括饲草的特性、萎蔫时间的长短及条件、原料的化学成分和填窖的紧密程度。对于那些切碎、压实良好的青贮原料，这个有氧过程可以最大程度缩短。预备发酵期通常是在青贮后 2 天左右结束。但如果密封后此阶段持续时间较长，与密封不严或不当有很大联系，此时将会产生大量的热，导致青贮窖温度升高，造成青贮饲料发生美拉德反应，这类饲料具有宜人的香甜焦糖味道，适口性也很好，适合维持生长。但由于受高温影响，青贮饲料蛋白质和氨基酸与半纤维素结合时，生成动物自身分泌的消化酶不能降解的氨基-糖复合物，影响氨基酸的吸收利用，降低饲料营养价值。

b.青贮饲料的发酵阶段。一旦青贮窖形成厌氧环境，厌氧发酵就立即开始。在发酵阶段开始后，由于植物细胞酶的作用，发酵物的释放会持续 1 天左右，各种微生物的代谢活动逐渐活跃，例如糖代谢，产生了乳酸、醋酸、琥珀酸等，使青贮料变为酸性。在发酵良好的青贮饲料中，产生乳酸，pH 值在 5 以下时，绝大多数微生物的活动便被抑制，霉菌也因厌氧环境而不能活动，干物质和能量损失很小。由于乳酸杆菌的大量繁殖，乳酸进一步积累，pH 值下降，使饲料酸化成熟。其他细菌就全部都被抑制了，无芽孢的细菌逐渐死亡，有芽孢的细菌则以芽孢形式保存休眠下来，青贮料进入最后一个阶段。

乳酸菌迅速支配发酵过程，该发酵是较为理想的状态，乳酸生产是最有效的化学途径。但如果 pH 值下降很慢，有可能大肠杆菌支配发酵，利用水溶性碳水化合物发酵产生醋酸、少量乳酸、二氧化碳，造成干物质和能量损失，产生醋酸盐青贮。如果没有产生足够的乳酸或产生太慢，就会形成梭菌青贮，梭菌发酵水溶性碳水化合物、乳酸和蛋白质，产生丁酸、丙酸、醋酸和氨态氮，产生二级发酵，青贮饲料具有腐臭的气味，对家畜适口性差。如果存在厌氧酵母，可产生乙醇、二氧化碳造成干物质损失，但能量损失不显著。

c. 青贮饲料发酵稳定阶段。第三个阶段是稳定期，由于乳酸菌迅速繁殖形成大量的乳酸，不耐酸的一些细菌如腐败细菌、丁酸菌等死亡，几种高耐酸性的酵母以无活性状态继续存在，而一些杆菌和梭菌以孢子形式蛰伏，仅有耐酸的糖酶和蛋白酶保持一定活力。糖酶能引起植物组织缓慢地酸水解，产生少量的可溶性糖，持续地补充发酵底物，而蛋白酶会导致氮的复合物向氨的转化。随着发酵程度的减弱，乳酸菌的繁殖亦被自身产生的酸所抑制，青贮进入了稳定阶段。

d. 饲喂阶段。青贮开窖后进入饲喂期。在这个阶段，由于青贮饲料暴露于空气中，氧气可以自由进入青贮窖表面，导致在厌氧阶段休眠的好氧微生物包括酵母和霉菌孢子，利用发酵物乳酸、醋酸及剩余水溶性碳水化合物而快速增殖，产生二氧化碳、水、热，导致青贮饲料发热，乳酸分解，pH 值上升，营养价值降低。而微生物开始活动的信号是青贮饲料表面发热，温度可能达到 50℃ 或者更高。这与青贮饲料的组成、发酵质量、干物质含量、微生物群落有关；也与饲喂因素如环境温度、饲喂速率、青贮饲料的管理有关。

2. 青贮设备

(1) 青贮的设施

① 青贮方式。常见的青贮方式有三种：窖贮、堆贮和裹包青

贮。窖贮需要建造专门的青贮窖（图 4-29～图 4-32），有地上式和地下式之分，初期投资较大，以后主要是覆盖物的投资。地面堆贮（图 4-33）不需要专门的设施，有高燥的平地即可，投资少，容量可灵活掌握，但其占地面积较大，不便于压实，开窖使用时横切面大容易产生二次发酵。裹包青贮（图 4-34）可以方便运输，但是需要特殊的设备加工，搬运过程中膜易破损。

图 4-29　地上式青贮窖

图 4-30　连栋式地上青贮窖

图 4-31　地下式青贮窖

图 4-32　青贮塔

我国目前青贮秸秆主要是采用窖贮的方式，青贮窖建筑形式有地上式、半地上式、地下式、塔式等。现代规模化牛场的青贮窖建筑，由于储备数量大，故提倡多采用地上建筑形式（图 4-29），不仅有利于排水，也有利于大型机械作业。建筑一般为长方形槽状，三面为墙体一面敞开，可以数个青贮窖连体（图 4-30），建筑结构既简单又耐用，并节省用地。半地上式、地下式可以减少建设投资（图 4-31），并方便青贮的收贮和压实，但防雨效果差，使用运输爬坡费力。塔式青贮窖防雨效果好，适用于小规模牛场，不方便机械化饲喂（图 4-32）。

图 4-33　堆贮

图 4-34　裹包青贮

② 青贮设施的设计与建造。

a.青贮窖的位置。首先是要临近场区外道路，便于运输储备。从防疫角度讲切忌运输饲料车辆穿行生产区和奶牛舍；从使用角度讲，青贮窖与干草棚、精料库应紧密相连，并应靠近生产区，缩短运输距离；青贮窖应选择在地势较高、地下水位低、排水与渗水条件好、地面干燥、土质坚硬的地方。

b.青贮窖的建筑面积。青贮窖建筑面积，要根据全年青贮需求量和供应条件来确定。北方地区一般收获期 1 年 1 次，青贮窖设计储备量不应小于 13 个月，因为青贮制作后，要经过 1 个月左右时间发酵，才能使用。南方地区如有计划种植，1 年可收获 2 季，青贮窖设计储备量应不少于 8 个月。储备青贮秸秆水分应控制在 70% 左右，压实的青贮每立方米 600～700 千克重。混合群奶牛平均每头牛年储备量 6～7 吨，奶牛实际使用量没有这么多，这是因为青贮制作过程要丢失一些水分，还有一些霉变的损失。青饲秸秆种植条件差或收储条件差的地区，可根据实际情况确定青贮储备数量。

根据青贮储备年度计划数量，设计青贮窖建筑面积和规格数量，青贮堆放高度一般为 3.5～4 米，因为青贮堆得高，可以减少青贮顶部霉变损失，但过高又不利于使用。有了堆放高度就可计算青贮窖建筑面积。例如，1000 头牛年青贮量为 7000 吨，青贮每立方米约重 700 千克，总体积为 10000 米³，如堆放高度为 4 米，建筑面积为 2500 米²。表 4-23 给出了估计青贮窖中新鲜原料重量的方法，供大家参考。例如，一个长 20 米、高 3 米、宽 10 米的青贮窖可以装 360 吨新鲜草料。

表 4-23　青贮窖中新鲜原料重量的估算方法（假设密度为 600 千克/米³）

单位：吨

长度/米	高度/米	宽　　度				
		6 米	8 米	10 米	12 米	14 米
15	1	54	77	90	108	126
	2	108	144	180	216	252
	3	162	216	270	324	378
20	1	77	96	120	144	168
	2	144	192	240	288	336
	3	216	288	360	432	504
25	1	90	120	150	180	210
	2	180	240	300	360	420
	3	270	360	450	540	630

c.青贮窖的宽度。根据每天青贮使用量，牵引式或自走式 TMR 设备行走转弯需要等，设计青贮窖宽度，但是过宽的青贮窖在储备时会影响封窖速度，进而影响青贮质量。饲养规模大的牧场，一般以 15～20 米宽为宜。

d.青贮窖的墙体。墙体以砖、砭石砌成，或使用混凝土浇筑，墙面要求平整光滑。墙体上窄下宽呈梯形，有利于青饲储备时的碾压，当青贮下沉时有利于压得更加严实。墙体不必过高，一般 2～3 米高即可，青贮堆放时高度要求高于墙体，一般达到 3.5～4 米，覆盖塑料膜时形状如阴阳瓦状态，这样可以防止雨水流入。

e.青贮窖排水设计。青贮窖窖口地面要高于外面地面 10 厘米，以防止雨水向窖内倒灌，窖内从里向窖口做 0.5%～1% 的坡度，便于窖内挤压液体排出，同时也起到防雨水倒流浸泡的作用。青贮窑口要有收水井，通过地下管道将收集的雨水等排出场区，防止窑内液体和雨水任意排放。如青贮窑体较长，收水井可设在青贮窑中央，然后由窑口和窑内端头向中央收水井放坡，坡度为 0.5％～1％，中央的收水井通过地下管道连通，将收集的雨水等集中排出。

（2）收获与加工设备

① 青贮收获机。青贮收获机主要用于玉米秸秆和全株玉米的收获，但一般都可以更换割台后收获牧草。青贮玉米收获机的类型按与拖拉机的挂接方式可分为悬挂式青饲玉米收获机、带有玉米割台的牵引式青饲收获机（图 4-35）以及带有玉米割台的自走式青饲收获机（图 4-36）。按收割方法可分对行和不对行，按切割器形式又可分往复式割刀和立筒式旋转割刀。悬挂式青贮收获机作业灵活，可以在拖拉机的前方、后方和侧面悬挂作业，适用于小地块，性价比较高，但割幅较小（1～3 米），生产效率低（15～30 吨/小时）。自走式青贮饲料收获机具有生产效率高、机动性能好和适应性广等特点，适合大型奶牛场及大面积种植青贮作物的农牧场使用，但是价格比较昂贵。带有玉米割台的牵引式青饲收获机介于二者之间，由于割台可以拆卸，提高了拖拉机的利用效率，非收获季节可以做它用，但其采用的往复式割刀不能收割高于 3 米的秸秆。选择何种收获机，要根据购买者的使用性质来确定。既要满足青贮玉米和青饲料在最佳收割期时收割，又要考虑使现有的拖拉机动力充分利用，更要考虑投资效益和回报率的问题。

图 4-35　牵引式（背负式）青贮收割机

图 4-36　自走式青贮收割机

② 铡草机。铡草机，也称切碎机，主要用于切碎粗饲料，如谷草、稻草、麦秸、玉米秸等。按机型大小可分为小型、中型和大型。小型铡草机适用于广大农户和小规模饲养户，用于铡碎干草、秸秆或青饲料。中、大型铡草机也可以切碎干秸秆和青贮饲料，故又称秸秆青贮饲料切碎机。很多青贮原料不能使用青贮收获机从田间收获，需运回养殖场后用铡草机（图4-37）铡碎后装入青贮窖。因此铡草机是中小养殖场必备的青贮机具。一台15千瓦的铡草机每小时可铡碎青玉米秸秆（含水率78%）9吨。

③ 压窖设备。斗式装载机（铲车）、履带式拖拉机与专用的青贮压实机（图4-38）一样都可用于青贮饲料的压实。压实所需车辆的重量可通过公式计算，即收获速度（吨/小时）除以3，根据收获青贮的速度和重量、窖宽决定压实车辆大小和数量。例如，青贮玉米每小时入窖75吨，则压实车辆重=75÷3=25吨，1辆5吨铲车重15吨左右，即需要2辆5吨铲车压制。

图4-37　固定式铡草机

图4-38　带推料器的青贮压实机

拖拉机和地面之间接触面积越小对相同重量的拖拉机而言，压力会越大，压实车辆宜用橡胶轮胎的车辆，因此轮式铲车或拖拉机优于履带式拖拉机。

（3）辅助材料

① 密封覆盖薄膜。普通农用薄膜可用于覆盖青贮窖，但一般要求厚度要达到10丝（0.1毫米）以上，也可覆盖两层，内层可以略薄。

黑白两面农膜属于特种农膜，一面为乳白色，一面为黑色，使用时白面向上，有利于阳光反射，降低表面温度。黑白两面农膜效果优于普通农用薄膜，价格也较高。

② 镇压物。以土镇压青贮效果最好，一般覆土15厘米以上可保证上层极少霉变，但地上式青贮窖不易覆土，且风吹雨淋容易散落。地下式青贮窖容易覆土，但土层给取料又造成极大不便。

沙土装袋镇压成本低，使用方便，但是袋子容易老化、破裂（图4-39）。

目前最实用的方式是使用旧轮胎，一次投入较大，但可重复利用数年，放和取都比较方便。但要注意轮胎数量要足已密布整个窖顶（图4-40）。

图4-39　沙土装袋镇压

图4-40　旧轮胎镇压

3.青贮饲料的调制技术

（1）青贮窖的准备

① 青贮窖的清理。在原料收获之前，必须用高压水枪清理青贮窖。青贮窖中残存的霉菌、梭菌孢子等会继续繁殖，污染新的青贮原料。即使收割技术很先进，青贮窖内也不可避免会发生缓慢的丁酸污染，因此，未清理的青贮窖受污染的概率更大。

② 青贮窖的密封检查。必须检查青贮窖的密封状况，有必要时及时修补（青贮料的酸度能够腐蚀混凝土）。把整张的干净塑料布沿着墙体铺开，尽可能紧贴青贮窖的底部，以起到密封作用及防止墙面被酸腐蚀。

（2）原料的收获　收割时间和干物质含量是影响青贮料饲喂价值、保存品质和适口性的两个关键因素。

① 玉米秸秆青贮。玉米秸秆青贮要在玉米成熟后，立刻收割秸秆，以保证较多的绿叶。收割时间过晚，露天堆放将造成含糖量下降、水分损失、秸秆腐烂，最终造成青贮料质量和成功率下降。

② 全株玉米青贮。对全株玉米来说，在开花期过后消化率和适口性变化很小。因此，最适宜的收获时期取决于何时能达到最高产量。在蜡熟初期，此时玉米能达到最大产量，干物质含量在30％～35％之间。通常判断青贮玉米是否成熟的简便方法是查看玉米颗粒的乳线位置，乳线是玉米胚乳内液态和固态内容物的交接处。玉米成熟出现黑层时谷物比例最高，但当乳线位置从玉米颗粒顶部起往下达1/2～2/3处时，整株玉米的能值和产量达最高。如果收获更早，干物质在24％～27％时，谷物比例下降，储藏汁液易渗出损失营养；最好不要超过35％，否则叶子掉落影响产量，且木质化程度更高，消化率下降，也难以压实，潜在地受到霉菌和酵母生长带来的风险。可以手工评估青贮含水量（表4-24）。

表 4-24　使用手工评估青贮含水量的方法（用于田间）

用手挤压青贮饲料	水分含量
水很易挤出,饲料成型	≥80％
水刚能挤出,饲料成型	75％～80％
只能少许挤出一点水(或无法挤出),但饲料成型	70％～75％
无法挤出水,饲料慢慢分开	60％～70％
无法挤出水,饲料很快分开	≤60％

③ 禾本科牧草和豆科牧草青贮。对这些类型的青贮，随着生长时期的延长，饲喂价值降低。它们最适宜的收割时期应取决于最适宜的"产量/蛋白"和"产量/能量价值"的比率。对牧草来说最好在抽穗期收获，对豆科牧草来说最好在开花初期收获。干物质的含量在25％～30％之间时，能够在饲喂价值、适口性、保存品质方面取得最理想的效果。

（3）刈割与切短

① 收割高度。收割高度越高，秸秆的产量就越低，但是品质会越好。因为作物基部的木质素含量比上面的部分高，所以饲喂价值比上面的部分要低。留茬过低还会带来泥土，易引起腐败。

对于玉米而言，当收割高度大约为 25 厘米时，综合考虑产量和品质，效果是最理想的。

对于其他牧草青贮，收割高度要依据被土壤污染的程度进行调节，这个程度影响丁酸菌孢子的数目。对于条件比较好的草地，推荐收割高度为 7 厘米。

② 切短。切割过长不宜压实，容易破碎；切割过短营养物质容易流失，有利于压实排空气，提高压窖密度，但是对牛的健康不利，因为对反刍动物的瘤胃而言饲料最好有一定的长度。切割长度主要受设备制约，并与刀片数量、锋利程度、与切割点之间的距离有关。

对于干物质含量在 35％ 以下的全株玉米，一般可以铡至 1～1.5 厘米，而对干物质含量在 35％ 以上很难被压实的整株玉米，最好将其铡至 0.5～1 厘米。对于牧草青贮，切碎的长度在（1.5±0.5）厘米。

③ 收割的时间。有研究表明，光的强度和温度影响青贮料的糖含量。细菌利用这些糖使青贮料酸化。因此，推荐从上午 11 点左右开始收割，此时开始收割的牧草与清早收割的相比，可溶性糖的含量可提高 4％。

（4）装填与压实

① 压紧与损失。有效地压实是使青贮料迅速达到厌氧状态以减少干物质损失的必要条件。干物质含量越高，切碎长度越长的青贮料，为了减少储藏和使用时的损失就必须压更长的时间。压制青贮时应控制青贮堆坡度在 30°～40°（图 4-41、图 4-42），每一层压实的理论厚度控制在 20～40 厘米（不宜超过 50 厘米），实际操作要注意按层推卸将秸秆压实，而不是直接移动整个铲斗的原料，此时压实车辆的操作者尤为重要。车辆压制时开行速度应小于 5 千米/小时。

图 4-41　压制青贮时青贮堆坡度　　图 4-42　青贮料沿斜面分层装填

压实密度与青贮质量有密切关系，压实密度越低，其干物质损失越多。压实密度与青贮原料干物质含量、切割长度、压层厚度、压车重、压制时长都有关。入窖干物质含量 20% 的青贮作物，压实后密度应达到每立方米 160 千克干物质。干物质含量 40% 的青贮作物，应达到每立方米 240 千克干物质。

要达到理想压实密度，每次加料时层厚控制在 20～30 厘米，原料中粗纤维和干物质的含量越高，每次加料的厚度就要越薄；车辆缓慢行驶，一般每小时 3～4 千米，轮胎压力最小 2 帕。从一开始就要压实，这样在青贮堆的深处也会被压紧；在最后的时候不要过度压实，由于那样会产生泵效应使青贮反弹。

② 压实的时间和装填的速度。因为生产效率越来越高，所以有时很难花足够多的时间把每一车原料都压得很实。下面的公式可以计算出对于不同重量的拖拉机得到理想压实效果的装填速度。

拖拉机重量（千克）＝装填速度（吨干物质/小时）×365

装填速度（吨干物质/小时）＝拖拉机重量（千克）/365

③ 装填技术。为了达到最理想的压实效果，最好将青贮料沿斜面分层装填（图 4-42）。图 4-43 给出了三种常见的压实方法，只有第三种是正确的。因为凹面的青贮堆使得拖拉机的轮胎能够靠近墙面碾压，使墙壁的死角也能压实（图 4-44）。

如果在装填青贮窖时，收割的原料干物质含量不同，那么在最底层应该装干物质含量最高的原料，其余的按干物质高低依次装

图 4-43　三种常见的压实方法

凹面的青贮堆使得拖拉
机轮胎能靠近墙面碾压

用于覆盖青贮窖
的部分塑料布先
折叠在墙的顶部

墙底部承受了
较大的压力

塑料布一部分
预先压在墙内侧

图 4-44　凹面的青贮堆使得拖拉机的轮胎能够靠近墙面碾压

填。上部的原料较重有利于压实，并且青贮过程中水分会由于毛细作用渗透到青贮窖的底部。这样装填，最后整窖青贮料的干物质含量就会大致相同了。

（5）覆盖与密封　青贮料酸化的效果和厌氧菌的活性是相关的。密封的速度和覆盖物的防水性能直接影响青贮料的储存质量。

①封窖的速度。青贮窖装填完后应立即封窖。如果一直拖延了好几天才装完窖，在每天晚上最好将最上层的原料尽可能地压实，并将未装完的窖遮住（图 4-45）。如果装填工作被迫停了 1 天或者更长时间（例如遇到阴雨天气），必须要仔细压实、盖严青贮窖及剩下的原料。即使是临时性的盖布也必须有很好的防水效果。

②覆盖。青贮窖密封工作随青贮制作开始就应做准备，在青贮制作前先在两侧窖壁铺上薄膜，随着青贮进行及时封顶（图 4-46）。与青贮料接触的盖布必须是新的，且大小、规格合适。可以另行使用往年的旧盖布以进一步提高防水效果。

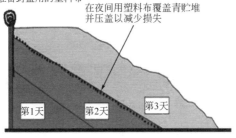

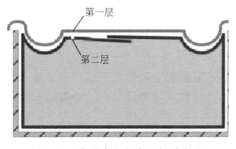

图 4-45　需要持续数天的装填方法

图 4-46　青贮窖塑料布的摆放方法

　　注意青贮窖顶部和边缘高度不宜过高，一方面是出于压制车辆安全考虑，另一方面边缘高于窖壁，难以对两侧青贮进行压实。封窖时将两侧薄膜分别逐层覆盖，再使用足够厚度的黑白膜（0.1～0.3 毫米厚）覆盖，以抵抗氧气的渗透和紫外线长时间对膜的破坏作用，也可降低外力引起的破损。在覆盖盖布时必须要作到不漏水，不透气。两片膜的连接处至少重叠 1 米宽，否则应使用胶带黏结（图 4-47），最后压上轮胎或其他不宜随时间而风化的材料，沿窖壁处单独压制密封（如沙袋），黑白膜交接处重叠距离应足够并压上轮胎，窖顶压上足够的轮胎，以防大风甚至台风刮起。

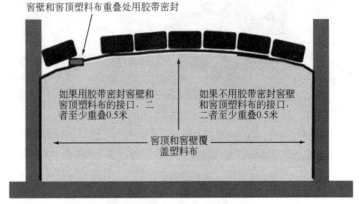

图 4-47　窖壁和窖顶塑料布的密封

③ 管护。一般封窖后的1～2周应对青贮窖边的轮胎或沙袋进行调整，尽量减少青贮与窖墙之间的缝隙，避免空气进入导致霉变。另外注意排水（压窖时要堆成一定的自然坡度便于排水），经常检查窖顶，如果发现塑料膜有裂缝及时修补封严。

4.青贮的质量评定

青贮的质量评定是判定青贮是否成功的关键步骤，也是作为检验青贮饲料是否已达到质量和效果的一个有效方法。对青贮饲料的青贮品质做出准确的检测与评定是正确使用青贮饲料的基础。青贮饲料作为牛的主要粗饲料，质量的优劣对于日粮合理配制有着重要的意义。

（1）青贮饲料样品的采集　采取青贮饲料典型样品时，采样方法很重要，在很大程度上会影响检测的结果。取样要取典型样品，要能反映整批青贮饲料的平均组成。因青贮窖结构的不同、青贮制作过程中操作上的差异，青贮料在不同部位的质量存在一定的差别，为了准确评定青贮饲料的质量，所取的样品必须要有代表性。取样应注意以下事项。

① 采集青贮饲料样品用专门的取样器，通常其结构为光滑的

不锈钢通心管。

②青贮饲料的采集至少在青贮的 6 周以后，最好在 12 周，确保发酵完全。清除封盖物，并除去上层发霉的青贮料；再自上而下从不同层次中分点均匀取样。

③对于圆形窖和青贮塔，以物料表面中心为圆心，从圆心到距离窖塔壁 20～50 厘米处为半径，画一个平行的圆圈，然后在互相垂直的两直径与圆周相交的四个点及圆心上采样，也就是说，每一层一共是 5 个采样点（图 4-48）。用锐利刀具切取约 20 厘米见方的青贮料样块，切忌随意取样。冬天取一层的深度不得少于 5～6厘米，温暖季节深度不得少于 8～10 厘米。

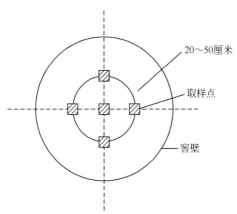

图 4-48　圆形青贮窖青贮料取样点示意图

④对于长型青贮窖青贮饲料，应选择一个切面，取至少 9 个样品（图 4-49）。

⑤打捆的青贮饲料应从整批中随机选择一定数量的捆（至少10～12 捆），取样器从包裹中间贯通地取样。

⑥采样后应马上把青贮料填好，并密封，以免空气混入导致青贮料腐败。采集的样品可立即进行质量评定，也可以置于塑料袋中密闭，4℃冰箱保存、待测。

（2）青贮饲料的评价指标　青贮的质量评定主要包括两个部分，一是感官评定，二是实验室评定。

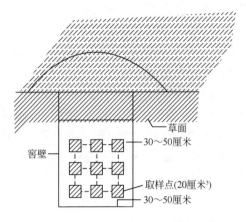

草面

窖壁

30～50厘米

取样点(20厘米³)

30～50厘米

图 4-49　长形青贮窖青贮料取样点示意图

① 感官评定指标。感官评定作为青贮饲料的表观评价，主要是通过简单的表观标准如颜色、气味、口味、质地、结构等指标做出初步评价。虽然基于感官的观察是表观的，但可为实验室检测提供有力的支持。

a. 色泽。对青贮饲料色泽影响的主要因素是青贮窖内原料发酵的温度，温度越适宜青贮饲料就越接近于原先的颜色。对于禾本科牧草，温度高于 30℃，颜色变成深黄；当温度为 45～60℃时，颜色近于棕色；超过 60℃，由于糖分焦化近乎黑色。通常不同原料作物青贮颜色有所不同，青绿色至绿色或褐色属于禾草、谷物和玉米青贮饲料的正常颜色；暗橄榄色或褐色属于萎蔫豆类的正常颜色，但通常比禾草颜色更暗。褐色除了萎蔫青贮外，一般是由于在存储过程中发热所致的，部分蛋白质受到破坏。白色青贮通常是有霉菌生长。但一般来说，品质优良的青贮饲料颜色呈黄绿色或青绿色，中等的为黄褐色或暗绿色，劣等的为褐色或黑色。

b. 气味。青贮料具有轻微、温和的酸味、酸奶味或水果香味，略有酒曲味，给人以舒适的感觉，这也是标准乳酸发酵期望得到的味道。重度萎蔫、几乎没有发酵的青贮饲料，含糖量低的作物具有很小的气味，味微甜；醋味常见于较低干物质、低糖饲草产醋酸细菌不良发酵；腐烂味一般是由羧酸菌支配的不良发酵产生的，有大量丁酸生成；焦糖味或烟草气味，一般产于热损伤青贮；霉臭味是青贮饲料压得不实，空气进入了青贮窖，引起饲料霉变产生的。总之，芳香而喜闻者为上等，而刺鼻者为中等，臭而难闻者为劣等。

c. 质地。优良的青贮饲料，叶脉明显，结构完整，茎叶花保持原状，虽然在窖内压得非常紧实，但拿起时松散柔软，略湿润，不粘手，容易分离；中等青贮饲料茎叶部分保持原状，柔软，水分稍多；结构破坏及呈黏滑状态是青贮腐败的标志，黏度越大，表示腐败程度越高，所以劣等的青贮多黏结成团且分不清原有结构，手抓后手上长时间留有难闻气味，不易用水洗掉。

d. 口味。由于劣质青贮饲料可能含有细菌、酵母菌、霉菌，其代谢产物对检验人员有一定危害性，故并不推荐使用该指标。

② 实验室评定指标。实验室评定主要以化学分析为主，包括测定水分、pH值、氨态氮和有机酸（乙酸、丙酸、丁酸、乳酸的总量和构成），以此可以判断发酵情况。

a. 水分。水分含量是一个非常重要的测定指标，它决定了干物质含量。牛通过青贮饲料干物质成分来获取营养。如果青贮饲料水分含量很高，干物质则少，而且青贮饲料干物质若低于30%就会产生营养的流失。此时若果糖水平也很低，则青贮饲料将会面临发酵不良的威胁。如果水分含量较少，干物质则多，但当干物质大于50%～55%时就会很难达到厌氧条件，青贮饲料对热就更敏感，进一步加剧霉菌萌生的后果。

b. pH值。pH值（酸度）高低是衡量青贮饲料品质好坏的重要指标。实验室测定pH值，一般采用精密酸度计测定。也可以在牛场用精密石蕊试纸测定。它受到以下因素的影响。

青贮原料中干物质的含量。一般细菌生长会随着干物质含量的增加而受到限制，凋萎青贮饲料有较高的pH值。

青贮原料中糖的含量。在原料干物质一定的情况下，适宜的含糖量能有效促进青贮饲料细菌产生更多的酸。

青贮饲料原料类型。玉米青贮pH值一般在3.5～4.2，牧草

青贮 pH 值在 4～4.8。优良的玉米青贮饲料 pH 值在 4.2 以下，高于 4.2（低水分青贮除外）说明青贮发酵过程中腐败菌、酪酸菌等活动较为强烈。劣质青贮饲料 pH 值在 5.5～6，中等青贮饲料的 pH 值介于优良与劣等之间。

c. 氨态氮。其含量用氨态氮与总氮的百分比表示，是衡量青贮饲料发酵品质最重要的指标。它反映了青贮饲料中粗蛋白质及氨基酸分解的程度，比值越大，说明青贮饲料蛋白质降解越多，青贮质量不佳。储存良好的青贮饲料氨态氮含量小于等于总氮含量的 5％，储存不良的青贮饲料氨态氮可能高达总氮含量的 50％。

d. 有机酸。有机酸总量及其构成可以反映青贮发酵过程的好坏，其中最重要的是乳酸、乙酸和丁酸，乳酸所占比例越大越好。优良的青贮饲料，含有较多的乳酸和少量醋酸，而不含酪酸。品质差的青贮饲料，含酪酸多而乳酸少。

③ 两种鉴定方法的对比。

a. 感观评定方法。感观评定方法适用于青贮样品初步的品质判断，有以下一些特点。

第一，青贮饲料质量感观评定主要从颜色、气味、质地等方面对青贮饲料进行全面的感观评判。

第二，由于该感观评价方法不需要仪器设备，实现了简便、迅速，故在生产实践上仍在普遍应用。

第三，青贮饲料质量感观评定也有一定的制约性。感观评分法对青贮饲料中的感官状况处于极端状况（如具有香酸味或霉味、亮绿色或褐色、黏质粘手或松散柔软样品）的样品鉴别准确率较高，但对于青贮品质处于中间状态的青贮样品很难给予准确评分。色、气味以及质地要求评定青贮饲料质量的人员经验丰富，因为感观评判标准不可避免地受评分者的主观因素影响。

第四，感官评定不能鉴定青贮饲料在发酵中产生的一定量的有益或有害的发酵产物。

b. 青贮饲料实验室评定方法。

第一，实验室评定方法通过测定水分、pH 值、氨态氮、有机酸（乳酸、乙酸、丙酸分别占有机酸的百分比）对青贮饲料进行青贮品质的评定。

第二，实验室评定方法所测项目均通过相关仪器测得，结果准确性较好。

第三，时效性差，耗费仪材。

在实验室条件不具备的情况下，可先通过青贮料的感官初步评定青贮料的质量，再使用青贮饲料实验室评定方法，但都必须按照统一的标准客观公正地评价。

（3）青贮饲料的质量标准　很多国家和地区都有自己的青贮饲料质量评价标准，由于各个国家和地区主要青贮原料有较大差异，所以评分标准不尽相同，本书列举我国农业部畜牧兽医司委托浙江农业大学动物科学学院起草的《青贮饲料质量评定标准》（试行）、德国农业研究中心和加拿大阿尔伯特省农业与农村发展部的青贮饲料评分标准。

① 我国的《青贮饲料质量评定标准》（试行）。

a. 现场评定。开启青贮窖时，从青贮饲料的色泽、气味和质地等进行感官评定，用广泛试纸测定 pH 值（表 4-25），将各项指标的评分相加，最后以综合得分来确定青贮的等级（表 4-26）。

表 4-25　青贮玉米秸现场评分标准

项目	pH	水分	气味	色泽	质地
总配分	25	20	25	20	10
优等	3.4(25) 3.5(23) 3.6(21) 3.7(20) 3.8(18)	70%(20) 71%(19) 72%(18) 73%(17) 74%(16) 75%(14)	甘酸味 舒适感 (18~25)	亮黄色 (14~20)	松散软弱 不粘手 (8~10)
良好	3.9(17) 4.0(14) 4.1(10)	76%(13) 77%(12) 78%(11) 79%(10) 80%(8)	淡酸味 (9~17)	褐黄色 (8~13)	中间 (4~7)

续表

项目	pH	水分	气味	色泽	质地
一般	4.2(8) 4.3(7) 4.4(5) 4.7(1)	81%(7) 82%(6) 83%(5) 84%(3) 85%(1)	刺鼻 酒酸味 (1～8)	中间 (1～7)	略带黏性 (1～3)
劣等	4.8以上(0)	86%(0)	腐败味 霉烂味 (0)	黑褐色 (0)	发黏 结块 (0)

注：pH值用广泛试纸测定；括号内数值表示得分数。

表4-26　青贮玉米秸现场评分综合得分与评定

综合得分	100～75	75～51	50～26	<25
质量评定	优等	良好	一般	劣质

b.实验室评定。实验室评定主要以化学分析为主，包括测定氨态氮和有机酸（乙酸、丙酸、丁酸、乳酸的总量和构成）（表4-27）。

表4-27　采用氨态氮评定青贮饲料质量标准

氨态氮/总氮 /%	得分	氨态氮/总氮 /%	得分	氨态氮/总氮 /%	得分
<5.0	50	12.1～13.0	31	20.1～22.0	8
5.1～6.0	48	13.1～14.0	28	22.1～26.0	5
6.1～7.0	46	14.1～15.0	25	26.1～30.0	2
7.1～8.0	44	15.1～16.0	22	30.1～35.0	0
8.1～9.0	42	16.1～17.0	19	35.1～40.0	-5
9.1～10.0	40	17.1～18.0	16	>40.1	-10
10.1～11.0	37	18.1～19.0	13		
11.1～12.0	34	19.1～20.0	10		

将有机酸评分和氨态氮评分结合，规定两者各占50%。具体方法是，综合得分=表4-28有机酸得分/2+表4-27的氨态氮得分

/2。综合得分按表 4-29 进行评级。

表 4-28　采用有机酸评定青贮饲料质量标准

占总酸比例 /%	得分			占总酸比例 /%	得分		
	乳酸	乙酸	丁酸		乳酸	乙酸	丁酸
0.0~0.1	0	25	50	28.1~30.0	5	20	10
0.2~0.5	0	25	48	30.1~32.0	6	19	9
0.6~1.0	0	25	45	32.1~34.0	7	18	8
1.1~1.6	0	25	43	34.1~36.0	8	17	7
1.7~2.0	0	25	40	36.1~38.0	9	16	6
2.1~3.0	0	25	38	38.1~40.0	10	15	5
3.1~4.0	0	25	37	40.1~42.0	11	14	4
4.1~5.0	0	25	35	42.1~44.0	12	13	3
5.1~6.0	0	25	34	44.1~46.0	13	12	2
6.1~7.0	0	25	33	46.1~48.0	14	11	1
7.1~8.0	0	25	32	48.1~50.0	15	10	0
8.1~9.0	0	25	31	50.1~52.0	16	9	−1
9.1~10.0	0	25	30	52.1~54.0	17	8	−2
10.1~12.0	0	25	28	54.1~56.0	18	7	−3
12.1~14.0	0	25	26	56.1~58.0	19	6	−4
14.1~16.0	0	25	24	58.1~60.0	20	5	−5
16.1~18.0	0	25	22	60.1~62.0	21	0	−10
18.1~20.0	0	25	20	62.1~64.0	22	0	−10
20.1~22.0	1	24	18	64.1~66.0	23	0	−10
22.1~24.0	2	23	16	66.1~68.0	24	0	−10
24.1~26.0	3	22	14	68.21~70.0	25	0	−10
26.1~28.0	4	21	12	>70.1	25	0	−10

表 4-29　实验室评定综合得分与评定

综合得分	0~20	21~40	41~60	61~80	81~100
质量评定	极差	差	尚可	良	优

② 德国青贮饲料的质量标准及评定方法。德国青贮饲料质量评定推荐标准主要依据发酵后青贮饲料中发酵产物（乙酸、丙酸、丁酸）的含量、青贮饲料的 pH 值、细菌（主要指梭菌）和霉菌破坏的程度进行综合评分（表 4-30）。得分越高，青贮饲料质量越高。具体各项指标都有自己的评分标准，见表 4-31、表 4-32。

表 4-30　青贮饲料质量分级标准及饲喂评价

总分	发酵质量		饲喂评价		
	级别	评价	储藏稳定性	对采食影响	限食量
81～100	1	很好	稳定	无	不限
61～80	2	好	稳定	很小	不限
41～60	3	中等	不稳定	显著	不得饲喂制作奶酪用的产奶牛
21～40	4	不好	不稳定	更显著	限饲 2.5 千克干物质/（头·天）
0～20	5	很差	—	很显著	不宜饲喂
负分	—	—	—	—	禁止饲喂

表 4-31　青贮饲料中发酵产物含量与霉菌破坏程度及评分标准

丁酸含量		氨态氮（NH_3-N）含量		乙酸、丙酸含量		细菌和霉菌导致青贮饲料变质或霉变的比例	
含量/（克/千克干物质）	评分	氨态氮/总氮/%	评分	青贮饲料中乙酸、丙酸含量之和/（克/千克干物质）	评分	变质或霉变及发霉气味（占样品总数的比例）/%	评分
0～4	50	≤10.0	25	40～60	−10	10	−25
5～8	40	10.1～15.0	20	60～80	−20	20	−50
9～20	20	15.1～20.0	15	＞80	−30	＞30	不能饲喂
21～40	10	20.1～25.0	5				
＞40	0	＞25.0	0				

表 4-32　不同干物质含量的青贮饲料 pH 值与相应评分标准

pH 值			评分
青贮饲料干物质含量/（克/千克）			
＜200	200～300	＞300	
＜2.8	＜2.8	＜2.8	−40
2.8～3.1	2.8～3.1	2.8～3.1	0
3.2～3.4	3.2～3.4	3.2～3.4	10
3.5～4.2	3.5～4.5	3.5～4.8	25
4.3～4.6	4.6～4.9	4.9～5.2	20
4.7～5.0	5.0～5.3	5.5～5.5	15
5.1～5.4	5.4～5.7	5.7～6.0	0
5.5～5.8	5.8～6.1	6.1～6.4	−10
＞5.8	＞6.1	＞6.4	

③ 加拿大阿尔伯特省青贮饲料的评价标准。

a.感官评定。青贮饲料感官评定标准中，采取颜色、气味、水分、pH 值指标来评定青贮饲料的品质，将青贮饲料划分为优、中、差三个等级（表 4-33）。

表 4-33　加拿大阿尔伯特省青贮饲料感官评定标准

指标	优	中	差	
			发酵品质差	温度过高
颜色	鲜艳、浅黄绿色或者棕绿色，依据青贮饲料原料的不同而定	微黄绿色到棕绿色	深绿色、蓝绿色、灰色或棕色	棕色到黑色
气味	有乳酸气味，没有丁酸气味	有轻微的丁酸和氨气气味	有强烈的丁酸、氨水、变质气味	糖或烟叶燃烧的气味
质地	质地坚实，柔软物质不易从纤维上搓落	质地柔软，柔软物质可与纤维分离	质地黏滑，柔软物质容易从纤维上搓落，并有腐臭气味	质地干硬，揉搓易碎，并有腐臭气味

指标	优	中	差	
			发酵品质差	温度过高
水分	青贮窖:60%~70% 青贮塔:60%~65% 厌氧青贮塔:40%~50%	超过65%	超过72%	依据青贮设施的不同,一般低于55%
pH	高水分青贮:低于4.2 萎蔫青贮:低于4.8	4.6~5.2	超过5.2	pH不作为有效的判定指标

b. 实验室评定。根据pH值划分不同含水量青贮饲料的等级,同时选择乳酸、丁酸含量以及乳酸、乙酸、丁酸占有机酸的比例,氨态氮、酸性洗涤不溶氮为青贮品质的评价指标,将青贮饲料划分为优、中、低三个等级（表4-34）。

表4-34　加拿大阿尔伯特省青贮饲料实验室评价等级标准

项　目	等　级		
	优	中	低
含水量低于65%青贮饲料的pH值	<4.8	<5.2	>5.2
含水量高于65%青贮饲料的pH值	<4.2	<4.5	>4.8
乳酸含量(干物质基础)/%	3~14	易变的	易变的
丁酸含量(干物质基础)/%	<0.2	0.2~0.5	>0.5
占有机酸总量的比例/%			
乳酸	>60	40~60	<40
乙酸	<25	25~40	>40
丁酸	<5	5~10	>10
氨态氮(占总氮的百分比)/%	<10	10~16	>16
酸性洗涤不溶氮(占总氮的百分比)/%	<15	15~30	>30

5. 青贮的饲喂技术

青贮的饲喂技术大体上是由三个环节构成的,包括青贮饲料的取料、青贮饲料运送、青贮饲料饲喂。

（1）青贮饲料的开窖　青贮饲料作为易发生有氧腐败的产品，在封窖40～60天后即可开窖饲喂，这意味着厌氧贮存的结束，也是好氧腐败的开始。而青贮饲料腐败的速度取决于青贮饲料的取料量和取料设备及操作人员的技术，故在开窖前要做好青贮饲喂计划及取料设备、工具的准备工作。同时开窖要掌握季节性，一般以气温较低而又值缺草季节较为适宜。在取料时首先应清除覆盖在窖顶的盖土，过程要小心谨慎，以防覆盖物与青贮料混杂，导致青贮饲料污染。同时将覆盖在青贮饲料顶部的塑料膜向后卷起，露出能满足2～3天青贮饲料的需要量即可。开窖要分段进行，勿全面打开，取用青贮料要避免泥土、杂物混入，同时防止暴晒、雨淋、结冻。开窖后品质鉴定，合格后方能使用，否则要限量使用或废弃。

（2）青贮饲料的取料

① 取料量　对于直径较小的圆形窖，应由上到下逐层取用并保持表面平整；而长方形窖，应分段取用。取料要迅速，要从窖的一端开始，按一定的厚度，从表面一层层地往下取，使青贮饲料始终保持一个平面，不要挖窝掏取。每天的取料量直接关系到青贮料开窖后质量的变化，对于管理良好的青贮饲料15厘米/天的取料厚度可使青贮饲料好氧腐败的损失降到最低，但对于不稳定的青贮饲料至少30厘米/天，在温度上升的条件下，取料厚度也应增加。这也就意味着每天的饲喂速度与取料厚度相一致。建议每天上下午各取1次为宜，取用的厚度应不少于15厘米/天，以保证青贮饲料的新鲜度，把营养损失降到最低点，以达到饲喂青贮饲料的最佳效果。

② 取料方式。

a.人工取料。适合于机械化程度较低、青贮窖较小的农户（图4-50）。对于压实的青贮料需要从切面自上而下取料，因此每天掘进距离应在0.5米以上，便于人员站立，若取料量少，会形成阶梯状截面（图4-51），增加暴露面积和暴露时间。

图 4-50　人工取料　　　　　图 4-51　人工取料后的青贮窖截面

b. 机械取料。

ⓐ 斗式装载机（铲车），用铲斗将青贮饲料铲松后取出，可直接放入饲料搅拌车（图 4-52）。铲车取料快，行走灵活，所以对于用料量较大的牧场比较实用。但铲车取料后的截面十分蓬松（图 4-53），易产生二次发酵，只有每天掘进距离在 1 米以上，才能较好地防止二次发酵。在设计青贮窖宽度时应考虑铲车的转弯半径，以提高其工作效率。

图 4-52　斗式装载机（铲车）　　　图 4-53　使用斗式装载机
取料后装入 TMR 搅拌机　　　　　取料后的青贮窖截面

ⓑ 青贮取料机（图 4-54），依靠装有刀头的取料滚筒高速旋转切割青贮饲料。一般采用自走式设计，电力、液压驱动，适用于地上、半地上和地下青贮窖，但不便在大于 10°的斜坡上取料。青贮取料机操作简便快捷，机械化作业，节省劳动力，降低成本，大幅提高工效；取料截面整齐严密（图 4-55），可有效防止二次发酵，

减少不规则取料方式造成的青贮饲料浪费，并能进一步切碎青贮秸秆。青贮取料机取料高度 4～7 米，取料宽度 1.5～2 米，装料高度2.5～3 米，可直接将取出的青贮饲料放入运输车或 TMR 搅拌车（图 4-56）。目前很多型号的 TMR 搅拌车带取料装置（图 4-57），取料后青贮饲料直接进入 TMR 搅拌车，但价格一般比较昂贵，维修成本也较高。

图 4-54　青贮取料机

图 4-55　使用青贮取料机后的
青贮窖截面

图 4-56　青贮取料机与 TMR
搅拌车配合工作

图 4-57　带取料装置的 TMR
搅拌车

取料耙（图 4-58）或多功能轮式伸缩臂叉装机，依靠坚硬锐利的耙将青贮料从青贮堆剥离，取料厚度可以任意调整，取料高度可达 7.3～11.6 米，适合较高的青贮窖和大规模堆贮，取料后截面平整（图 4-59），可有效防止二次发酵。但需要通过铲车或抓料机配合将取下的青贮饲料放入饲料搅拌车。

图 4-58　安装在装载机上的
　　　　青贮取料耙

图 4-59　使用取料耙取料后的
　　　　青贮窖截面

取料完毕，必须按原来封窖方法重新踩实 1 遍，将青贮窖盖好封严，不透气、不漏水，以尽量减少与空气的接触面。取出的青贮饲料不要暴露在日光下，也不要散堆、散放，最好放置在牛舍内阴凉处，应尽快饲喂。

（3）青贮饲料的饲喂技术

① 饲喂方法。

a. 直接饲喂。传统饲养条件下多直接饲喂，采用"先粗后精"的原则，先将青贮和干草混合饲喂，再饲喂精饲料。青贮饲料是优质多汁饲料，可作为牛的主要粗饲料，经过短期训饲，所有牛均喜采食。喂量应由少到多，逐渐适应。对个别适应较慢的牛，可在空腹时先喂青贮料，最初少喂，约为正常喂量的 10%，以后逐步增多，然后再喂草料；或将青贮料与精料混拌后先喂，然后再喂其他饲料；或将青贮料与草料拌匀同时饲喂。

b. 制作全混合日粮。制成全混合日粮（TMR）饲喂奶牛，效果更好，TMR 搅拌车通过内部的绞龙将粗饲料切短后再与精料充分混合（图 4-60），因此能够使牛采食到的日粮精粗比例稳定、各成分混合均匀（图 4-61），避免挑食，提高采食量和消化率，减少饲料浪费，减少瘤胃酸中毒，降低奶牛发病率。

图 4-60 卧式饲料搅拌机
内部的绞龙

图 4-61 经过饲料搅拌机
搅拌以后的 TMR

② 饲喂次数。青贮饲料的饲喂频率以每天饲喂 3 次或 4 次为最好。频率大一些可增加奶牛反刍次数，产生唾液，从而有助于缓冲胃酸，促进氮素循环利用，促进微生物对饲料的消化利用。饲喂频率太低，一方面会增加奶牛瘤胃的负担，降低饲料的转化率，易引起奶牛前胃的疾病，另一方面会影响奶牛的消化率，造成产奶量和乳脂率下降。

③ 注意事项。由于铡草机的问题，奶牛能挑食出较长的青贮秸秆。剩在料槽里的饲料要及时清理，特别是夏季，剩料会发酵产生异味，影响下一轮采食。对于酸度较高的青贮饲料，可在精料中添加 1％～3％的小苏打。

由于青贮饲料含有大量有机酸，具有轻泻作用，因此母牛妊娠后期不宜多喂，产前 15 天停喂。霉烂、劣质的和冰冻的青贮饲料易引起母牛流产，霉烂、劣质的危害牛体健康，不能饲喂，冰冻的青贮应待冰融化后再喂。青贮饲料酸度过大会影响种公牛的精液品质，因此种公牛也要少喂。饲喂过程中，如发现牛有拉稀现象，应立即减量或停喂，检查青贮饲料中是否混进霉变青贮，或检查是否是其他疾病原因造成拉稀，待恢复正常后再继续饲喂。及时清理已变质的青贮饲料，再喂给新鲜的青贮饲料且不宜减量过多、过急。同时要注意青贮窖、青贮壕防鼠工作，避免把一些疾病传染给奶牛。

④ 饲喂量。一般生产实践中产奶牛 15～20 千克/（天·头），

最大量可达 60 千克。犊牛在 20～30 日龄就可在食槽中撒少量的青贮玉米，45 天再增加优质青贮玉米，2 月龄每天每头 100～150 克，3 月龄时每天每头可喂到 1.5～2 千克，4～6 月龄每天每头增至 4～5 千克。育成牛的青贮饲喂量以少为好，最好控制在 10 千克左右。对于成年母牛青贮饲料的数量应根据其体重和产奶量进行投放。体重在 500 千克、日产奶量在 25 千克以上的泌乳牛，每天可饲喂青贮饲料 25 千克、干草 5 千克；日产奶量超过 30 千克的泌乳牛，可饲喂青贮饲料 30 千克、干草 8 千克。体重在 350～400 千克、日产奶量在 20 千克的泌乳牛，可饲喂青贮饲料 20 千克、干草 5～8 千克。体重在 350 千克、日产奶量在 15～20 千克的泌乳牛，可饲喂青贮饲料 15～20 千克、干草 8～10 千克。日产奶量在 15 千克以下的泌乳牛，可饲喂青贮饲料 15 千克、干草 10～12 千克。奶牛临产前 15 天和产后 15 天内，应停止饲喂青贮饲料。干奶期的母牛，每天饲喂青贮饲料 10～15 千克，其他补给适量的干草。

其他类型的成年牛每 100 千克体重日喂青贮量：育肥牛 4～5 千克，役牛 4～4.5 千克，种公牛 1.5～2 千克。

二、酶制剂处理

1. 饲用酶制剂

饲用酶制剂（feed enzyme preparation）是通过产酶微生物发酵工程或含酶的动、植物组织提取技术生产加工而成的，具有一种或几种底物清楚的酶催化活性，有助于改善动物对饲料营养成分的消化、吸收等，并有生物学评定依据，符合安全性要求，是用作饲料添加剂的酶制剂产品。

饲用酶制剂以其绿色、环保、安全等特点成为饲料添加剂领域的研究热点，饲用酶制剂的研发和应用是生物技术在动物营养和饲料工业中应用最为成功的例子。酶制剂可以通过降解粗饲料中的纤维素、半纤维素、淀粉等多糖成分为单糖，从而有效解决秸秆类饲料中可发酵底物不足、纤维含量过高的问题，以达到促进乳酸发酵，提高饲料利用率及牛生产性能的目的。饲用酶制剂的应用对于改善饲料利用率、提高动物生产性能、开发新的饲料资源、减少环境污染发挥了巨大作用，在实现我国畜牧业可持续发展战略中有着极为广阔的应用前景。

酶解法处理秸秆是选择能够水解植物细胞壁结构（纤维素、半纤维素和木质素）的单一或复合酶类，在满足酶作用条件下对秸秆进行处理，从而降低纤维性物质比例，提高可溶性糖含量的方法。应用酶制剂处理秸秆可以提高适口性、增加采食量，大大提高牛对纤维素的利用率，提高牛的代谢水平，促进生长。

（1）酶制剂种类　目前，反刍动物饲用酶制剂的研究重点主要是植物细胞壁降解酶。纤维素和半纤维素，是植物主要的结构性多糖，将其转化为可溶性糖的酶统称为纤维素酶和半纤维素酶。很多商业纤维素复合酶产品中纤维素酶和半纤维素酶是并存的，而且它们各自在复合酶产品中所占比例及其活性直接影响细胞壁降解效果。一般纤维降解酶产品中除了纤维素酶和木聚糖酶，还包含一些消化酶作为副酶，如淀粉酶、蛋白酶、果胶酶。半纤维素酶和果胶酶比纤维素酶在降低纤维含量方面更有效，半纤维素酶和果胶酶的降解部分——半纤维素和果胶比较容易被牛消化。淀粉酶用于降解淀粉，一般用于含淀粉较多的秸秆饲料。木聚糖酶是一类能够特异降解木聚糖的酶类，能够降解木聚糖生成聚合度为 $2\sim10$ 的低聚木糖混合物，产物具有很高的经济价值。酶解秸秆饲料过程中应用最广泛的是纤维素酶。

① 纤维素酶。纤维素酶包括多种水解酶，是能降解纤维素的一类酶的统称，主要来自于真菌和细菌。纤维素酶根据不同的功能可分为三大类：内切葡聚糖酶、外切葡聚糖酶和 β-葡聚糖苷酶等。内切葡聚糖酶是对纤维素最初起作用的酶，破坏纤维素链的结晶结构；外切葡聚糖酶是作用于经内切葡聚糖酶活化的纤维素、分解 β-1,4 糖苷键的纤维素酶；β-葡聚糖苷酶可以将纤维二糖、纤维三糖及其他低分子纤维糊精分解为葡萄糖。能够分泌纤维素酶的微生物包括细菌、真菌以及放线菌。目前，用于生产的纤维素酶主要来

自于真菌，比较典型的有木霉、李氏木霉、根霉、曲霉和青霉等，其中木霉属（*Trichoderma*）产酶量最高。

② 半纤维素酶。半纤维素酶是分解半纤维素的一类酶的总称，主要包括木聚糖酶、甘露聚糖酶、β-葡聚糖酶和半乳糖苷酶等。在饲料工业中应用较多的是β-葡聚糖酶，它主要由木霉、黑曲霉、米曲霉、枯草杆菌和地衣芽孢杆菌等微生物产生。葡聚糖的黏稠性是它的主要抗营养特性。日粮中添加葡聚糖酶，可以改善肠道内容物特性、消化酶活性、肠道微生物作用环境等，从而有利于动物对营养物质的消化和吸收，提高生长性能和饲料转化率。

③ 果胶酶。果胶是高等植物细胞壁的一种结构多糖，主要成分是半乳糖醛酸，并含有鼠李糖、阿拉伯糖。果胶酶是分解果胶的一个多酶体系，通常包括原果胶酶、果胶甲酯水解酶、果胶酸酶三种酶。这三种酶的联合作用使果胶得以完全分解。

④ 木质素酶。木质素的降解酶系是个非常复杂的体系，其中最重要的木质素降解酶有三种，即木质素过氧化物酶（LiP）、锰过氧化物酶（MnP）和漆酶（Lac）。另外还有芳醇氧化酶、乙二醛氧化酶、葡萄糖氧化酶、酚氧化酶、过氧化氢酶等都参与了木质素的降解或对其降解产生一定的影响。常用的微生物主要有放线菌、软腐真菌、褐腐真菌和白腐真菌。

（2）酶制剂处理秸秆过程中存在的问题　虽然应用复合酶制剂酶解处理秸秆已经有了一定的研究进展，但并不能用于大规模降解秸秆纤维素，这主要是因为存在着下述一些问题。

① 需要前处理。秸秆细胞壁结构致密，木质素作为外衣保护着纤维素和半纤维素免受酶的降解。因此要用酶法进行有效降解，需对秸秆预处理，破坏木质素的保护，以便纤维素酶可以与纤维素和半纤维素直接接触反应。

② 稳定性差。酶制剂作为活性物质，对环境条件（温度、湿度及pH值）敏感，容易失活，且其最佳作用条件往往与实际应用条件相差甚远，导致其效果不稳定，可预测性差。由于纤维素酶在发生作用的20小时后就开始失活，而一般纤维素被酶解需24～

120 小时，随着时间的延长，酶逐渐失活，因此常结合采用多种纤维酶制剂。

③ 成本高。从生产经济效益考虑，酶的高成本抵消了其在生产上的功效。由于酶制剂产品的高成本（相对于离子载体、抗生素和灌注），限制了酶制剂在肉牛生产中的应用。

④ 作用机制尚未明确。动物采食前后，外源酶对饲料的作用方式不够了解，如外源酶与瘤胃微生物及内源酶之间的协同作用，酶的最佳添加水平、时间及方式等。关于这些国内外研究很多，但根据酶产品、作用动物种类及生长阶段的不同所得出结论也不一致，具体原因不明确。

2. 秸秆的酶制剂处理法

酶制剂处理秸秆选择能够水解纤维素、半纤维素和木质素的单一或复合酶类，在满足酶作用条件下对秸秆进行处理，从而降低粗纤维含量，提高可溶性糖方法的含量。

（1）酶制剂的用量　一般酶制剂的用量影响其功效，而且很多体外法和体内法研究表明，酶制剂的用量与其作用效果呈非线性关系，添加量的不足往往引起效果不明显，但添加量的过剩反而产生负效应，这可能是由于过多的酶制剂反而增加食糜浓度，也有可能是过量的酶制剂阻止酶与底物的结合，从而降低了底物降解率，但其具体原因还尚未明确。

由于酶制剂的高成本，选择适宜的添加水平是非常必要的。添加量的不足或过量都会降低粗饲料利用率和动物生产性能。一般情况下，在实际生产中酶制剂最佳剂量筛选步骤如下。

① 以已知或厂家推荐量为基础（1 倍），评价不同剂量（0、0.5 倍、1 倍、2 倍、3 倍）对 NDF 消化率的影响。

② 应设计多个对照组进行效率评价，如果出现非线性效果时要采用平均分离法筛选最佳剂量。

③ 选择作用效果较好的最低剂量，并且其效果要显著高于低剂量效果，也不能显著低于高剂量。

④ 确保所筛选剂量的经济效益。

（2）酶制剂在植物细胞壁降解中的作用机理　纤维素水解是一个复杂的过程，由多种水解酶组成的纤维素酶完成，纤维素酶是指能降解纤维素的一类酶的总称，属于复杂复合酶系，其中主要包括内切纤维素酶（内切葡聚糖酶、内切 β-1,4-葡聚糖苷酶、羧甲基纤维素酶）、外切纤维素酶（外切葡聚糖酶、外切 β-1,4-葡聚糖苷酶）和 β-葡萄糖苷酶（纤维二糖酶）等功能酶。还有分解纤维素的其他酶类，如木聚糖酶和果胶酶。在一般情况下，内切葡聚糖酶能在纤维素链内部任意断裂 β-1,4 糖苷键产生低分子纤维糊精；外切葡聚糖酶能从纤维素链的非还原端依次裂解 β-1,4 糖苷键释放出纤维二糖分子，而 β-葡萄糖苷酶能将纤维二糖及其他低分子纤维糊精分解为葡萄糖。实际上在分解晶体纤维素时任何一种酶都不能单独裂解晶体纤维素，只有这三种酶共同存在并协同作用方能完成水解过程。

木聚糖是植物半纤维素的主要成分，占植物细胞干重的 $15\%\sim35\%$。将木聚糖聚合物转化为可溶性糖的水解酶主要有木聚糖酶和 β-1,4-木糖苷酶，木聚糖酶包括内切 β-1,4-木聚糖酶（水解产物为小寡糖和木二糖等低聚木糖）和 β-木糖苷酶（水解产物为木糖）。木聚糖的生物降解也需要一个复杂的酶系统，通过其中各种组分的相互协同作用来降解木聚糖。其他半纤维素酶主要为侧链水解酶，包括 β-甘露糖苷酶、α-L-阿拉伯糖苷酶、α-D-葡糖苷酸酶、α-D-半乳糖苷酶、乙酰木聚糖酯酶和阿魏酸酯酶。

纤维降解酶的活性通常取决于转化底物中还原糖的释放率，其单位以酶促反应中单位时间内作用物的消耗量或产物的生成量表示。一般采用 DNS（3,5-二硝基水杨酸）比色法测定还原糖的生成量，从而获得酶的活力。测定纤维素酶活性最常用的底物为羧甲基纤维素，主要用来测定内切 β-1,4-葡聚糖酶的活性。外切葡聚糖酶活性测定以结晶纤维素为底物，如微晶纤维素。而 β-葡萄糖苷酶活性测定方法常以纤维二糖和对硝基苯-β-D-葡萄糖苷（pNPG）为反应底物。木聚糖酶活性测定也同样采用 DNS 法。

酶活性的测定对环境条件，如温度、pH、离子强度、底物浓度和类型的要求比较严格，因为这些因素都会影响酶的活性。一般情况下，商业酶制剂应用的最佳温度为 60℃ 和 pH 为 4～5，但这与反刍动物瘤胃实际条件（39℃，pH6～6.7）相差甚远，因此商业理论酶活性往往高于实际应用，能否在瘤胃及肠道仍然发挥其酶解功效，还需要大量的试验验证。由于生产条件和方法的差异，对不同厂家酶产品及其在反刍动物饲粮中的应用效果很难进行比较。

近年来，酯酶（阿魏酸酯酶、肉桂酸酯酶）作为消除饲料细胞壁中木质素交联结构的侧链酶被认为是解决和提高细胞壁最终降解率的新型酶源，然而其相关研究还很少，有待进一步验证。

（3）酶制剂处理秸秆的操作规程

① 干秸秆处理。

a.饲喂时喷洒。使用方法：将酶粉溶解到定量清水中（用水量可根据实际情况调整，用不含有消毒剂的水）制成适宜比例的酶溶液，饲喂时，用高压水枪等喷洒装置，将酶溶液按比例均匀喷洒在秸秆型日粮表面上。如1天饲喂2次，则分2次稀释酶液即可。如1天饲喂1次，则稀释1次酶液使用即可。

喷洒装置配置：高压喷雾器（图 4-62）3 台，2 台工作 1 台备用；50 升水桶 2 个，轮流使用；1 人配置 1 台喷洒设备。

(a) 喷洒酶溶液

(b) 喷洒装置

图 4-62　喷洒装置配置

注意事项：第一，酶粉溶解时，需先加酶粉后加水，备用酶粉不能在太阳底下暴晒；第二，适宜稀释水温 20～30℃，否则影响酶的活性；第三，酶粉含有一定植物淀粉，略有沉淀，不影响使用效果，喷洒时稍加搅拌即可；第四，酶液需当天用完，注意酶液量与每天饲料量相匹配；第五，喷壶用过 3 天后需清洗 1 次。

b.拌料时添加。

使用方法：拌料时先将酶粉与少量饲料（精料）预混合，再混合到大批粗饲料中制成全混合日粮，直接饲喂。

拌料装置配置：精料浓缩料搅拌机和 TMR 搅拌机各 1 台（图 4-63）。

(a) 精料浓缩料搅拌机　　　　　　(b) TMR搅拌机

图 4-63　拌料装置配置

注意事项：酶粉是生物活性物质，注意储存条件，开封后尽快用完。

c.储存。阴凉、干燥、避光处存放，如遇高温高湿天气，开封后须 24 小时之内用完。

②发酵秸秆处理。

a.秸秆酶解设施的准备。饲养规模大，饲料用量多，应建发酵池或塔、窖；饲养规模小，饲料用量少，需备好发酵缸、桶，也可用小发酵窖或塑料袋进行酶解。发酵池（窖、塔）一般采用砖、沙、水泥制作，池的大小可根据用量来定。如装 2 吨秸秆粉的发酵池需建成长 5 米、宽 2 米、深 1.5 米的容量。发酵池要求坚固，池底、池壁光滑，不漏气。建池应选在地势高、土质硬、向阳干燥、排水容易、地下水位低、靠近牛舍、制作取用方便的地方，也可建成直径 2 米、深 3 米的圆形池。旧池在使用前必须清扫干净。

b. 秸秆的准备。用于酶制剂处理的原料应选择发育中等以上，清洁、无霉变腐败的各种作物秸秆。酶解的秸秆必须经过物理或者化学的前处理。

c. 装窖。将切（铡）短的秸秆先在池或窖、塔底铺一层，再撒上适量的食盐，按照每吨秸秆原料使用食盐 5 千克，均匀地喷上水，使秸秆调制含水量约 45%（干秸秆每吨约加水 450 千克）。将酶制剂用 30 倍的麸皮稀释，采用逐级稀释的方法，用手充分拌匀后，均匀铺在秸秆上面。重量按照酶制剂占秸秆 0.1% 的量，即 1 吨秸秆使用复合酶制剂 1 千克，即酶制剂与麸皮的混合物 30 千克。铺一层，喷洒一层，压实一层，直到池内原料高出池口 40～50 厘米后封口。

d. 封顶。待酶解原料装到高出池（窖、塔）口 40～50 厘米时，再充分压实后，在最上面按照 250 克/米^2 撒上一层细食盐，再压实后盖上塑料薄膜。然后在塑料薄膜上再铺上 30 厘米厚的秸秆，覆土 15～20 厘米，密封封顶。封顶后如发现原料下沉，应及时用土填平，防止中部凹陷存水。池（窖、塔）周围最好要挖排水沟，防止雨水渗漏。

e. 开池（窖、塔）。封窖后经过 2 周生物发酵即可开窖，宜采取大揭盖开窖法，每天根据喂料量取料 1 层，取后再把窖口封好。对于长方形窖（池），应从窖（池）的一端或阴面开窖，上下垂直逐段取用。每次取完料后，要立即用塑料袋薄膜继续封好，有条件的最好在窖（池、塔）上面搭建防雨棚，以防雨雪渗入窖内，造成饲料变质。

（4）酶制剂处理过程中秸秆营养成分的变化　表 4-35 为使用三种不同复合酶制剂处理后的玉米秸秆与未处理过的玉米秸秆的比较。玉米秸酶解前的粗蛋白质含量只有 3.97%，经三种不同的酶制剂处理后，粗蛋白质含量均表现出升高的趋势；玉米秸的有机物含量均有所升高，但增加幅度不大；中性洗涤纤维和酸性洗涤纤维含量较高，经酶制剂处理后，都表现出下降的趋势。这可能是由于玉米秸秆在酶解过程中，真菌对玉米秸进行了充分的发酵，真菌产生的纤维素酶对玉米秸产生了降解，既分解了纤维、降低了饲料中纤维类物质的含量，又通过微生物的作用将大分子物质降解为可溶性的小分子物质和部分菌体蛋白。同时，添加的酶制剂本身就是一种蛋白质，也会对酶解饲料的粗蛋白质含量造成影响。

表 4-35　玉米秸秆酶解前后营养成分含量变化　单位：%

处理	营养指标				
	粗蛋白质	有机物	中性洗涤纤维	酸性洗涤纤维	酸性洗涤木质素
对照组	3.97	90.17	67.09	40.02	13.54
酶制剂Ⅰ组	5.45	91.18	65.81	33.60	12.88
酶制剂Ⅱ组	6.23	92.91	63.74	34.33	13.11
酶制剂Ⅲ组	6.82	91.99	64.59	34.93	13.24

注：引自张春明(2006)。

（5）玉米秸酶解前后适口性的变化　玉米秸植株粗硬，如果以整株去饲喂牛，玉米秸的利用率相当低，加上牛的践踏和污染，采食利用率仅为 40% 左右，即使切短后饲喂，由于玉米秸坚硬的蜡质外表皮的存在，采食利用率仍然很低。但是经过酶解处理以后，不仅可以使粗硬的玉米秸变得质地柔软，而且具有较浓的芳香酒酸味，容易刺激牛的采食，增加采食量和采食率。

3.饲用酶制剂的作用机制

分解植物细胞壁，促进营养物质的消化吸收；补充动物内源酶的不足，激活内源酶的分泌；消除饲料中的抗营养因子，提高饲料转化率；优化动物消化道微生物菌群，保护肠道功能，提高机体免疫力；降低氮磷等排泄量，减少环境污染。虽然秸秆酶制剂处理技术已经有了一定的研究进展，但其作用效果受很多因素的影响，如酶活性、专一性、添加水平、添加方式、动物种类及生长性能等，有待进一步研究。

三、秸秆的微生态处理方法

秸秆用益生菌或酶制剂处理叫微生态处理（简称微处），是近年来推广的一种秸秆处理方法。微生态处理技术主要是针对含水量低的秸秆，这类秸秆中的纤维素已经老化、粗硬，营养成分含量也低，动物适口性差。用这样的秸秆青贮时由于秸秆本身呼吸作用几乎停止，很难通过秸秆本身呼吸作用造成厌氧环境，另外植物上吸附的乳酸菌数量大大减少，促使乳酸菌繁殖的环境也不具备，青贮质量很难保证。微生态处理与青贮的原理非常相似，只是在发酵前通过添加一定量的微生物添加剂如秸秆发酵活杆菌、白腐真菌、酵母菌等，然后利用这些微生物对秸秆进行分解利用，使原来不适合青贮的黄干秸秆软化，将其中的纤维素、半纤维素及木质素等有机碳水化合物转化为可利用糖类，最后发酵成为乳酸和其他一些挥发性脂肪酸，从而提高瘤胃微生物对秸秆的利用率，使原来的干秸秆转变成质地柔软、酸香适口的牛羊粗饲料。

1. 用于秸秆微生态处理的制剂种类

目前用于秸秆微生态处理的制剂种类较少，单一菌种主要包括白腐真菌、枯草芽孢杆菌、乳酸菌等。还有一些复合微生态制剂，在生产中应用效果较好。

（1）白腐真菌　目前已发现能降解木质素的微生物中，只有少数真菌，其中主要是白腐真菌，可分泌漆酶、木质素过氧化物酶、锰过氧化物酶、纤维素酶和半纤维素酶等降解植物的生物质。白腐真菌是一类丝状真菌，能够分泌胞外氧化酶降解木质素，且降解木质素的能力优于降解纤维素的能力。这些酶可以促使木材腐烂成为淡色的海绵状团块——白腐，故称为白腐真菌。用白腐真菌处理秸秆时，秸秆无需进行化学或物理的预处理。

人们根据白腐真菌降解细胞壁成分的不同，将其分为三类：一类是优先降解纤维素和半纤维素，后降解木质素的；一类是同时降解木质素和纤维素的；另一类则是优先降解木质素的。其中，以第三类最好。

（2）枯草芽孢杆菌　枯草芽孢杆菌属芽孢杆菌科芽孢杆菌属，为兼性厌氧菌，广泛分布在土壤及腐败的有机物中，易在枯草浸汁中繁殖，故得名。枯草芽孢杆菌具有典型的芽孢杆菌特征，细胞呈直杆状，大小（0.8～1.2）微米×（1.5～4）微米，单个，革兰氏染色阳性，着色均匀，无荚膜，生有鞭毛，可运动；芽孢中生或近中生，小于或等于细胞宽，呈椭圆至圆柱状；菌落粗糙，不透明，扩张，污白色或微带黄色；能液化明胶，陈化牛奶，还原硝酸盐，水解淀粉。

枯草芽孢杆菌能耐受酸碱、高温高压，抗性强，不易变质，储藏时间长，能够在不利条件下以芽孢形式存在，当在有利条件时再萌发成营养细胞，并且出芽率较高。芽孢杆菌具有较高的蛋白酶、纤维素酶和淀粉酶活性，对植物性碳水化合物有较强的降解能力。

芽孢杆菌以低剂量加入到饲料中时具有提高动物增重、改善饲料转化率、降低死亡率、不产生耐药性等特性，在我国畜牧业生产中已得到了应用。

（3）乳酸菌　乳酸菌是指发酵糖类主要产物为乳酸的一类无芽孢、革兰氏染色阳性细菌的总称。乳酸菌不形成芽孢，兼性厌氧，耐酸，终产物是以乳酸为主。乳酸菌的生长温度在20～53℃，最适温度在30～40℃，耐酸，最适pH值为5.5～6，是食品级安全的微生物。它与人类的生活联系密切，是人体和动物肠道微生物菌群中的优势种类，具有调节肠道菌群平衡、提高饲料消化率、抑制肠道腐败菌生长以及腐败产物的形成、降低血清胆固醇等作用。

在秸秆发酵过程中，乳酸菌因菌种差异，特别是因地域不同造成的菌种差异，会导致发酵产物的不同及适口性的明显区别。利用乳酸菌对秸秆进行分解利用，可使秸秆软化，将其中的纤维素、半纤维素等有机碳水化合物转化为可利用糖类，最后发酵成为乳酸和其他一些挥发性脂肪酸，从而提高瘤胃微生物对秸秆的利用。

2.秸秆微生态处理的优点

（1）增加秸秆的适口性　秸秆经微生物发酵后，质地变得柔软，并具有酸香酒气味，适口性明显提高，增强了牛的食欲。与未经过处理的秸秆相比，一般采食速度可提高40%以上，采食量可增加20%以上。

（2）提高秸秆的营养价值和消化率　在微生态处理过程中，经微生物和酶的作用，秸秆中的纤维素和半纤维素部分被降解，同时纤维素-木质素的复合结构被打破，瘤胃微生物能够与秸秆纤维充分接触，促进了瘤胃微生物的活动，从而增加了瘤胃微生物蛋白和挥发性脂肪酸的合成量，提高了秸秆的营养价值和消化率。通过微生态处理，麦秸的消化率可提高55.6%，水稻秸秆的消化率可提高57.9%，玉米秸秆的消化率可提高61.2%。

（3）制作成本低廉　秸秆微生态处理剂添加量小，一般每吨秸秆添加5～50克，而氨化同样多的秸秆则需用尿素40～50千克。微生态处理秸秆可比尿素氨化降低成本80%左右，且采用液氨和氨水氨化，运输又很不方便，还有一定的安全隐患。

（4）操作简单、使用方便　秸秆微生态处理与青贮、氨化相比，更简单。只要把秸秆微生态处理剂活化后，然后均匀地喷洒在秸秆上，在一定的温度和湿度下，压实封严，在密闭厌氧条件下，就可以制作优质微生态处理秸秆饲料。秸秆微生态处理剂处理秸秆的温度为10～40℃，我国南方部分地区全年都可以制作秸秆微生态处理饲料。微生态处理饲料安全可靠，微生态处理剂不会对动物产生毒害作用，可以长期饲喂。微生态处理秸秆随取随喂，不需晾晒，也不需加水，饲喂方便。

（5）储存期长　秸秆经微生态处理发酵后，能够形成大量的有机酸，这些有机酸具有很强的杀菌抑菌能力，故发酵的微生态处理秸秆饲料不易发生霉变，可以长期保存。

3.秸秆微生态处理的原理

秸秆微生态处理剂的主要成分是乳酸菌、纤维素和半纤维素酶，也有的含有芽孢杆菌、纤维分解菌、酵母菌和蛋白酶等消化酶。秸秆中加入微生态处理剂后,在适宜温度、湿度和密闭的厌氧条件下,秸秆中的纤维素、半纤维素和木质素大量降解,产生可利用糖类,继而又被微生物转化成乳酸和挥发性脂肪酸,使pH值下降到4.5～5时,抑制有害菌和腐败菌的繁殖。同时乳酸菌和酵母发酵产生的有机酸和醇类具有酸香气味,有较强的诱食作用。秸秆中的纤维素、半纤维素和木质素被酶解,使秸秆变得蓬松和柔软,提高了秸秆的适口性。柔软和膨胀的秸秆能够充分地与牛瘤胃微生物相接触,从而使粗纤维类物质能够更充分地被瘤胃微生物所分解,提高了秸秆的消化率。因此秸秆经微生态处理后,增加了牛的采食量和消化率,而且不容易发生腐败,可以长期储存饲喂。

4.微生态处理发酵过程

(1)有氧发酵过程　微生态处理是在无氧条件下利用微生物发酵的秸秆处理技术。但在微生态处理窖的封闭过程中,秸秆原料中或多或少地存在着氧气,这就使得在发酵的最初几天里好氧性微生物得以生长和繁殖。通过这些好氧性微生物的活动可将秸秆中的少量糖分和氧气转化成二氧化碳和水,最后氧气越来越少,直至耗尽。这时好氧性微生物就受到抑制或死亡。

(2)秸秆的酶解过程　微生态处理剂中的纤维素和半纤维素酶,以及微生物发酵产生的各种纤维分解酶类,破坏秸秆中的纤维素、半纤维素结构,使它们逐级降解,形成低分子寡糖。在整个酶解过程中,半纤维素最易被降解,而形成较大数量的木糖、阿拉伯胶、葡萄糖、甘露糖和半乳糖。微生物可以利用这些糖分作为底物进行产酸发酵。

(3)产酸发酵过程　微生物利用秸秆中的可溶性糖类作为底物,并将它们转化为有机酸类。秸秆经有氧发酵后,氧气被耗尽,需氧微生物不能存活。这时厌氧性微生物开始活动。它们在厌氧条件下,能将可溶性糖分解为各种有机酸类,包括乙酸、丙酸、乳酸、丁酸等。这些有机酸在秸秆饲料中发生电离,形成大量的氢离子,使秸秆饲料酸化,pH值下降。当pH值下降到4.5～5时,酸

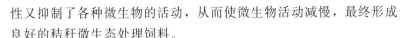

性又抑制了各种微生物的活动，从而使微生物活动减慢，最终形成良好的秸秆微生态处理饲料。

5.微生态处理的条件

（1）原料　用于秸秆发酵的微生物适用范围较广，含糖量高的秸秆、一年或多年生豆科与禾本科牧草、豆科禾本科混合牧草、山区杂草与干秸秆混合的芦苇（湿度60％～65％）以及禾本科作物（小麦、大麦、水稻、黑麦等）的秸秆均可作微生态处理原料。

（2）设备　微生态处理窖应选择在土质坚硬、排水容易、地下水位低、距畜舍近、操作和取出方便的地方，可以是地下或半地下式，最好砌成永久性的水泥窖，窖的内壁应光滑坚固，并应有一定的斜度（8°～10°为宜），这样可以保证边角处的储料能被压实。窖的大小应根据储料和牛的数量多少来定。窖的宽度要保证拖拉机能往复行走压实。大中型窖应有拖拉机入窖的坡道。

微生态处理窖每立方米的容量与储料质地软硬、含水量多少及压实程度等有密切关系。一般每立方米可容纳微生态处理稻麦秸秆250～350千克、玉米青黄秸秆500～600千克。家庭养牛，可利用现有青贮窖，储料为稻麦秸秆时，应选择高效铡草机或粉碎机，在入窖前进行铡切。用于喂牛的秸秆，铡切长度为5～8厘米。储料为玉米青黄秸秆时，为减少秸秆内营养成分的损失，最好选用青饲料配合收割机，并配备网架式拖车运输，连续作业。在条件不允许的地方，可采用分段作业，配备高效铡草机，玉米秸秆的铡切长度不应超过3厘米。

压实机械一般用拖拉机，大型窖应选用链式或大马力轮式拖拉机，中小型窖可用小四轮拖拉机。压窖的拖拉机要保证不漏油，行走部分不带泥土，并在排气管上装配灭火器。

微生态处理后的稻草秸秆及玉米秸含水量要求为60％～65％，由于这些秸秆本身的含水率很低，需要补充加有菌剂的水分。因此需配一套由水箱、水泵、水管和喷头组成的喷洒设备。水箱容积以1000～2000升为宜，水泵最好选用潜水电泵，水管选用软管。也可以使用牛场中消毒喷药用的设备，但应注意，使用前必须清洁干净，以免药物进入秸秆中。家庭养牛，可用水壶直接喷洒。

带穗青玉米秸秆本身含水率高，微生态处理时不需补充过多的水分，只要求将配好的菌剂水溶液均匀喷洒在储料上。所以要求在压实拖拉机上配备一套由菌液箱、喷管和控制阀门组成的喷雾装置。菌液箱容积以 200～400 升为宜。喷管可用直径为 1.5～2 厘米的无缝钢管制作，两端堵死，中间每隔 10～15 厘米钻直径为 1 毫米的喷孔。喷孔的长度不能大于拖拉机机身宽度，水箱和喷孔之间装阀门，由驾驶员控制。对不便于拖拉机压实的小窖，可用小型背负式杠杆式喷雾器喷施。

6. 微生态处理的操作规程

（1）微生态处理常用方法　对于不同设施可以采取不同的微生态处理方法。

① 水泥窖微生态处理法。窖壁、窖底采用水泥砌筑，农作物秸秆铡切后入窖，按比例喷洒菌液，分层压实，窖口用塑料薄膜盖好，然后覆土密封。这种方法的优点是，一次性投入，经久耐用，窖内不易透气进水，密封性好，适合大中型窖和每年都连续制作微生态处理饲料的窖。

② 土窖微生态处理法。在窖的底部和四周铺上塑料薄膜，将秸秆铡切入窖，分层喷洒菌液压实，窖口再盖上塑料薄膜覆土密封。这种方法的优点是成本较低，简便易行。

③ 塑料袋窖内微生态处理法。根据塑料袋的大小先挖一个圆形的窖，然后把塑料袋放入窖内，再放入秸秆分层喷洒菌液压实，将塑料袋口扎紧，覆土密封。这种方法操作简便，适合处理用量少的秸秆。

④ 压捆窖内微生态处理法。秸秆经压捆机打成方捆，喷洒菌液后入窖，填充缝隙，封窖发酵，出窖时揉碎饲喂。这种方法的好处是开窖取料方便。

（2）微生态处理的工艺流程　微生态处理的工艺流程可用图4-64表示。具体来说，可分为菌种的复活、菌液的配制、秸秆的铡切或揉碎、入窖、喷洒和压实、封窖、开窖几个步骤。

图 4-64　微生态处理工艺流程

第一步，菌种的复活。配制菌液前，可根据当天能处理秸秆的数量（原料重）按表 4-36 所列的比例准备好所需的活干菌，将其倒入饮用水中充分溶解（有条件的地方可兑入少许的牛奶或砂糖，这样可提高菌种的复活率，保证微生态处理饲料的质量），然后在常温下放置，使菌种复活。复活好的菌剂一定要当天用完，不可隔夜使用。

表 4-36　微生态处理菌剂的配制与用量

秸秆种类	秸秆重量 /千克	秸秆发酵活干菌 用量/克	食盐用量 /千克	自来水用量 /升	储料含水量 /%
稻麦秸秆	500	1.5	6	750	60～70
黄玉米秸	500	1.5	4	500	60～70
青玉米秸	500	0.75		适量	60～70

第二步，菌液的配制。复活好的菌剂可根据当时处理秸秆的数量和秸秆需要补充水分的多少，按比例兑入充分溶解的、浓度为 0.8%～1% 的食盐水中搅匀，用于喷洒。食盐、水、活干菌用量的计算方法见表 4-36。特别要注意的是，一定使食盐完全溶解后才能兑入菌剂。

第三步，秸秆的铡切或揉碎。用于微生态处理的秸秆一定要铡切或揉碎，一般养牛可切至 5～8 厘米。秸秆铡切、揉碎可采用高效铡草机、揉草机或联合收割机处理。这样处理后的秸秆比较容易压实，提高微生态处理窖的利用率，保证微生态处理饲料制作质量。

第四步，入窖、喷洒和压实。先在窖底铺放 20～30 厘米厚的秸秆，均匀喷洒菌液水，压实后再铺放 20～30 厘米厚的秸秆，再喷洒菌液压实，直到高于窖口 40 厘米再封口。分层压实的目的，是为了排出秸秆中和空隙里的空气，给发酵菌繁殖造成厌氧条件。如果当天窖内未装满，可盖上塑料薄膜，第 2 天揭开继续工作。为使微生态处理饲料的含水率达到 60%～70%，喷水量的多少可用下式计算。

$$X = (1.5～2.3)G_干 - G_水$$

式中　X——喷水量，升；

　　$G_干$——秸秆微生态处理前的干物质量，千克；

　　$G_水$——秸秆微生态处理前水分的含量，千克。

在微生态处理麦秸和稻秸时应根据实际，加 0.5% 的大麦粉、玉米粉或麸皮等。这样做的目的是，在发酵初期为菌种的繁殖提供一定的营养物质，以提高微生态处理饲料的质量。加这些谷粉时，可以铺一层秸秆，撒一些谷粉，与每层的喷洒、压实同步进行。

第五步，封窖。当秸秆分层压实到高出窖口 30～40 厘米时再充分压实，同时补喷一些菌液水，反复压实后在表面均匀地撒上些盐粉，一般每平方米撒 250 克左右，其目的是确保微处饲料上部不发生霉烂变质。最后再盖上塑料薄膜，在上面撒上 20～30 厘米厚的稻、麦草，再覆土 15～20 厘米密封，窖边挖好排水沟，以防雨水渗漏。密封的目的是为了隔绝空气与秸秆接触，覆土还有压实的作用。

第六步，开窖。封窖后经过 21～30 天的生物发酵即可开窖，宜采取大揭盖开窖法，每天根据喂料需要取料 1 层，取后再把窖口封好。对于长方形窖（池），应从窖（池）的一端或阴面开窖，上下垂直逐段取用。每次取完料后，要立即用塑料薄膜继续封好。有条件的最好在窖（池、塔）上面搭建防雨棚，以防雨雪渗入窖内，造成微生态处理饲料变质。

7. 微生态处理饲料技术关键

微生态处理饲料的含水量是否合适，是决定微生态处理饲料好坏的重要条件之一。因此，在喷洒和压实过程中，要随时检查秸秆的含水量是否合适，各处是否均匀一致，特别要注意层与层之间水分的衔接，不得出现夹干层。微生态处理饲料含水量要求在 60%～70% 最为理想，当含水量过多时，会降低微处饲料中糖和胶状物的浓度，产酸菌不能正常生长，导致饲料腐烂变质。而含水量过少时，微生态处理饲料不易被踏实，残留的空气过多，保证不了厌氧发酵的条件，有机酸成分减少也容易霉烂。检查含水量可以用手抓的方式，抓取储料试样，用双手扭拧，若有水往下滴，其含水量约为 80% 以上；若无水滴，松开手后看到手上水分很明显，水分含量约为 60%；若手上有水分（反光），为 50%～55%；感到手上潮湿为 40%～45%；不潮湿在 40% 以下。

压实与密封好坏是关系到微生态处理饲料制作成败的重要环节。如果压实不紧，窖内残存的空气不利于微生态处理料发酵菌生长，反而给霉菌和腐败菌生长创造条件，造成霉烂变质现象。如压实很好，窖上部密封不严则容易造成窖上部分饲料霉烂变质。

8. 微生态处理的质量检查

微生态处理饲料质量好坏，可根据微生态处理饲料外部特征，用看、嗅和手感的方法鉴定，封窖 21～30 天后发酵过程即已完成，便可检查微生态处理饲料质量。劣质饲料不宜用于制作微生态处理饲料，也不能饲喂给牛。检查微生态处理饲料的质量，可以采用感官评定的方法，主要从微生态处理饲料的颜色、气味、手感、适口性等几个方面进行观察。

优质微生态处理青玉米秸秆饲料的色泽呈橄榄绿，稻麦秸秆呈金黄色。如果变成褐色或墨绿色则质量较差。

优质秸秆微生态处理饲料具有醇香和果香气味，并具有弱酸味。若有强酸味，表明醋酸较多，这是由水分过多和高温发酵所造成的；若有腐臭味、发霉味，则不能饲喂，这是由于压实程度不够和密封不严，是有害微生物发酵所造成的。

优质微生态处理饲料拿到手里感到很松散，且质地柔软湿润。若拿到手里发黏，或者黏成一块，说明储料变质。有的虽然松散，但干燥粗硬，也属不良饲料。

微生态处理饲料的适口性，可以通过观察牛的采食速度来评定。由表 4-37 可以看出育成牛对微生态处理玉米秸秆的采食速度明显高于羊草组。说明微生态处理发酵后秸秆饲料得到很大程度的软化，同时含有芳香类物质可以刺激动物采食。

表 4-37　育成牛采食速度

组　　别	采食速度/（克/分）
羊草	27.83
微生态处理玉米秸秆	29.16

注：引自孙文（2010），复合微生物菌剂处理玉米秸秆应用效果的研究（饲料博览）。

9.使用微生态处理饲料的注意事项

国内研究成果（表 4-38）证实，秸秆生物饲料化从实践上是可行的。在使用微生态处理饲料时需要注意一些问题。

表 4-38　秸秆生物饲料研究成果

研究人员、机构	发酵的秸秆类别	组合菌株、发酵剂名称	成　　果
宋金昌等	稻草	秸秆生化培养剂	蛋白质提高 2.6%～3.5%，粗纤维下降 12%～16%，喂养的肉牛日增重 500～1833 克
潘锋等	稻草	2 株真菌、3 株酵母、白地霉	蛋白质提高 2 倍，纤维素、半纤维素降解率分别为 29.49%、17.58%
陈敏	稻草	康氏木霉、热带假丝酵母	粗蛋白质提高 18.86%，粗纤维下降 14.6%
王汝富	玉米秸秆	发酵活干菌	粗蛋白质提高 12.4%，喂养的肉牛日增重提高 73.5%
李日强	玉米秸秆	青霉、白地霉	粗蛋白质提高 7.27%，粗纤维下降 2.10%，氨基酸增加 3.6%

续表

研究人员、机构	发酵的秸秆类别	组合菌株、发酵剂名称	成　果
内蒙古赤峰市畜牧兽医科学研究所	玉米秸秆	高效秸秆生物饲料技术产品	饲喂奶牛,可使日产奶量增加 1.86 千克
孙君社等	蒸汽爆破玉米秸秆	康氏木霉、耐高温酵母	氨基酸含量提高了近 131%,7 种必需氨基酸从 1.57% 增加到 3.75%
李日强等	氨化玉米秸秆	青霉、葱色串孢、暗孢毛壳、白地霉	粗蛋白质由 3.15% 提高到 24.99%,真蛋白质含量由 2.30% 提高到 20.21%
英国阿斯顿大学	麦秸	自行分离的白腐真菌	提高了蛋白质含量,同时可使秸秆的体外消化率从 19.63% 提高到 41.13%

注:引自余建军(2010)。

① 秸秆微生态处理饲料一般需在窖内发酵 21～30 天才能取喂,冬季则需要更长时间。

② 取料时要从一角开始,从上到下逐段取用,每次取出量应以当天能喂完为宜,每次取料后必须立即将口封严,以免雨水浸入引起微生态处理饲料变质。这一点与青贮饲料取用相同。

③ 每次投喂微生态处理饲料时,要求槽内清洁,对冬季冻结的微生态处理饲料应加热化开后再用。

④ 霉变的农作物秸秆,不宜制作微生态处理饲料。

⑤ 微生态处理饲料由于在制作时加入了食盐,这部分食盐应在饲喂家畜的日粮中扣除。

四、饲喂益生菌

益生菌(probiotics)是一类对宿主有益的活性微生物,定植于生殖系统、机体肠道内,是能改善宿主微生态平衡、发挥有益作

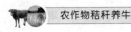

用的活性有益微生物的总称。目前世界上研究的功能最强大的产品主要是以上各类微生物组成的复合活性益生菌，其广泛应用于工农业、食品安全、生物工程以及生命健康领域。

益生菌作为天然饲料添加剂以其无耐药性、无残留和无副作用等特点越来越被人们所重视，并且在环境改善和动物饲养中所起的显著作用，也逐渐得到了养殖户和消费者的肯定。研究表明，益生菌直接饲喂动物，能够明显提高奶牛对粗饲料的消化吸收，改善乳成分和产奶量。添加活酵母细胞能够刺激瘤胃中某些细菌的繁殖并改善对乳酸的利用和纤维消化，提高产奶量，增加奶牛采食量。有益微生物经过发酵、培养、干燥等技术加工成的活菌制剂，可以调节动物体内的微生态体系，提高饲料利用率和动物生产性能，并且能够增强对疾病的抵抗力，从而达到保健作用。

1. 益生菌的分类

益生菌的分类因依据不同有多种分法：按菌种不同分为酵母类制剂、乳酸菌制剂和芽孢杆菌制剂；按菌种组成可分为单一制剂和复合制剂；按作用机理可分为微生态治疗剂和微生态生长促进剂。目前主要按菌种来分类。

（1）酵母类制剂　酵母是一类专性或兼性好氧菌，作为一种有价值的动物饲料成分已经应用多年。研究表明，动物饲喂酵母菌制剂可以改善反刍动物生产性能及健康。因此，酵母菌制剂已被广泛用于反刍动物营养中。多数酵母类制剂是将培养后的酵母菌先进行干燥处理，再与培养基混合后的产品。目前生产酵母类制剂常用的主要为啤酒酵母和石油酵母，它能够为动物提供蛋白质，有利于有益菌的生长，抑制病原菌的生长和繁殖，有助于提高机体免疫力，同时还能够有效预防动物消化道疾病。由于酵母菌类的专性和兼性好氧性，它活菌存活率低，在生产、加工、运输和使用过程中，极易受外界不良环境的影响，使产品储存期缩短，进而导致了产品质量的不稳定，影响动物的饲喂效果。

（2）乳酸菌制剂　乳酸菌是一类厌氧或兼性厌氧菌，是目前使用最早、种类最大并且分布最广的益生菌添加剂。乳酸菌进入动物体内后，一方面能够与体内的病原菌发生竞争性抑制作用，另一方面能够分解糖类生成乳酸等代谢产物。目前应用最多的主要是粪链球菌、嗜酸乳杆菌和双歧杆菌，它们是动物体内主要的共生菌，对于维持动物体内的微生态体系具有重要作用。和酵母类制剂一样，这类制剂在生产、加工、运输和使用过程中，极易受到外界不良环境的影响，使得产品储存期缩短，导致产品质量不稳定，进而影响乳酸菌制剂的使用效果。

（3）芽孢杆菌制剂 芽孢杆菌是需氧芽孢杆菌中的非致病菌，具有耐高温、耐酸、耐盐等优点，在生产、加工、运输和使用过程中能保持活性。芽孢杆菌具有改善瘤胃内环境、促进营养物质消化吸收、提高泌乳量、改善乳品质、抑制病原菌、提高免疫功能、抑制甲烷产量等作用。目前用于生产微生态制剂的需氧芽孢杆菌主要有地衣芽孢杆菌、蜡样芽孢杆菌、东洋芽孢杆菌和枯草杆菌。

2. 益生菌的作用机制

（1）抗微生物活性 降低肠道 pH 值；分泌有抗微生物活性的肽类物质；阻止致病菌侵入；阻断致病菌对肠上皮细胞的黏附。

（2）增强屏障功能 增加黏液分泌；保持屏障完整性。

（3）免疫调节功能 对树突状细胞有影响；对淋巴细胞有影响（B 淋巴细胞、T 淋巴细胞）。

（4）调节肠道神经系统 升高 DRG 神经元动作电位的阈值；激活阿片类和大麻类受体。

3. 影响益生菌使用效果的因素

益生菌制剂在世界范围内的应用已有近百年历史，然而，在我国的应用只有几十年的时间。尽管益生菌经试验验证有非常显著的效果，但是有很多因素影响着益生菌的使用效果，使得益生菌在养殖场的使用效果很难预测。

（1）动物种类和生理状态 动物种类和其生理状态是影响肠道菌群和免疫状态的重要因素。益生菌在动物体内的定植受动物品种、个体和年龄等因素影响，具有较强的动物特异性，因此，使用益生菌制剂时要充分考虑作用对象及目的，对不同的动物要区别对待，不同种类的动物消化系统特点不同。因为正常菌群在动物消化道定植是通过细菌的黏附作用完成的，而这种黏附作用具有种属特异性。研究表明，适用于反刍动物的多为真菌、芽孢杆菌等；适用于单胃动物的菌株多为酵母菌、芽孢杆菌、乳酸杆菌等；适用于水产动物的多为藻类、光合细菌、芽孢杆菌等。动物在生长早期，体内微生物菌群易受影响，随着年龄的慢慢增长，体内的微生物体系也更加趋于稳定，所以益生菌在动物刚出生的时候使用能达到最佳效果。

（2）环境应激　进入动物胃肠道的外来菌会受到体内固有微生态体系的排斥作用，从而导致胃肠道菌群的变化而处于失衡状态，这时摄入益生菌能缓解这种胃肠道菌群的失衡状态，易在胃肠道上定居并增殖，从而使益生菌的使用效果会更好一些。因此，对于处于日粮改变、运输、外界天气变化、转群或患病等应激中的动物益生菌使用效果显著高于适宜环境下生活的动物。

（3）菌株特性　菌株特性对益生菌制剂的应用效果影响最大。选育菌株时，尽量选用来自动物的正常菌群，这样才能最大限度地发挥其益生作用，在进入动物体内后，易存活并能与致病菌抢夺附着点。同时，菌株还需要具备能高产抗菌活性物质、增殖速度快、抗逆性和增殖能力强、作用机理明确、安全性高等特性。

（4）添加量及使用阶段　益生菌添加量不足或者过量都会影响有益菌作用的发挥，只有添加到一定量，并维持一定的时间，才能形成优势菌群，发挥生态效应。添加过量会降低畜禽的生产性能，因为微生物本身的增殖需要消耗能量，过多的微生物必然会同动物本身争夺营养物质。另外，益生菌的使用量与菌株的增殖速度及使用过程中的稳定性有关。益生菌制剂活菌数量的多少并不能代表产品质量的优劣，活菌数量需在体内达到一定量才能发挥作用。对于复合型益生菌制剂不能简单地按照总菌数来计算，因为不同菌株的抗逆性与增殖速度不同，有的益生菌在体内几乎不增殖，而有的则增殖速度很快。

益生菌制剂在不同时期其作用效果也不同。

① 新生动物肠道基本无菌，胃肠道 pH 值也接近中性，非常有利于肠道内病原菌的生长繁殖，若此时提供益生菌可以抢先占领动物肠道，对健康发挥更大的作用。动物生长后期肠道功能退化，此时添加益生菌可以完善肠道有益菌群，保证动物健康。

② 应激。应激会造成菌群失调和消化功能紊乱，此时添加益生菌可以帮助动物度过应激期，降低应激反应对动物造成的负面影响。

③ 抗生素。动物使用抗生素后，肠道中有益菌的数量会大大降低，此时添加益生菌可以尽快恢复肠道有益菌的数量。

④ 食物改变时。食物改变常会发生严重的消化应激反应，此时添加益生菌对防治腹泻、提高日增重有很好的效果。

⑤ 感染病原菌。使用益生菌的主要目的是调节胃肠道内的微生物菌群，提高有益菌的数量，进而竞争性地抑制病原菌的生长和繁殖。由此可见，动物感染病原菌之后高剂量或动物感染病原菌之前低剂量使用益生菌，效果会更好。

(5) 胃肠道微生物菌群　益生菌能够抑制肠道中阻碍动物生长的微生物，从而提高动物的生长性能，因此推断，益生菌可以促进动物生长。研究发现，雏鸡要预防沙门氏菌对肠道的感染，至少需要 48 株正常胃肠道细菌。乳酸杆菌虽然不能提高肠道对沙门氏菌的抵抗力，但如果肠道乳酸杆菌数量减少，则抵抗力下降。由此可见，动物需要拥有所有正常菌，才能对其起到保护作用，而不是单一的细菌。

(6) 抗生素　抗生素根据种类不同对益生菌的抑制作用也不同。若作用强的抗生素与益生菌一起使用，可能会影响益生菌的使用效果。乳酸菌、蜡样芽孢杆菌、枯草芽孢杆菌都对抗生素敏感，不应与抗生素同时使用。而酵母菌可以与抗生素同时使用，因为酵母属于真核生物，它的生物学特性和细菌的不同，酵母对抗菌剂、抗生素、磺胺类药物存在抗性。

4.菌种的选择

人和动物肠道内寄居着大量的细菌菌群，据估计，人类消化道中含 10^{14} 个细菌，而人体和动物的体细胞仅为 10^{13} 个。不管是禽类或是单胃哺乳动物，其粪便中的细菌含量均在 $5\times10^9\sim5\times10^{10}$ 个/克粪便湿重，即粪便湿重的 40% 以上是细菌细胞。但并不是所有的菌种都能作为益生菌，理想益生菌的菌种应具备以下特征。

① 不会使人和动物致病，不与病原微生物产生杂交种。

② 能刺激机体免疫调节，但不产生炎症反应。

③ 对胆汁、酸有抵抗力，经过胃、小肠时能保持自身的活性。

④ 能够附植于肠道的黏膜上皮细胞，产生黏液有利于其在肠道的定植。

⑤ 分泌细菌素，抑制其他有害菌种的生长。

5.益生菌制剂的使用及保存

益生菌制剂主要有液体制剂和固体粉剂两种类型，在此基础上的使用方法有直接添加于饲料、制作发酵饲料、添加于饮水、在养殖水体中添加、喷雾等。其中，以粉剂直接添加于饲料多见，添加的水平因活菌浓度、菌种等而有一定的差异，也有在饲料饲喂前接种上菌种制作生态发酵饲料的，还有的直接以发酵菌的形式添加于饲料中。

生态饲料发酵剂的使用方法：把发酵剂按 1% 接种量均匀搅拌在配合饲料或粉碎好的秸秆中，加水 33%～40%（按配合饲料的重量计），放入包装袋中密封，置于 20℃ 以上的发酵间，发酵 48 小时以上，则成为生态发酵饲料或生态秸秆发酵饲料。

益生菌制剂应密闭保存于阴暗、干燥、pH 值 6～7、环境温度 5～15℃ 的条件下，且在有效期内使用，以保持菌种的稳定性和有效性。饲料中的矿物质（如食盐和重金属离子）、不饱和脂肪酸和胆碱都会影响益生菌的活力。因此，配制的饲料应尽可能在短期内使用完，尤其是液体型益生菌制剂，一般应在 30 天内使用完；包被或冻干的益生菌产品，虽然有效储存期较长，但随着时间的延

长，有效活菌数也会下降，一般应在半年内用完。

6.益生菌使用中存在的问题

益生菌的使用，给人类和动物提供健康之源的同时，也提出了一些不容忽视的问题。

① 活菌制剂在饲料加工、运输、储存过程中产品质量不稳定，易失去活性，降低生物活性作用。

② 活菌制剂进入肠道后生长速度缓慢，难以在微生物竞争中处于优势地位，形成优势菌群。

③ 活菌制剂进入动物消化道后多难以经受低 pH 值的胆汁酸、盐酸等的作用，难以有足够的活菌数量到达肠道或定植肠道而发挥作用。

④ 毒性问题。研究表明，大多数乳杆菌和双歧杆菌代谢过程中会产生多种细菌素，这些细菌素不但能抑制或杀死肠道内腐生菌和病原菌，还能作用于肠道内其他维持机体正常生理功能的微生物。

第五章

秸秆加工调制技术在牛饲养中的应用

◆◇ 第一节　秸秆饲料的物理处理在 ◇◆
牛饲养中的应用

一、秸秆颗粒性饲料在牛饲养中的应用

饲料种类及物理结构对反刍动物的采食与反刍有重要影响。国内外大量的研究表明，用草颗粒饲料饲喂牛、羊等草食家畜，可以增加干物质的采食量。主要原因是在草颗粒的加工过程中由于水分、温度和压力的综合作用使原料中的组分熟化，产生一种浓香味，改善了适口性，从而可以使饲草料消化率提高 10%～12%。草颗粒产品保持一定硬度，符合牛、羊的采食特性，经蒸汽高温杀菌，减少了饲料腐败的可能性，酶的活性增强，纤维素和脂肪的结构形式有所变化，增加了食糜在消化道中的流通速度。

秸秆颗粒料在肉牛、奶牛生产上应用具有良好的效果，以下为几个应用秸秆颗粒料的研究报道与实例，用以说明秸秆颗粒料在肉牛、奶牛生产上的应用方法与效果，供养殖户参考使用。

1.秸秆颗粒饲料在肉牛生产中的应用

（1）应用实例1　根据体重、年龄和性别选择 16 头育肥架子牛，随机分为 2 组，试验组供给颗粒饲料，对照组饲喂相同饲料组成的粉料。

饲料原料：玉米秸秆粉（65％）、玉米粉（10％）、棉籽粕（15％）、麦麸（5％）、矿物质和添加剂等（5％）。实验组将各种饲料原料混制成颗粒；对照组将玉米粉、棉籽粕、麦麸和添加剂混合成粉状精料，玉米秸粉碎成草粉。颗粒饲料营养成分分别为粗蛋白质11.12％、粗纤维17.86％、钙0.92％、总磷0.46％。

按传统方法饲养，2组牛均进行为期7天的预饲。试验开始后，颗粒饲料组牛每日饲喂2次；普通饲料组粗料先浸泡，然后和精饲料混合后饲喂，每日2次。所有试验牛舍饲，自由饮水。

用实验室重量/体积法测定颗粒饲料、普通精料、铡短玉米秸、粉碎玉米秸的密度，见表5-1。

表5-1 不同饲料密度

饲料	水	颗粒饲料	普通精料	铡短玉米秸	玉米秸粉
密度/（克/厘米³）	1.00	1.25	0.630	0.062	0.175

注:引自刁其玉(2001),草颗粒饲料在牛瘤胃内的降解与饲养价值(草业科学)。

由表5-1可知，饲料原料经机械压制成颗粒后，其密度增大，大于水的密度，单位体积重量是精饲料的2倍，是铡短玉米秸的20倍，高于其他类型的饲料。

试验组牛的饲料加工成颗粒饲料，对照组牛饲喂粉料，2组牛平均每头每日进食风干饲料10.33千克。经30天的正式饲喂试验，试验组和对照组牛均无发病，生长正常，2组牛的体增重如表5-2所示。

表5-2 试验牛平均体增重

处理	始重/千克	末重/千克	增重/千克	日增重/克	百分率/％
对照组	383.25±21[a]	425.50±22[a]	42.25±3.25[b]	1408±210[b]	100.00
试验组	386.32±22[a]	432.25±23[a]	46.57±3.56[a]	1542±230[a]	109.52

注:1.同列相比字母相同为统计差异不显著;字母不同统计差异为5％。

2.引自刁其玉,2001。

由表 5-2 可知，饲喂颗粒饲料的牛在 30 天内比对照组多增重 4.32 千克，平均日增重多 134 克，即提高增重 9.52%。

两组架子牛在同样的环境中饲养，试验组牛饲喂颗粒饲料，对照组牛饲喂粉状精饲料和粉碎的玉米秸粉，两组牛的总饲料供给量控制在 10.33 千克/（头·日）。见表 5-3。

表 5-3　饲料消耗与转化比

处理	增重/千克	日进食量（风干物）/千克	精饲料/千克	玉米秸粉/千克	颗粒饲料/千克	饲料转化比	百分率/%
对照组	42.25	10.33	3.58	6.75	—	7.33	100.00
试验组	46.57	10.33	—	—	10.33	6.70	108.68

注：引自刁其玉（2001），草颗粒饲料在牛瘤胃内的降解与饲养价值（草业科学）。

由表 5-3 可知，同样的饲料供给，其转化效率有差异，饲喂颗粒饲料牛的饲料转化比提高 8.68%。

3 种草颗粒、4 种草粉和 3 种秸秆粉（表 5-4）瘤胃内培养 24 小时，干物质、粗蛋白质、中性洗涤纤维和酸性洗涤纤维的消失率见表 5-5。

表 5-4　试验样品的营养物质含量　　　　　　单位：%

饲料样品	干物质	粗蛋白质	中性洗涤纤维	酸性洗涤纤维
草颗粒Ⅰ	88.45	18.26	57.50	33.23
草颗粒Ⅱ	89.64	16.40	58.45	34.25
草颗粒Ⅲ	89.78	12.21	59.26	35.42
鲁梅克斯草粉	90.12	27.12	27.94	17.15
苜蓿草粉	94.37	15.71	45.03	31.63
羊草粉	94.00	6.44	76.03	51.77
秋白草粉	95.23	11.53	70.63	37.26
玉米秸粉	93.54	5.86	75.88	51.23
麦秸粉	92.19	3.52	77.52	52.89
稻秸粉	94.18	6.31	92.39	52.31

注：引自刁其玉（2001），草颗粒饲料在牛瘤胃内的降解与饲养价值（草业科学）；草颗粒是以玉米秸、鲁梅克斯鲜草、糖浆、菜籽粕和添加剂等为原料，制成粗蛋白含量不同的 3 种草颗粒饲料。

表 5-5　营养物质在瘤胃培养 24 小时的消失率　　单位：%

饲料样品	干物质消失率	粗蛋白质消失率	中性洗涤纤维消失率	酸性洗涤纤维消失率
草颗粒Ⅰ	53.29	54.23	44.20	39.13
草颗粒Ⅱ	54.98	51.02	43.03	38.32
草颗粒Ⅲ	52.62	49.18	41.64	37.51
鲁梅克斯草粉	91.15	90.44	83.45	87.16
苜蓿草粉	63.78	76.12	42.11	54.22
羊草粉	30.23	22.24	26.05	37.04
秋白草粉	48.32	42.64	33.81	41.73
玉米秸粉	34.54	24.56	35.80	32.73
麦秸粉	30.40	17.70	32.46	32.38
稻秸粉	19.02	24.82	28.24	13.36

注：引自刁其玉（2001），草颗粒饲料在牛瘤胃内的降解与饲养价值（草业科学）。

（2）应用实例 2　选择生长发育、营养状况、食欲和体质均正常，且年龄、体重（450 千克左右）及发育阶段基本一致的西门塔尔杂种公牛 12 头，随机分为 2 组，每组 6 头。

预试期为 9 天。首先测定特制精料标准消化率，然后逐渐过渡到试验日粮。特制精料给量固定，玉米秸颗粒粕（试验组）或铡切玉米秸秆（对照组）自由采食，在预试期的最后 3 天开始定量饲喂，使采食量和排粪量转为恒定状态。

正试期为 6 天，采用全收粪法，对试牛的粪便随排随收集，称重后按 1/10 采样并放入一个带盖的容器中，每 24 小时做 1 次粪便的全天处理。试验期全部粪便按动物个体分别收集并单独制备样本。

记录每天个体的精料、粗料饲喂量、剩余量及排粪量。测定玉米秸颗粒粕、铡切的玉米秸、精料及每天个体粪便的干物质、有机物、粗蛋白质、粗脂肪、粗纤维及无氮浸出物含量。

玉米秸颗粒粕及铡切玉米秸营养成分，见表 5-6。

表 5-6　玉米秸颗粒粕及铡切玉米秸营养成分　　单位:%

项目	干物质	粗蛋白质	粗脂肪	粗纤维	无氮浸出物	粗灰分	钙	磷
铡切玉米秸	89.81	5.60	1.26	31.65	45.03	6.27	0.70	0.08
玉米秸颗粒粕	86.92	6.04	1.33	30.20	43.98	5.37	0.96	0.11

注:引自祁宏伟(2001),玉米秸颗粒粕肉牛采食量及消化率的研究。

供试肉牛对玉米秸颗粒粕的各种营养物质平均采食量显著高于铡切玉米秸（表 5-7）。

表 5-7　玉米秸颗粒粕及其铡切玉米秸各种营养物质采食量

单位：千克

项目	干物质	有机物	粗蛋白质	粗脂肪	粗纤维	无氮浸出物
铡切玉米秸	3.59	3.00	0.20	0.05	1.14	1.62
玉米秸颗粒粕	5.96	4.86	0.36	0.08	1.80	2.62

注:引自祁宏伟(2001),玉米秸颗粒粕肉牛采食量及消化率的研究。

从表 5-7 看出，试验牛对玉米秸颗粒粕各种营养物质平均采食量显著高于铡切玉米秸（$P<0.01$）。采食量的变化说明了玉米秸颗粒粕经高温高压熟化加工后，产生了糊香味，因此适口性好，肉牛喜食，采食量明显提高。

由表 5-8 可见，试验牛对玉米秸颗粒粕各种营养物质的表观消化率均较铡切玉米秸低，差异比较显著（$P<0.05$）。这主要是由于玉米秸颗粒粕粉碎程度高，颗粒较小，致使玉米秸颗粒粕过瘤胃速度加快，反刍受阻，从而导致其消化率降低。

表 5-8　玉米秸颗粒粕及铡切玉米秸各种营养物质表观消化率

单位:%

项目	干物质	有机物	粗蛋白质	粗脂肪	粗纤维	无氮浸出物
铡切玉米秸	44.56	49.68	44.83	42.92	50.18	50.13
玉米秸颗粒粕	37.12	40.04	40.56	37.75	34.93	43.54

注:引自祁宏伟(2001),玉米秸颗粒粕肉牛采食量及消化率的研究。

肉牛对玉米秸颗粒粕饲料的各种营养物质的绝对消化量比铡切玉米秸有明显提高，按表5-9中营养物质排列顺序，干物质、有机物、粗蛋白质、粗脂肪、粗纤维和无氮浸出物的绝对消化量，玉米秸颗粒粕组比铡切玉米秸组依次高出38.27％、30.57％、66.97％、54.64％、10.25％、40.79％。可见，虽然肉牛对玉米秸颗粒粕饲料各种营养物质的表观消化率均较铡切玉米秸偏低，但由于牛对玉米秸颗粒粕饲料具有很高的采食量，这恰恰弥补了其消化率的不足，实际上在营养物质的绝对消化利用上明显高于对照组。玉米秸秆经制粒物理处理后，肉牛采食量有显著提高，很好地解决了铡切玉米秸的适口性差、采食量低的问题。因此，对于秸秆颗粒饲料，在生产中应设法提高制粒玉米秸的粉碎长度，或者在饲喂过程中混合一定量的铡切玉米秸，以进一步提高其消化率。

表5-9　玉米秸颗粒粕及铡切玉米秸各种营养物质绝对消化量

单位：千克

项目	干物质	有机物	粗蛋白质	粗脂肪	粗纤维	无氮浸出物
铡切玉米秸	1.60	1.49	0.09	0.02	0.57	0.81
玉米秸颗粒粕	2.21	1.95	0.15	0.03	0.63	1.14

注：引自祁宏伟（2001），玉米秸颗粒粕肉牛采食量及消化率的研究。

2. 秸秆颗粒饲料在奶牛中的应用

（1）应用实例1　奶牛饲喂玉米秸秆精粗颗粒饲料对消化和生产性能的影响，为生产玉米秸秆精粗颗粒饲料的应用提供指导。

试验采用20头产奶牛，随机分成对照组、混合精料组、玉米秸秆精粗颗粒饲料组三个处理组，进行30天饲养对比试验和消化试验。

奶牛每天平均的进食量和营养成分摄入量见表5-10。

夏季炎热季节，用精粗配合颗粒饲料可明显提高奶牛对干物质的采食量，缓解热应激对奶牛采食量影响的副作用。采用精粗配合颗粒饲料饲喂下，奶牛的饲料鲜样采食量比饲喂混合精料组高出7.3％，但干物质采食量高出34％（表5-10），这对高产奶牛尤为重要；同时饲喂颗粒饲料对反刍次数和产奶量无不良影响（表5-11、表5-12）。玉米秸秆精粗颗粒饲料的最主要特点是精粗一体，有利于大规模工业化生产，为国内饲料市场增加了新的品种。直接饲喂会造成浪费，如果加工成颗粒饲料，便于储藏和运输，可以提高经济效益。

表5-10　不同日粮处理组奶牛饲料进食量和营养成分摄入量

单位：千克

组别	配合颗粒饲料	日粮鲜样	风干进食量	干物质	粗蛋白质	中性洗涤纤维	酸性洗涤纤维
对照组	0	35.19	16.48	15.38	2.62	5.82	3.43
混合精料组	0	34.19	16.16	15.01	2.63	5.76	3.08
颗粒饲料组	15	36.69	22.11	20.12	3.03	8.52	5.21

注：引自莫放(2006)，玉米秸秆精粗颗粒饲料加工与应用。

表5-11　不同日粮处理组奶牛每一食团咀嚼次数（反刍次数）比较

组　　别	次数/次
对照组	50
混合精料组	45
颗粒饲料组	48

注：引自莫放(2006)，玉米秸秆精粗颗粒饲料加工与应用。

表5-12　不同日粮处理组奶牛产奶量测定平均值

单位：千克

组别	试验前	试验中期	试验末期
对照组	18.54	17.85	20.18
混合精料组	16.16	17.08	16.73
颗粒饲料组	19.18	17.45	19.67

注：引自莫放(2006)，玉米秸秆精粗颗粒饲料加工与应用。

（2）应用实例2　本实例研究稻草复合颗粒料代替羊草对荷斯坦奶牛产奶性能的影响。

试验动物选择年龄、胎次、产犊日期和产奶量相近的 57 头荷斯坦泌乳母牛，平均胎次 1.5 胎，起始日产奶量 32.1 千克/天，平均起始泌乳天数为 77.6 天。

试验牛均采用颈枷式拴系饲养，由专人负责喂料和挤奶，每日饲料分早、中、晚三餐喂给，每日采用管道式机器挤奶 3 次，饮水自由。

根据胎次、产犊日期和产奶量一致原则，采用随机区组设计将 57 头试验牛分为三组，每组 19 头，各组试验牛的基本情况见表 5-13。对照组按照奶牛场常规饲喂制度喂料，其日粮精粗比为 53∶47，其中精料部分包括 10 千克混合精料和 4 千克味精渣，混合精料由 40%玉米、8%麸皮、15%豆粕、10%棉籽饼、10%菜籽粕、10%棉籽、2%NaHCO$_3$ 和 5%矿物质及添加剂组成；青、粗饲料日喂量［千克/（头·天）］分别为青贮玉米 15、黑麦草 12.5、大头菜 10、苜蓿草块 1.5 和羊草 4.5。试验 Ⅰ、Ⅱ组的日粮分别为稻草复合颗粒料 Ⅰ、Ⅱ等量替代对照日粮中的羊草，替代量分别为试验 Ⅰ 期 3 千克/（头·天）、试验 Ⅱ 期 4.5 千克/（头·天），其他日粮组分与对照组相同。整个试验期共 70 天，包括预试验期 10 天，试验 Ⅰ 期和试验 Ⅱ 期各 30 天。

表 5-13 试验前各组试验牛的基本情况

项目	对照组	试验Ⅰ组	试验Ⅱ组
胎次	1.47	1.53	1.47
起始泌乳天数/日	76.5	76.9	79.3
起始日产奶量/千克	32.11	32.15	31.96
乳脂率/%	3.51	3.49	3.52
乳蛋白/%	2.71	2.68	2.73
乳糖/%	4.8	4.9	4.9
体细胞计数/(万/毫升)	20.45	18.80	21.06

注：引自吴跃明（2004），稻草复合颗粒料代替羊草对荷斯坦奶牛产奶性能的影响。

稻草复合颗粒料 Ⅰ、Ⅱ由浙江大学奶业科学研究所研制，它是以稻草为主要原料（占 79%），通过机械加工揉碎、石灰＋尿素复合化学预处理，并添加适量混合精料和添加剂预混料，再经颗粒饲料机压制成型调制而成的。其外形尺寸为直径 10 毫米、长约 15～25 毫米的圆柱状颗粒，色泽草黄，气味糊香。稻草颗粒料Ⅰ、Ⅱ的配方除精料比例外基本相同，混合精料的添加比例分别为 9%、14%，其化学组成见表 5-14。

表 5-14　稻草复合颗粒料与羊草的化学组成　　　单位:%

项目	稻草复合颗粒料Ⅰ	稻草复合颗粒料Ⅱ	羊草
干物质/%	83.8	84.4	88.9
粗蛋白质/%	13.4	13.7	7.1
泌乳净能/(兆焦/千克)	3.9	4.1	4.3
中性洗涤纤维/%	60.8	53.8	61.2

注:引自吴跃明(2004),稻草复合颗粒料代替羊草对荷斯坦奶牛产奶性能的影响。

黑白花奶牛饲喂稻草复合颗粒料的产奶量见表 5-15。

表 5-15　奶牛饲喂稻草复合颗粒料的产奶量

项目	对照组	试验Ⅰ组	试验Ⅱ组	SEM	差异显著性
试验牛数量/头	19	19	19		
日产奶量/千克					
试验前	32.11	32.15	31.96	0.244	NS
试验Ⅰ期	30.02	30.55	30.62	0.498	NS
试验Ⅱ期	29.25	29.84	29.99	0.538	NS
与试验前比较/%					
试验Ⅰ期	−6.5	−5.0	−4.2		
试验Ⅱ期	−8.9	−7.2	−6.2		
FCM 产奶量/千克					
试验前	29.70	29.59	29.62	0.453	NS
试验Ⅰ期	27.13	27.61	28.07	0.520	NS
试验Ⅱ期	25.94	26.57	27.06	0.572	NS

注:FCM 指 4%乳汁校正标准乳;SEM 指均值标准误差;NS 指差异不显著。

由表5-15可知，利用稻草复合颗粒料与羊草进行奶牛饲喂试验，研究发现试验前各组试验牛的日产奶量相近，而在试验中饲喂稻草复合颗粒料的试验组奶牛的平均日产奶量均比羊草对照组有提高的趋势，其中两期试验，试验Ⅰ组比对照组分别提高1.8%、2%，试验Ⅱ组分别提高2%、2.5%。泌乳高峰期过后试验组的日产奶量下降幅度明显低于对照组。若根据Gaines的公式将各头试验牛的日产奶量按各自的乳脂率进行校正得到4%乳脂标准乳产量，试验组均比对照组提高1.8%～4.3%。这一结果说明，用3.0～4.5千克/（头·天）的稻草复合颗粒料等量替代日粮中的羊草，对高产奶牛的产奶量不会产生不利影响，而且可能还有一定的促进作用，并且其饲喂效果以精料添加比例为14%的稻草颗粒料最好。究其原因可能与稻草复合颗粒料比羊草具有较高的粗蛋白质和养分平衡性，更有利于满足高产奶牛泌乳的养分需要有关。另外，也有研究报道，用大麦秸秆颗粒饲料［3.9千克/（头·天）］替代等量的东北羊草饲喂黑白花泌乳母牛，对产奶量没有产生显著影响，且秸秆颗粒料组的日产奶量（26.3千克）稍高于羊草组（25.1千克）。任金焕等用秸秆块饲喂奶牛，也发现对产奶量没有显著影响。

饲喂稻草复合颗粒料对奶牛乳成分的影响见表5-16。

表5-16　奶牛饲喂稻草复合颗粒料的乳成分变化

项目	对照组	试验Ⅰ组	试验Ⅱ组	SEM	差异显著性
乳脂率/%					
试验前	3.51	3.49	3.52	0.075	NS
试验Ⅰ期	3.38	3.37	3.45	0.064	NS
试验Ⅱ期	3.26	3.28	3.36	0.066	NS
乳蛋白/%					
试验前	2.71	2.68	2.73	0.039	NS
试验Ⅰ期	2.64	2.69	2.75	0.038	NS
试验Ⅱ期	2.62	2.68	2.72	0.039	NS

项目	对照组	试验Ⅰ组	试验Ⅱ组	SEM	差异显著性
乳糖/%					
试验Ⅰ期	4.82	4.81	4.88	0.040	NS
试验Ⅱ期	4.70	4.67	4.74	0.036	NS
乳总固形物/%					
试验Ⅰ期	11.61	11.67	11.92	0.120	NS
试验Ⅱ期	11.29	11.36	11.57	0.109	NS
体细胞计数/毫升$^{-1}$					
试验前	20.45	18.80	21.06	5.545	NS
试验Ⅰ期	21.46	21.90	22.48	5.236	NS
试验Ⅱ期	30.84	24.88	32.64	5.675	NS

注:引自吴跃明(2004),稻草复合颗粒料代替羊草对荷斯坦奶牛产奶性能的影响。

由表 5-16 可知,试验前各组试验牛的乳脂率和乳蛋白含量无明显差异,而在试验期中,试验Ⅱ组奶牛的乳脂率和乳蛋白含量均比对照组分别提高 2.1%～3.1%和 3.8%～4.2%,相应地,乳中总固形物含量提高 2.5%～2.7%($P > 0.05$)。此外,各组试验牛的乳中体细胞计数均属正常范围。这些结果表明,用合理调制的稻草复合颗粒料替代羊草饲喂高产奶牛,对乳脂、乳蛋白和乳中总固形物等乳成分的含量没有不良影响,相反可能还有一定的改善作用,特别是当饲喂含精料 14%的稻草颗粒料时,效果较为明显。

而对于利用秸秆或稻草压制成颗粒作为饲料,饲喂奶牛时,同时又表现出明显的经济效益。见表 5-17。

表 5-17　饲喂稻草复合颗粒料的产奶效益

项目	对照组		试验Ⅰ组		试验Ⅱ组	
	饲喂量/千克	饲料成本/元	饲喂量/千克	饲料成本/元	饲喂量/千克	饲料成本/元
饲料原料						
混合精料	10	13.00	10	13.00	10	13.00

续表

项目	对照组		试验Ⅰ组		试验Ⅱ组	
	饲喂量/千克	饲料成本/元	饲喂量/千克	饲料成本/元	饲喂量/千克	饲料成本/元
味精渣	4	2.40	4	2.40	4	2.40
青贮玉米	15	3.00	15	3.00	15	3.00
黑麦草	12.5	1.50	12.5	1.50	12.5	1.50
大头菜	10	2.00	10	2.00	10	2.00
苜蓿	1.5	1.88	1.5	1.88	1.5	1.88
羊草						
试验Ⅰ期	4.5	3.38	1.5	1.13	1.5	1.13
试验Ⅱ期	4.5	3.38	0	0	0	0
稻草颗粒料						
试验Ⅰ期	0	0	3.0	1.68	3.0	1.80
试验Ⅱ期	0	0	4.5	2.52	4.5	2.70
饲料总成本/[元/(日·头)]						
试验Ⅰ期		27.15		26.58		26.70
试验Ⅱ期		27.15		26.30		26.48
单位产奶饲料成本/(元/千克)						
试验Ⅰ期		0.904		0.870		0.872
试验Ⅱ期		0.928		0.881		0.883

注:引自吴跃明(2004),稻草复合颗粒料代替羊草对荷斯坦奶牛产奶性能的影响。

由表5-17可知,饲喂稻草颗粒料的试验组奶牛按每天每头计算,饲料总成本和单位产奶量饲料成本均低于对照组,其中单位产奶量饲料成本试验组比对照组降低了0.034~0.045元/千克。这主要是由于稻草复合颗粒饲料的成本(0.56~0.60元/千克)低于羊草成本(0.75元/千克),以及试验组的奶牛日产奶量略高于对照组。若按上述每千克产奶节约0.04元饲料成本计算,则一头日产奶30千克的奶牛,用稻草颗粒料替代等量羊草饲喂,每日可节约饲料成本 1.2 元。依此估算，对于一个千头规模的奶牛场，每年将可以节约饲料成本费达 43.8 万元。可见使用稻草复合颗粒料饲喂高产奶牛，可以产生显著的经济效益。

二、块状粗饲料的加工调制在牛饲养中的应用

1.块状粗饲料在肉牛生产中的应用效果

块状秸秆饲料经过高温高压处理后，在肉牛生产中具有较好的饲喂效果，提高了秸秆的利用率。

试验分别采用玉米秸秆、稻草秸秆与精料设计全混合日粮，配制压缩成块状饲料进行肉牛育肥及屠宰测定试验，研究秸秆与精料分开的传统饲养模式与压块饲料饲喂肉牛对肉牛育肥效果的影响。

试验选取 20 头健康无病，体重、体尺相近，年龄 12～15 月龄育成牛，随机分为 4 组，每组 5 头，方案见表 5-18。各组参试牛初始体重、体尺指标均经统计学分析，差异不显著。

表 5-18　试验牛的日粮组成和饲料配方　　单位:%

原料名称	Ⅰ（试验）玉米秸秆复合压块饲料	Ⅱ（试验）稻草秸秆复合压块饲料	Ⅲ（对照）玉米秸秆青贮、黄贮;稻草;蛋白补充料;精补料	Ⅳ（对照）玉米秸秆青贮、黄贮;稻草;精补料
苜蓿干草	11.79	17.65	—	—
玉米黄贮	—	—	38.09	36.94
玉米青贮	—	—	42.39	42.94
干稻草	—	35.29	7.38	7.43
玉米秸秆	41.20	—	—	—
黄玉米	23.20	25.88	12.13	12.69
蛋白补充料	—	—	0.01	—
小麦麸	4.71	2.82	—	—
胡麻饼	6.25	7.06	—	—
棉籽粕	7.66	5.65	—	—
DDG	3.78	3.77	—	—

续表

原料名称	Ⅰ（试验） 玉米秸秆复合 压块饲料	Ⅱ（试验） 稻草秸秆复合 压块饲料	Ⅲ（对照） 玉米秸秆青贮、 黄贮；稻草；蛋白 补充料；精补料	Ⅳ（对照） 玉米秸秆青贮、 黄贮；稻草； 精补料
石粉	—	0.47	—	—
食盐	0.47	0.47	—	—
预混料	0.47	0.47	—	—
尿素	0.47	0.47	—	—
合计	100.00	100.00	100.00	100.00

注：引自李聚才（2006），全混合日粮压块饲料育肥肉牛试验研究。

　　试验用料，分别选用自然风干、无霉变的玉米秸秆、稻草与精补料搭配，配制全混合日粮，经专用饲料加工机组压缩成块状的饲料（压块饲料的规格一般为 32 毫米×32 毫米×50 毫米，密度为 0.7～1 吨/米^3）。对照组日粮为本场自制的青贮、黄贮玉米秸秆，稻草及精料，按青、粗饲料与精料分开的传统饲养模式饲喂。

　　预试期 10 天，对供试牛进行称初始重、编号、驱虫、防疫等处理。预试后转入正试期。正试期 75 天。期间每隔 20 天定时空腹称重 1 次，直至试验结束。

　　由表 5-19 可见，玉米秸秆复合压块成型饲料和稻草秸秆复合压块成型饲料，育肥牛平均增重与对照组差异极显著（$P<0.01$）；试验Ⅰ组与试验Ⅱ组、试验Ⅲ组与试验Ⅳ组之间差异不显著（$P>0.05$）。

表 5-19　全价日粮压块饲料育肥肉牛增重比较

组别	玉米秸秆复合 压块饲料	稻草秸秆复合 压块饲料	玉米秸青贮、 黄贮＋稻草＋蛋白 补充料＋精补料	玉米秸青贮、 黄贮＋稻草＋ 精补料
试验初重/千克	229.0	227.0	228.0	224.2
试验末重/千克	331.0[a]	329.0[a]	269.0[b]	250.0[b]
日增重/克	1259.3[a]	1259.3[a]	506.2[b]	318.9[b]

注：1.同行不同字母（上角）表示差异显著。

　　2.引自李聚才（2006），全混合日粮压块饲料育肥肉牛试验研究。

全混合日粮压块饲料对育肥肉牛体尺增长的影响结果，见表 5-20。

表 5-20　全混合日粮压块饲料育肥肉牛体尺的影响结果

指标		I（试验）	II（试验）	III（对照）	IV（对照）
肉用指数（BPI）	期初	1.94	1.96	1.94	1.89
	期末	2.80	2.75	2.25[a]	2.09
	增长	0.86[b]	0.79[b]	0.30[a]	0.20[a]
胸围指数	期初	128.92	130.49	130.17	128.02
	期末	143.56	143.79	130.61	129.42
	增长	14.66[b]	13.30[b]	0.44[a]	1.40[a]
体躯指数	期初	122.88	119.96	120.11	123.47
	期末	126.42	127.76	125.87	124.58
	增长	3.53[b]	7.80[b]	5.76[a]	1.11[a]
体长指数	期初	104.99	109.24	103.50	103.83
	期末	126.42	127.76	120.11	124.58
	增长	21.43[b]	18.52[b]	20.75[a]	16.61[a]

注：1. 同行不同字母（上角）表示差异显著。

2. 引自李聚才（2006），全混合日粮压块饲料育肥肉牛试验研究。

由表 5-20 可见，饲喂玉米秸秆复合压块饲料组（I）牛的体尺指数较其他组高。

屠宰率测定结果及评价，见表 5-21 和表 5-22。

表 5-21　用全混合日粮压块饲料育肥肉牛屠宰测定结果

指标	I（试验）	II（试验）	III（对照）	IV（对照）
宰前活重/千克	410[a]	348[b]	315[b]	275[bc]
胴体重/千克	218.9[a]	180.6[b]	160.0[b]	132.5[bc]
屠宰率/%	53.4[a]	51.9[a]	50.8[a]	48.2[b]
净肉重/千克	181.2[a]	148.4[b]	130.8[b]	108.3[bc]

续表

指标	Ⅰ(试验)	Ⅱ(试验)	Ⅲ(对照)	Ⅳ(对照)
净肉率/%	44.2[a]	42.64[a]	41.52[a]	39.38[b]
胴体产肉率/%	82.78	82.17	81.75	81.74
骨重/千克	37.7[a]	32.2[b]	29.2[b]	24.2[bc]
骨肉比	4.81	4.61	4.48	4.48
眼肌面积/厘米³	58.8[a]	53.9[b]	50.1[b]	46.2[b]

注:1.同行不同字母(上角)表示差异显著。

2.引自李聚才(2006),全混合日粮压块饲料育肥肉牛试验研究。

表5-22 用全混合日粮压块饲料育肥肉牛屠宰测定结果

单位:千克

指标		Ⅰ(试验)	Ⅱ(试验)	Ⅲ(对照)	Ⅳ(对照)
特优级	里脊	10.7	8.1	7.0	5.5
	外脊	7.8	5.8	5.3	4.0
高档肉	眼肉	7.5	5.8	4.5	3.9
	上脑	7.8	5.8	5.2	4.0
	嫩肩肉	29.2	26.6	19.8	16.1
	小米肉	9.4	8.5	7.1	5.6
	大米肉	12.1	10.1	9.7	5.4
优质肉	臀肉	18.8	10.7	10.2	9.3
	腰肉	9.6	7.7	7.5	7.6
	膝圆	16.3	13.3	12.3	10.8
	胸肉	11.0	6.5	5.8	5.4
普通肉	腹肉	26.4	25.4	23.4	19.2
	腱子肉	14.6	14.1	13.0	11.5
	合计	181.2[a]	148.4[b]	130.8[b]	108.3[bc]

注:1.同行不同字母(上角)表示差异显著。

2.引自李聚才(2006),全混合日粮压块饲料育肥肉牛试验研究。

由表5-21可见，其试验Ⅰ组屠宰率、净肉率与各组比较，Ⅰ组、Ⅱ组、Ⅲ组之间差异不显著（$P>0.05$），Ⅰ组、Ⅳ组间存在显著差异（$P<0.05$）。

由表5-22可以看出，根据我国《牛肉质量分级》标准（NY/T 676—2010），按13块分割肉四个档次划分法，试验Ⅰ组特优级肉、高档肉、优质肉和一般肉分别占净肉重的5.91％、12.75％、52.65％和28.7％，其优质高档肉占净肉重的71.3％，较Ⅲ组和Ⅳ组分别高2.74％和6.94％；试验Ⅱ组特优级肉、高档肉、优质肉和一般肉分别占净肉重的5.46％、11.47％、51.82％和31％，其优质高档肉占净肉的69％，较Ⅲ组和Ⅳ组分别高1.86％和3.49％。

全混合日粮压块饲料育肥肉牛的经济效益分析，见表5-23。

表5-23 全混合日粮压块饲料育肥肉牛的经济效益分析

组别	Ⅰ（试验）	Ⅱ（试验）	Ⅲ（对照）	Ⅳ（对照）
总增重/千克	102.00[a]	102.00[a]	41.00[b]	25.83[b]
饲料消耗/千克	643.82	655.78	1029.74	980.47
料重比	6.31	6.42	24.9	37.96
成本/元	804.78	872.19	178.03	254.92
收入/元	1224.00	1224.00	492.00	309.96
头均盈利/元	419.22	351.81	213.97	55.04

注：1. 同行不同字母（上角）表示差异显著。

2. 引自李聚才（2006），全混合日粮压块饲料育肥肉牛试验研究。

由表5-23可见，以玉米秸秆为复合主体的压块饲料组Ⅰ效益最佳，其头均盈利419.22元，以稻草秸秆为复合主体的压块饲料组Ⅱ头均获利351.81元；而对照组头均分别只获利213.97元和55.04元。试验Ⅰ组较对照组分别每头多盈利205.25元和364.18元；试验Ⅱ组较对照组分别多盈利137.84元和296.77元。

2. 块状粗饲料在奶牛生产中的应用效果

（1）应用实例1 秸秆压块后可以改善其适口性，提高牛的采食量。同时由于添加了精料、饲料添加剂等，秸秆压块饲料可以达到营养平衡，给肉牛和奶牛提供更加完善的营养物质。

秸秆饲料块产品也可以提高奶牛的养殖效益。对育成牛，从育成牛 7 月龄 165 千克开始计算至青年牛达配种体重 400 千克时，每头牛可节约饲料成本 822.5 元，可节省培育饲养时间 123 天。对于一胎青年泌乳奶牛，试验Ⅰ组比对照组可增奶 0.19 千克，每头日饲料成本可节约 2.36 元，每头日净增效益 2.76 元，每头年（305 天产奶）净增效益 841.8 元；试验Ⅱ组比对照组可增奶 2.17 千克，每头日饲料成本可节约 0.36 元，每头日净增效益 4.7 元，每头年（305 天产奶）净增效益 1433.50 元。对于成年泌乳奶牛，试验组比对照组可增奶 2.18 千克，每头日饲料成本可节约 0.4 元，每头日净增效益 4.76 元，每头年（305 天产奶）净增效益 1451.8 元（表 5-24）。

表 5-24　秸秆压块饲料饲喂效果

饲料种类	育成牛对照组	育成牛试验组	一胎奶牛对照组	一胎奶牛试验Ⅰ组	一胎奶牛试验Ⅱ组	成年奶牛对照组	成年奶牛试验组
精料/千克	2.5	2.5	9.56	9.56	9.56	10.5	10.5
啤酒糟/千克			14.0	14.0	14.0	2.5	2.5
豆腐（淀粉）渣/千克						2.5	2.5
青贮玉米秸/千克	15.0		20.0		20.0	17.5	12.5
东北草/千克			4.0				
秋白草/千克	2.5						
羊草/千克						4.0	
胡萝卜/千克						2.5	2.5
普通秸秆草块/千克							5.5
复合秸秆草块/千克		6.0			6.0	3.0	
日粮成本/元	7.33	7.70	18.23	15.87	17.87	17.50	17.10
日均增重或增奶量/千克	0.728	1.177		比对照组+0.19	比对照组+2.17		比对照组+2.18

注：引自王镇（2005），秸秆压块饲料饲喂泌乳奶牛的效果。

（2）应用实例 2　本应用实例研究不同比例压块秸秆与羊草组成粗饲料对奶牛瘤胃发酵和生产性能的影响。

试验选用 4 头体况良好、体重为（550±25）千克、日产奶量为（18±3）千克的装有永久性瘤胃瘘管的中国荷斯坦经产 1 胎奶牛进行试验。日粮精粗比为 6∶4，精料组成相同，粗料分别为 100％玉米秸、60％玉米秸＋40％羊草、40％玉米秸＋60％羊草、100％羊草。压块玉米秸秆由吉林省公主岭秸秆综合利用开发有限公司提供，营养成分含量为：粗蛋白质（CP）5.8％、中性洗涤纤维（NDF）74.44％、酸性洗涤纤维（ADF）43.16％、Ca 0.62％、P 0.18％。羊草产于东北，营养成分含量为 CP 7.40％、NDF 67.24％、ADF 41.21％、Ca 0.28％、P 0.20％。日粮营养需要参照 2004 版《奶牛饲养标准》配制，饲料产奶净能依据《奶牛营养需要和饲料成分》中的方法估测，试验日粮组成及营养水平见表 5-25。

表 5-25　试验日粮组成及营养水平（干物质基础）

项目	100％玉米秸	60％玉米秸＋40％羊草	40％玉米秸＋60％羊草	100％羊草
原料/％				
玉米秸秆	40.00	24.00	16.00	—
羊草	—	16.00	24.00	40.00
玉米	34.80	34.80	34.80	34.80
豆粕	6.96	6.96	6.96	6.96
麸皮	6.00	6.00	6.00	6.00
棉粕	10.44	10.44	10.44	10.44
磷酸氢钙	0.60	0.60	0.60	0.60
食盐	0.60	0.60	0.60	0.60
预混料	0.60	0.60	0.60	0.60
合计	100.00	100.00	100.00	100.00
营养水平				

项目	100% 玉米秸	60%玉米秸＋ 40%羊草	40%玉米秸＋ 60%羊草	100% 羊草
粗蛋白质(CP)/%	12.88	13.14	13.27	13.52
产奶净能(NEL)/(兆焦/千克)	5.71	5.82	5.86	5.95
中性洗涤纤维(NDF)/%	38.84	36.40	35.83	34.67
酸性洗涤纤维(ADF)/%	20.85	19.91	19.75	19.44
钙(Ca)/%	0.44	0.60	0.57	0.51
总磷(TP)/%	0.48	0.45	0.45	0.46

注:引自张倩(2010),不同比例压块秸秆与羊草组成粗饲料对奶牛瘤胃发酵和生产性能的影响。

试验采用 4×4 拉丁方设计,共 4 期,每期 15 天,其中 10 天预饲期,5 天采样期。试验牛拴系饲养,单独饲喂,每日饲喂 3 次(06:00、12:00 和 18:00),先粗后精;3 次机械挤奶(07:30、13:30 和 19:30),全天自由饮水。

不同比例压块秸秆与羊草组成的粗饲料日粮对奶牛瘤胃发酵指标的影响,见表 5-26。

表 5-26 不同粗饲料组合对奶牛瘤胃发酵和微生物蛋白产量的影响

项目	100% 玉米秸	60%玉米秸＋ 40%羊草	40%玉米秸＋ 60%羊草	100% 羊草	SEM	P 值
瘤胃 pH	6.51	6.45	6.46	6.44	0.05	0.77
氨态氮/(毫克/升)	59.67	54.85	56.61	53.74	3.36	0.64
总挥发酸/(毫摩尔/升)	109.63	108.44	107.26	107.54	4.52	0.98
乙酸/(毫摩尔/升)	75.5	74.06	72.78	72.99	4.35	0.97
丙酸/(毫摩尔/升)	16.96	17.57	17.74	18.04	1.11	0.91
乙酸：丙酸	4.67	4.27	4.14	4.12	0.43	0.78
丁酸/(毫摩尔/升)	13.23	13.09	12.83	12.79	0.73	0.97
异丁酸/(毫摩尔/升)	1.09	1.01	1.05	1.00	0.04	0.44

续表

项目	100%玉米秸	60%玉米秸+40%羊草	40%玉米秸+60%羊草	100%羊草	SEM	P 值
戊酸/(毫摩尔/升)	1.36	1.36	1.32	1.31	0.05	0.82
异戊酸/(毫摩尔/升)	1.49	1.35	1.53	1.04	0.07	0.38
尿酸/(毫摩尔/天)	36.23	38.67	37.04	37.56	1.05	0.82
尿囊素/(毫摩尔/天)	170.98	194.06	176.48	181.03	9.19	0.40
总嘌呤/(毫摩尔/天)	207.20	232.73	213.51	218.59	9.89	0.39
微生物蛋白质/(克/天)	873.89	1010.35	907.60	934.76	52.88	0.39

注:引自张倩(2010),不同比例压块秸秆与羊草组成粗饲料对奶牛瘤胃发酵和生产性能的影响。

4 种日粮处理的各项奶牛瘤胃发酵指标及微生物蛋白质产量见表 5-26。由表 5-26 可知,不同粗饲料组合条件下各项指标的组间差异均不显著($P>0.05$)。

不同比例压块秸秆与羊草组成的粗饲料日粮对奶牛营养物质消化率影响,见表 5-27。

表 5-27　不同粗饲料组合对各种营养成分全消化道表观消化率的影响

单位:%

项目	100%玉米秸	60%玉米秸+40%羊草	40%玉米秸+60%羊草	100%羊草	SEM	P 值
干物质	57.73	61.69	60.06	62.33	1.57	0.25
有机物	48.50	51.56	51.57	51.69	3.01	0.85
粗蛋白质	74.26	76.72	76.42	76.02	1.10	0.45
中性洗涤纤维	53.30	58.65	57.74	57.73	1.33	0.10
酸性洗涤纤维	46.14	48.56	47.44	46.73	1.51	0.71

注:引自张倩(2010),不同比例压块秸秆与羊草组成粗饲料对奶牛瘤胃发酵和生产性能的影响。

由表 5-27 可知,60% 玉米秸＋40%羊草组中性洗涤纤维消化率相对于 100% 玉米秸组有提高的趋势($P=0.10$);各组间干物质、有机物、粗蛋白质和酸性洗涤纤维的消化率差异均不显著（P ＞0.05），从数值上看，100％玉米秸组均最低，60％玉米秸＋40％羊草组的粗蛋白质和酸性洗涤纤维的消化率最高。

不同比例压块秸秆与羊草组成的粗饲料日粮对奶牛生产性能的影响，见表5-28。

表5-28 不同粗饲料组合对奶牛采食量、产奶量及乳成分含量的影响

项目	100％玉米秸	60％玉米秸＋40％羊草	40％玉米秸＋60％羊草	100％羊草	SEM	P 值
干物质采食量/(千克/天)	18.77	19.28	19.29	18.77	0.24	0.31
产奶量/(千克/天)	15.43	16.55	16.00	16.88	1.16	0.82
乳脂校正乳产量/(千克/天)	14.61	16.52	16.13	16.73	1.07	0.54
乳脂率/％	3.70	4.01	4.01	3.93	0.18	0.62
乳蛋白率/％	3.25	3.35	3.22	3.23	0.05	0.33
乳糖率/％	4.51	4.60	4.62	4.52	0.04	0.18
乳干物质率/％	13.03	13.63	13.42	13.18	0.23	0.35

注：引自张倩(2010)，不同比例压块秸秆与羊草组成粗饲料对奶牛瘤胃发酵和生产性能的影响。

由表5-28可见，试验牛对各组日粮干物质的采食量无显著差异（P＞0.05），从数值上看，60％玉米秸＋40％羊草组和40％玉米秸＋60％羊草组有略微的提高；日粮处理间产奶量差异不显著（P＞0.05），以100％玉米秸组最低；各种乳成分含量也无显著差异（P＞0.05），从数值上看，60％玉米秸＋40％羊草组的乳脂率、乳蛋白率和乳干物质率最高。

精料和精粗比相同，粗饲料由不同比例压块玉米秸秆和羊草组成的日粮对奶牛瘤胃发酵无显著影响，均能保证正常发酵。压块秸秆与羊草以6:4的比例组合有提高日粮NDF消化率的趋势，同时在一定程度上改善了奶牛的瘤胃内环境和生产性能，提高了微生物蛋白质的产量。

第二节　秸秆饲料的化学处理在牛饲养中的应用

一、秸秆的碱化在牛饲养中的应用

近年来，许多国家如丹麦、英国、美国等对碱化秸秆的现代化加工方法都很重视，进行了工厂化生产。英国 BOCM 公司在 1974 年建了一座年加工 2 万吨秸秆的饲料工厂，加工工艺程序是秸秆切碎、干燥、用氢氧化钠处理，最后制成颗粒或块状饲料。这种饲料含干物质 80％～88％，可消化有机物 52％～67％。每头产奶牛日喂 3～4 千克块状饲料，并搭配其他日粮成分。1977 年英国有 5 个秸秆工厂投产，每年加工 120 万吨。波兰进口丹麦的秸秆工厂设备，将秸秆经碱化处理后，加入尿素和糖蜜，制成颗粒饲料，其中秸秆占 50％。波兰本国研制的秸秆饲料生产设备，生产含秸秆 70％的全日粮块状饲料，1980 年时年产量达到 200 万～250 万吨，有 23 个碱化和氨化秸秆处理工厂。法国用浓氢氧化钠溶液处理秸秆提高其营养价值，并混入氮、矿物质及其他添加剂，制成全日粮颗粒饲料喂牛。

1.秸秆碱化在育肥牛生产中的应用

无论是成年牛育肥和幼牛的催肥期都应注意牛舍温度，冬季应注意保温，使圈舍温度保持在 5～6℃，舍温过低会增加消耗，影响增重。夏季要注意通风，温度以 20℃左右为宜，舍温过高影响营养物质利用率。在育肥阶段，应尽量使牛减少运动，尽量保持牛舍光线暗一些，保持安静，利于增膘。

（1）应用实例 1　幼牛育肥。

幼牛育肥指断奶后小牛育肥饲养到 18 个月龄，使其体重达到 600 千克左右，这时幼牛正处于发育阶段，营养主要用于肌肉组织的生长与体脂储积。幼牛育肥应利用具骨骼肌肉生长迅速的特点获取最大的日增重和最高的饲料报酬。幼牛育肥可分为增肉期和催肥期两个阶段。

增肉期一般为 15 月龄以前,此阶段可大量饲喂碱化秸秆,自由采食不限量,精料每天补充 1～3 千克,日喂 3 次。精料配方:麸皮 30%、玉米 30%、饼(粕)类 37%、石粉 1.5%、食盐 1.5%。采取先粗后精的喂法。

催肥期为 15 月龄以后的 2～3 个月,此阶段每天要保证 5～8 千克的精料供给,在此前提下秸秆自由采食,可采取喂后 1 小时再饮水,日喂 3 次。精料配方:玉米 55%、麸皮 18%、饼(粕)类 23%、尿素 2%、石粉 1%、食盐 1%。

(2)应用实例 2 成年牛育肥。

成年牛源于肉用母牛、淘汰的乳用母牛及退役的黄牛、水牛等。成年牛育肥以增加脂肪为主,肌肉增加极少,所以育肥要求供给碳水化合物含量高的饲料,蛋白质不必太多,保持适量,矿物质保证需要。成年牛育肥期为 2～3 个月,每天可供给 5～8 千克精饲料,碱化秸秆自由采食。精饲料配方:玉米 65%、麸皮 15%、饼(粕)类 18%、小苏打 0.5%、石粉 0.5%、食盐 1%。饲喂方法为每天 2 次,供给充足的饮水。

2. 秸秆碱化在奶牛生产中的应用

(1)应用实例 1 碱处理秸秆饲喂干奶牛模式。

干奶牛的饲养管理主要是提高受配率、受胎率,充分利用秸秆等粗饲料,降低饲养成本。母牛在配种前应具有中等偏上的膘情,过瘦或者过肥都会影响繁殖。在肉用母牛的饲养管理中,如果精料过多而运动又不足的话,易造成母牛过肥,影响发情。但如果只喂秸秆又会造成营养缺乏、牛体过瘦,也会影响母牛的发情和繁殖。瘦弱的母牛配种前 1～2 个月应加强饲养管理水平,在以秸秆为主要粗饲料的情况下应适当补充精料,并注意蛋白质饲料的补饲,以及微量元素和维生素(维生素 A 和维生素 E)的添加,提高受胎率。精料配方:玉米 55%、饼粕饲料 20%、麸皮 22%、石粉 1%、食盐 1%、微量元素和维生素预混料 1%。有的地区饲养母牛,可利用当地玉米秸秆资源丰富的条件,补给 1 千克左右的精料(玉米和麸皮），在饲槽旁放置尿素添砖，可取得很好的效果。用碱处理秸秆饲喂干奶牛还可以代替部分青贮饲料，其饲喂量可占日粮干物质的77%。例如，以碱化秸秆为主要粗饲料，让牛自由采食，每头每天加喂10千克青草青贮或玉米秸青贮、0.5千克的糖蜜和0.06千克的矿物质。据分析，此时秸秆干物质量为8千克，占总干物质的77.2%，达到了干奶牛的营养要求。

（2）应用实例2　利用秸秆饲养妊娠母牛模式。

妊娠期母牛的营养需要和胎儿生长有直接的关系。妊娠前6个月胚胎生长发育较慢，不必特意为母牛增加营养，母牛的体况保持在中上等即可。在妊娠的最后3个月是胚胎快速发育的时期，这个阶段胎儿的增重占犊牛初生重的70%～80%，因此胎儿会从母体吸收大量的营养供自身生长。一般在母牛分娩前至少增重45～70千克才能保证产犊后正常泌乳和发情。

当以青粗饲料为主的日粮饲喂妊娠母牛时要适当搭配精饲料。特别是粗饲料以麦秸、稻草、玉米秸等秸秆为主时，先进行碱化处理提高其消化率，再搭配优质豆科牧草，并补饲饼粕类饲料，也可用尿素替代部分蛋白质饲料。精料配方：玉米52%、饼粕类饲料20%、麸皮25%、石粉1%、食盐1%、微量元素和维生素预混料1%。精料和多汁饲料较少时，可采用先粗后精的顺序饲喂，即先喂粗饲料，待牛吃半饱后，在粗饲料中拌入部分精或多汁饲料，诱导采食，最后把余下的精料全部投喂。在饲养水平较高时，应避免过度肥胖，保证一定的运动量。

（3）应用实例3　利用秸秆饲喂泌乳牛模式。

泌乳牛的主要任务是多产奶。本地黄牛分娩后平均日产奶2～4千克，泌乳高峰期多在分娩后1个月出现；大型肉用母牛在自然哺乳时平均日产奶量可达6～7千克，分娩后2～3个月达到泌乳高峰；西门塔尔等兼用牛平均日产奶量可达10千克以上，产奶高峰期可达30千克左右；荷斯坦泌乳牛日产奶在15千克以上，产奶高峰期可达30～40千克，甚至更高。因此泌乳牛如果营养不足不仅产量下降还会损害母牛的健康。

① 泌乳早期奶牛。在泌乳早期（产犊后 3 个月内），肉用母牛日产奶量可达 7～10 千克，能量饲料的需要比妊娠和干奶牛高出 50％左右，蛋白质、钙、磷的需要量加倍。在饲喂青贮玉米或者碱化秸秆保证维持需要的基础上，需补饲 2～3 千克的精料，并保证充足的矿物质和维生素供应。在此期间，还应加强乳房的按摩，经常刷拭牛体，促使母牛加强运动，保证充足干净的水源。当母牛进入泌乳高峰期时可实行交替饲养法。即每隔一定天数改变饲养水平和饲养特性的方法。通过这种节律性的刺激，可以提高母牛的食欲和饲料转化率，从而增加泌乳量。一般交替饲养的周期为 2～7 天。如果同时加强挤奶和乳房按摩，促使母牛运动，保证充足干净的水源，则能延长泌乳高峰的时间。也可采用奶牛常用的引导饲养法，当母牛产犊后，每天增加精料 0.45 千克，直到泌乳高峰。

② 泌乳后期奶牛。在母牛泌乳后期（泌乳 3 个月至干奶），供给全价的配合饲料，保障充足的运动和饮水，加强乳房按摩及精细的管理，可以延缓泌乳量的快速下降。这个时期，牛的采食量有较大的增加，如饲喂过量的精料，易造成母牛过肥，影响产奶和繁殖。因此，应根据体况和秸秆等粗饲料的供应情况确定精料喂量，混合精料 1～2 千克，并保证充足的矿物质和维生素供应，多供应青绿多汁饲料。

二、秸秆的氨化在牛饲养中的应用

以氨化秸秆为主，搭配精料育肥肉牛，每千克增重较传统饲喂方法可节约精料 2 千克，并可缩短饲养周期。饲喂效果，12～18 月龄体重 300 千克以上架子牛舍饲育肥 105 天，日增重 1.3 千克以上。不同的饲喂模式如下。

（1）应用实例 1　氨化麦秸加棉籽饼和麦麸喂牛模式。

据河南周口地区报道，以氨化麦秸为主要粗饲料，并每日补以混合精料（棉籽饼：麦麸＝1：3）饲养育肥期的当地黄牛。试验分为两组，一组每日补喂 0.5 千克混合精料，另一组补饲 1 千克，两组牛均自由采食氨化麦秸。饲喂180天后，分别与喂未氨化麦秸并补以同样水平精料的牛相比。喂氨化麦秸＋1千克混合精料的牛，其日增重平均达504克，比相应的对照组提高1.41倍；饲料转化率为13.8，比相应的对照组提高1倍多，见表5-29。

表5-29　尿素氨化麦秸喂黄牛的效果

组　别	精料量/(千克/日)	牛始重/千克	日增重/克	秸秆食入量/千克	饲料转化率(饲料/增重)
未氨化组	0.5	198.6	160	4.96	34.1∶1
未氨化组	1.0	200.3	209	4.92	28.3∶1
氨化组	0.5	199.6	354	5.92	18.1∶1
氨化组	1.0	199.5	504	5.94	13.8∶1

根据河北省肥乡县报道，用无水液氨处理麦秸，并用上述相同的两个精料水平饲养黄牛，喂氨化麦秸并补喂1千克混合精料的牛，其日增重达660克，每增重1千克的饲料成本为1.74元，与相应的未氨化组比，其日增重提高1.75倍，每千克增重的饲料成本下降48.5%，见表5-30。

表5-30　液氨处理麦秸喂黄牛的结果

组　别	精料量/(千克/日)	牛始重/千克	日增重/(克/日)	秸秆采食量/(千克/日)	饲料转化率/(千克/千克)	增重成本/(元/千克)
未氨化组	0.5	186.0	110	4.3	44.3	5.00
未氨化组	1.0	194.0	240	3.9	20.6	3.38
氨化组	0.5	197.0	485	4.8	10.8	1.82
氨化组	1.0	213.0	660	4.3	8.0	1.74

（2）应用实例2　氨化麦秸加棉籽饼和玉米粉喂牛模式。

据河南淮阳县资料，以氨化麦秸为基础饲料，让牛自由采食；按不同体重定量补饲精料，每头每日补0.5～2.25千克精料（棉籽饼75%、玉米粉25%）。在100个示范户中（共259头牛）进行饲养试验。结果表明，育肥150～450千克的架子牛，日增重均在

0.5 千克以上，精料增重比在（0.83～3.5）：1 范围内。350 千克以下体重，精料增重比均低于 2：1。150 千克的架子牛育肥至 450千克，需要 498 天，见表 5-31。

表 5-31　氨化秸秆加棉籽饼和玉米粉喂养黄牛的效果

体重 /千克	精料量 /（千克/日）	秸秆采食量 /（千克/日）	日增量 /克	每千克增重耗精料量 /千克
151～200	0.50	5.20	605	0.83
201～250	0.70	5.98	574	1.22
251～300	0.90	6.60	593	1.52
301～350	1.30	7.14	654	1.99
351～400	1.80	7.40	514	3.50
401～450	2.25	7.9	707	3.18

（3）应用实例 3　氨化稻草加玉米粉或大米糠喂牛模式。

以氨化稻草为基础饲料，让牛自由采食，再每日每头牛补以粉碎玉米 500 克或大米糠 1100 克进行肉牛饲喂试验，并与喂未氨化稻草的牛比较。喂氨化稻草和 500 克粉碎玉米的牛，日增重达到346 克，每增重 1 千克耗精料 1.45 千克；喂氨化稻草和 1100 克米糠的牛，日增重为 512 克，每增重 1 千克耗精料 2.15 千克。而喂未氨化稻草的对照组的牛，则日增重仅 73 克，每千克增重耗精料6.85 千克。

（4）应用实例 4　氨化稻草加青贮玉米秸或新鲜紫云英喂牛模式。

据报道，用碳酸氢铵氨化稻草后饲喂肉牛，每日每头补以青贮玉米秸 10 千克或新鲜紫云英 15 千克，同时饲喂粉碎玉米等组成的混合精料 2 千克。与喂干草的牛进行比较，氨化稻草组的牛的日采食量为 5.1 千克，日增重为 780 克，而干草组则分别为 4 千克和537 克，前者比后者分别提高 27.5% 和 36.1%。

（5）应用实例 5　氨化秸秆加玉米面和豆饼育肥架子牛。

据报道，以氨化秸秆为主，搭配精料育肥肉牛，每千克增重较传统饲喂方法可节约精料 2 千克，并可缩短饲养周期。饲喂效果，12~18 个月体重 300 千克以上架子牛舍饲育肥 105 天，日增重 1.3 千克以上。氨化稻草或麦秸类型日粮配方举例见表 5-32。

表 5-32　氨化秸秆类型肉牛不同阶段各饲料日喂量

单位：千克

阶段(天数)	玉米面	豆饼	磷酸氢钙	微量元素	食盐	碳酸氢钠	氨化稻草(麦秸)
前期(30 天)	2.5	0.25	0.06	0.03	0.05	0.05	20
中期(30 天)	4.0	1.0	0.07	0.03	0.05	0.05	17
后期(30 天)	5.0	1.5	0.07	0.035	0.05	0.08	15

（6）应用实例 6　氨化玉米秸饲喂育成牛。

氨化玉米秸的制作：将玉米秸秆切成 2~3 厘米长短，按每 100 千克风干秸秆加 5 千克尿素，将尿素溶于水，均匀喷洒在玉米秸上，并调整含水量到 65％左右，然后密封储存 40 天以上即可。饲喂时摊开晾晒 1~2 天，放尽余氨。

食盐水复合氨化玉米秸的制作：将玉米秸秆切成 2~3 厘米长短，按 100 千克风干玉米秸加入 0.6 千克食盐和 5 千克尿素并将其一起溶于水，其他步骤和使用方法同氨化玉米秸。

玉米秸经盐水复合氨化处理，其粗蛋白质含量、采食量和日增重比普通玉米秸饲喂分别提高了 124.25％、22.26％和 56.25％，每千克增重饲料成本降低 15.63％（表 5-33）。

表 5-33　氨化玉米秸肥育肉牛的效果

项目	普通玉米秸	氨化玉米秸	盐水复合氨化玉米秸
日增重/千克	0.48	0.69	0.75
精料采食/千克	1.95	1.95	1.95
玉米秸采食/千克	6.14	7.34	8.11
总采食量/千克	8.09	9.29	10.06
饲料转化率	16.85	13.46	13.73

黄瑞鹏（2013）采用饲养试验研究了氨化油菜秸秆替代 40％粗饲料对威宁黄牛饲养效果的影响。试验采用单因素完全随机试验设计，选用平均体重（186.44±8.84）千克的威宁黄牛 16 头，分为两组，每组 8 头。对照组和试验组用氨化油菜秸秆分别代替 0 和 40％的粗饲料。结果表明，试验组与对照组相比增重效果显著（试验组日增重 0.59 千克，对照组 0.48 千克），料重比显著降低（17.17：14.42）。氨化油菜秸替代 40％粗料能提高威宁黄牛日增重，降低料重比，带来较好的经济效益。

（7）应用实例 7

① 秸秆饲喂干奶期的奶牛。奶牛产犊前 2 个月停止泌乳，进入干奶期。处于干奶期的奶牛，其日粮中粗饲料和精料的总干物质每天饲喂量一般要相当于体重的 1.5％～2％。例如，干奶牛体重 600 千克，则全天总干物质进食量为 9～12 千克。在产奶期的不同阶段，日粮粗料与精料比不同。以干物质为基础计，干奶期粗精料比为 8：2 或 7：3，临产前 2 周为 6：4 或 5：5，而泌乳旺期则应为 4.5：5.5 或 4：6。干奶期的母牛，应喂以较好的牧草、干草或半干青贮。如果以喂玉米青贮为主，则每头每天应供 20 千克以上的玉米青贮，同时补喂 0.5 千克豆饼。如果喂加有尿素的玉米青贮，则不需要另补充蛋白质饲料。

② 秸秆饲喂泌乳期母牛。泌乳母牛的营养需要包括维持生长需要和泌乳需要。头一、二个泌乳期的母牛除要考虑其自身生长需要外，还要分别增加 20％和 10％的营养供给量。在泌乳高峰期，除了保证优质干草和青贮饲料任其采食外，还要适当增加精料的喂量和次数。例如，每日产奶量 10 千克时，精粗料比为 3：7（以干物质计），日喂混合精料 4 千克；每日产奶量 15 千克时，精粗料比例可以不变，精料喂量应增到 5.6 千克；日产奶量为 20 千克时，精粗料比调整为 4：6，精料喂量 7.6 千克；日产奶量 25 千克时，精粗料比约为 5.5：4.5，精料喂量 9 千克；每日产奶量达 30 千克时，精粗料比变为 6：4，精料喂量达 13.2 千克。

初产奶牛（头胎牛）不仅产奶，而且还在生长，所以不能饲喂过多的秸秆料，一般秸秆料的喂量可占日粮干物质的 20% 左右，玉米青贮占日粮的 56% 左右。初产奶牛的日粮除玉米青贮料自由采食外，还可以加喂秸秆 4 千克、糖蜜 1 千克、玉米粉 2 千克、大豆饼 1 千克、尿素 0.15 千克和无机盐混合料 0.2 千克。

对于泌乳期牛，玉米青贮是提高产奶量、降低饲料成本、供给奶牛能量的当家饲料。饼粕、苜蓿、青干草以及鱼粉、血粉等是优质蛋白质饲料。在我国农村饲养奶牛的条件下，一般应当每产 3～5 千克奶喂 1 千克精料，精料与粗料（干物质）比应为 35：65，蛋白质占日粮干物质的 2%～16%，粗纤维占日粮的 20% 左右，食盐和无机盐饲料占 3% 左右，其钙磷之比应保持在（1.3～2）：1。

饲养 1 头平均日产 5 千克奶的泌乳牛，每日应供给精料 3～5 千克（其中饼粕类应占 15%～20%），青贮料 20～25 千克，青干草或氨化和碱化秸秆 2～2.5 千克。因此，养一头成年奶牛，每年最少应储备玉米青贮饲料 8 吨，氨化秸秆或青干草 800 千克，精料 500 千克。

据报道，用氨化稻草（占日粮干物质的 30%）喂泌乳牛，在同样日粮组成的条件下，用 50% 氨化玉米秸或稻草替代泌乳日粮中 50% 的羊草，对泌乳牛的产奶量和牛奶的营养成分均无不良影响，日产奶量达 26 千克，乳脂率为 3.3%。

对于泌乳末期的奶牛，既在产奶又在怀孕，故需要相当数量的能量、蛋白质和无机盐等营养物质。在保证其日粮蛋白质水平的同时，饲喂青贮玉米，并再喂占日粮干物质 40% 左右的氨化或碱处理秸秆，即可满足其营养需要。例如，日产奶 15 千克的怀孕后期母牛，可以日喂青贮料 15 千克，再让其自由采食氨化秸秆料，并补饲糖蜜 4 千克、玉米粉 3 千克、鱼粉 0.3 千克、尿素 0.1 千克和无机盐 0.1 千克。

三、碱化和氨化复合处理喂牛

1.复合处理的饲喂效果

碱化和氨化复合处理可提高瘤胃微生物蛋白质产量和羧甲基

纤维素酶活力，明显加快薄壁组织、厚壁组织和维管束组织的韧皮部在瘤胃中的降解，提高厚壁组织（主要是次生细胞壁）在瘤胃中的降解程度，从而来提高秸秆的干物质消化率，改善秸秆的营养价值。碱化和氨化复合处理秸秆往往有优于单一处理的效果。

（1）应用实例1　刘丹（2004）将供试稻草分为四组，按如下四种方式进行处理。

① A组为对照组，不经任何处理。

② B组为碱处理组，用4%的NaOH溶液浸泡稻草30分钟，弃处理残液后在室温下封存2天。

③ C组为尿素处理组，用5%尿素（按秸秆干物质计）和适量水加入装有稻草的塑料袋中密封，于35℃的恒温箱中保存7天。

④ D组为碳铵处理组，用10%碳铵（按秸秆干物质计）和适量水加入装有稻草的塑料袋中密封，于35℃的恒温箱中保存7天。

对照组稻草茎置于瘤胃内消化24小时后与消化12小时相比最明显的是薄壁组织已部分降解，但其他组织结构均未变形且保持完整。NaOH处理的稻草茎消化24小时后薄壁组织只剩极少数的地方未被降解，内圈维管束开始与薄壁组织分离且韧皮部已有一小部分被降解，但表皮层和厚壁组织仍保持完整。碳铵处理和尿素处理的稻草茎消化24小时后基本情况相似，它们的薄壁组织也已大部分被降解，维管束组织变形但仍保持完整，厚壁组织和表皮组织均未被降解（图5-1）。

（2）应用实例2　辛杭书等（2015）通过对水稻秸秆进行青贮、氨化和碱化处理，以风干的未经处理过的水稻秸秆为对照组，通过测定体外培养产气量和瘤胃发酵参数、检测微生物相对数量来表明不同处理水稻秸秆对体外瘤胃发酵模式、甲烷产量和微生物区系的影响。研究表明青贮、氨化及碱化均能在一定程度上改善水稻秸秆的质量。这是由于对秸秆进行处理后，能改变其纤维类成分的相对含量，从而有利于瘤胃微生物的发酵。而青贮处理后的秸秆，其体外发酵的产气延滞期显著低于其他3种秸秆，这可能是由于青

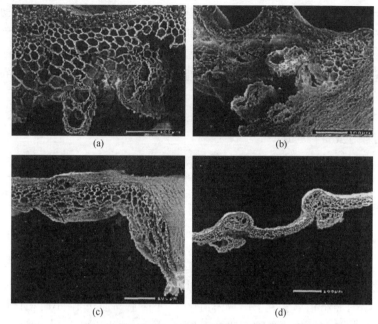

图 5-1　瘤胃消化 24 小时后的稻草茎的组织变化

（a）对照组的薄壁组织已部分降解；（b）NaOH 处理组的薄壁组织只剩
很小的一部分未被降解，内圈维管束组织严重变形（箭头）且韧皮部已有
一小部分被降解；（c）和（d）urea 处理组和 NH₄HCO₃ 处理组的薄壁组织
大部分降解，只剩下厚壁组织连接处还有少量未被消化，内圈维管束
组织变形（箭头）（SEM×175）

贮秸秆含有较高含量的有机酸和乳酸菌，从而缩短了秸秆的发酵产气延滞期。通过青贮、氨化或碱化处理的秸秆的产气量显著高于干秸秆，说明此 3 种处理能有效提高秸秆的消化率。而氨化秸秆的甲烷/TVFA 最低，说明甲烷能量的损失量降低。水稻秸秆通过氨化处理后，显著降低了秸秆中 NDF 的含量，而 NDF 是生成乙酸的前体物质，所以 NDF 含量的降低会使瘤胃发酵模式发生变化（由乙酸型发酵转向丙酸型发酵），进而使参与生成甲烷的底物 H₂ 有所减少。经过处理的水稻秸秆体外发酵后的 NH₃-N 浓度都有明显的增加，这是由于处理后的秸秆，其发酵能力提高，进而使粗蛋白

质的降解速度加快。其中氨化秸秆的培养液 NH_3-N 浓度高于青贮秸秆和碱化秸秆，原因是氨化处理由于添加了氮源，为微生物发酵提供了更多含量的含氮底物来生成 NH_3-N。3 种不同处理水稻秸秆的试验组中 TVFA 浓度均高于干秸秆，这可能是由于青贮、碱化和氨化处理可以将秸秆的细胞壁变疏松，有利于微生物的发酵，进而产生更多的 VFA。并且，青贮秸秆和氨化秸秆的乙酸/丙酸有显著降低，这也进一步表明，这 2 种处理方法可通过降低乙酸/丙酸来降低甲烷的产量。

在高粗饲粮条件下，琥珀酸丝状杆菌为瘤胃发酵中的优势菌群。尿素氨化处理提高了秸秆在瘤胃发酵中产生的琥珀酸丝状杆菌相对数量。氨化处理后的水稻秸秆，显著提高了瘤胃培养液中白色瘤胃球菌和黄色瘤胃球菌的数量。甲烷菌数量与秸秆中 NDF 的含量呈明显的正相关性。当纤维类物质含量低时（如氨化秸秆），培养底物发酵能力增强，甲烷生成底物 H_2 的供给量相对充足，从而使甲烷的排放量增多；而对于干秸秆而言，由于纤维类物质含量高，通过增加甲烷菌数量来提高甲烷产量，进而保持瘤胃内环境稳定。

（3）应用实例 3　刘宗贵等（1991）使用 1% 氢氧化钠＋3% 尿素复合同步处理稻草，其粗蛋白质含量增加 4%，粗纤维消化率提高 31.6%，干物质消化率提高 12.5%，采食量提高 48%。实践证明，这种复合同步处理兼顾了碱化和氨化处理的优点。制作复合处理稻草时，先将稻草切短至 3～5 厘米。然后配制复合处理液，使用水 95 千克，加入氢氧化钠 5 千克；用 85 千克，加入尿素 15 千克，搅拌使之溶解，配制的两种溶液浓度分别为 5% 和 15%。使用时，每 100 千克稻中喷洒溶液各 20 千克，则氢氧化钠和尿素的用量分别占稻草重的 1% 和 3%。两种液体同时喷洒在稻草上，揉搓，最后用塑料薄膜封存 20 天（室温），启封散氨后用于喂牛。饲喂奶牛，日产奶量比对照组提高 20.7%，用于幼牛时，日增重量可提高 10%。

（4）应用实例 4　董德宽等（1992）利用碳铵和石灰复合处理稻草饲喂生长牛。用碳铵、石灰复合处理稻草，在夏季经 15～

30 天、冬季经 30～40 天化学作用，即可开封取用。如随取随盖严，则能长期保存。调制良好的氨化碱化复合处理稻草，外观呈褐色，水分适中，手感比普通稻草柔软，略带氨味，晾干后带清香味，较松脆。选取 5～11 月龄的黑白花品种阉牛 10 头，按体重基本配对的原则随机分为两组，试验组平均每头每日喂复合处理稻草 3.6 千克，对照组喂等量的普通稻草。两组牛日粮的其他成分相同：试验前期为青贮玉米，后期为野青草（禾本科和苋科占 90％以上），由玉米、大麦、小麦麸、豆粕、豆饼、棉籽饼、鱼粉、骨粉、碳酸钙和食盐等组成混合精料，喂量为 2.5～2.8 千克。试验组牛起初不习惯采食复合处理稻草，经几天适应后，比采食普通稻草还吃得快、吃得净，不拌混精料也喜爱采食。而对未处理稻草，则有反复拨弄和剩草现象。试验组牛平均每头日增重 1078.4 克，比对照组的 938.9 克多增重 14.86％，差异极显著。试验组牛增重较快的原因主要是经复合处理的稻草适口性改善，采食时浪费较少，粗蛋白质和钙等营养成分增加，并且饲草的消化率提高。

2.“三化”处理

氨化盐水处理秸秆综合氨化、盐化的优点，与未处理秸秆相比，肉牛秸秆采食量提高 15.7％，日增重提高 30.2％，肉牛每千克增重利润提高 53.3％，每头每天利润提高 99.4％。因此，盐化处理配合氨化及碱化处理，效果可优于单一处理。

（1）应用实例 1　据刘强（1996）报道，与本试验营养水平相近情况下，氨化盐水处理麦秸后，每 100 千克体重干物质采食量提高 5.86％，日增重提高 54.4％，单位增重耗精料降低 29.7％，每头牛每日由亏 0.5 元变为盈利 1.95 元。

（2）应用实例 2　冯仰廉等（1991）用 2％尿素加 3％石灰处理稻草，干物质瘤胃 48 小时降解率由 50.97％提高到 63.39％，提高 24.4％。制成颗粒喂牛，采食量提高 7.8％，在低营养水平下，日增重 905 克，提高 9.2％。

（3）应用实例 3　曹玉凤等（2000）对“三化”（其中用尿素、

氢氧化钙和食盐复合化学处理稻草、麦秸，简称"三化"）复合法处理稻草和麦秸进行了研究。以未处理稻草（麦秸）为对照组进行实验，同时选择 18 月龄左右、体重 400 千克的西门塔尔和夏洛来杂种牛 45 头，进行了饲喂处理秸秆的育肥试验。旨在同时使用尿素、石灰、食盐，探讨通过"三化"复合处理，发挥氨化、碱化、盐化的综合作用，以期提高秸秆的营养价值及对肉牛的饲喂效果。瘤胃降解特性测定用 6 只装有永久性瘘管的绵羊，采用 12 小时、24 小时、36 小时、48 小时、72 小时时间程序测定。结果利用以下公式计算

$$P = a + b(1 - e - ct)$$

式中，P 为 t 时刻的降解率；a 为瞬时消失部分的含量；b 为最终降解部分的含量；c 为降解部分的降解常数；t 为饲料在瘤胃停留时间，小时。

结果"三化"复合法明显改善了秸秆纤维结构，有利于消化利用，特别是能真正代表纤维整体结构含量的秸秆中性洗涤纤维含量下降了 11.6%～12%，使稻草木质素含量下降 17.97%，半纤维素下降 13.84%，提高了秸秆可消化率和营养价值。"三化"复合处理秸秆干物质瘤胃 48 小时降解率为 63.8%（稻草）和 54.33%（麦秸），分别比未处理秸秆 48.16%、41.38% 相应提高 32.5% 和 30%。秸秆经"三化"处理，质地柔软，气味糊香，进一步改善了适口性，增加了牛采食量。

"三化"秸秆用来喂肉牛，每头每天采食稻草量由 5.1 千克增加到 6.3 千克，提高 23.5%。同时，提高了增重速度和饲料转化效率。肉牛日增重由 0.86 千克提高到 1.28 千克，增重速度提高了 48.8%，从而提高了饲料转化率。精料/增重由 4.65 降至 3.12，减少 32.9%，秸秆/增重由 5.92 降至 4.92，减少 16.3%。另外，经济效益显著提高，肉牛每千克增重利润 3.63 元，比未处理秸秆组提高 86.2%。每头每天获利 4.65 元，相应提高 1.76 倍。秸秆"三化"复合处理进一步降低了处理成本，提高了秸秆饲喂效率，增加了养牛收益。秸秆经"三化"复合处理与一般复合处理（氨化

盐水法）相比，适口性更好，牛采食秸秆量提高6.8%，日增重提高14.2%，同时节省了尿素，加工处理成本下降32.3%～52.6%，每千克增重盈利提高21.4%，每头牛每天盈利提高38.8%。在氨化、碱化的同时结合盐化处理，进一步抑制了细菌与微生物的生长繁殖，也防止了六碳糖与氨基酸或粗蛋白质结合形成褐色聚合物，避免消化作用受影响。因此"三化"处理在扬氨化、碱化、盐化之长，增强秸秆处理效果的同时，弥补了氨化处理成本高、碱化处理不易保存、盐化处理效果差的缺陷。

（4）应用实例4　育肥全程可使用推荐日粮（表5-34），可使日增重由对照组的1.05千克增加至1.26千克，提高20%，缩短出栏天数31天，年利润提高13.38%。

表5-34　"三化"麦秸＋青贮类型日粮配方

体重/千克	精料/%						日粮/（千克/头）		
	玉米	麸皮	棉饼	尿素	食盐	石粉	精料	玉米秸青贮	"三化"麦秸
300～350	55.7	22.5	20.0	0.6	1.0	0.2	4.04	11.0	3.0
350～400	61.4	19.3	17.2	1.1	1.0	—	4.25	13.0	3.5
400～450	69.6	14.6	13.0	1.8	1.0	—	4.71	15.0	4.0
450～500	74.4	12.0	10.4	2.2	1.0	—	4.99	17.0	4.5

第三节　秸秆饲料的生物处理在牛饲养中的应用

一、青贮饲料的调制技术在牛饲养中的应用

1. 青贮饲料在肉牛生产中的应用

（1）应用实例1　青贮玉米秸秆饲喂肉牛育肥试验。

选择健康无病、个体大小相近、12月龄左右的公牛22头。随机分为试验组（Ⅰ组）和对照组（Ⅱ组），每组11头。其中Ⅰ组采

食和饲喂的粗饲料以自制的青贮玉米秸为主，Ⅱ组作为对照采食和饲喂的粗饲料为氨化麦秸。表5-35为试验组混合精料组成及营养水平。

表5-35 试验组混合精料组成及营养水平

日粮组成及比例		每千克精料营养水平	
玉米	56.00%	干物质/千克	0.8718
麸皮	19.00%	消化能（DE）/兆焦	14.7420
胡麻饼	20.50%	综合净能（NE）/兆焦	7.9252
预混料	1.00%	粗蛋白/克	159.09
食盐	1.50%	Ca/克	5.6190
石灰石	2.00%	P/克	4.7380
合计	100.00%		

青贮组肉牛经90天全舍饲拴系饲养，头均由初试重252.10千克增加到358.55千克，头均总增重106.45千克，头均日增重1.18千克。对照组90天全舍饲拴系饲养，头均由初试重249.21千克增加到337.62千克，头均总增重88.41千克，头均日增重0.98千克。青贮组比氨化组增重效果好，生长快，总增重和日增重分别高出18千克和0.2千克，两组增重差异不显著（$P>$0.05），见表5-36。

表5-36 不同试验组受试牛体重与增重情况

组别	头数/头	饲养时间/天	头均初试重/千克	头均试末重/千克	头均总增重/千克	头均日增重/千克
青贮组	11	90	252.10	358.55	106.45	1.18
氨化组	11	90	249.21	337.62	88.41	0.98

青贮组在90天试验期内总耗精饲料2970千克，总耗青贮玉米秸秆饲料9930千克，日均采食量10.03千克，总增重1170.9千克，头均日耗料3千克，每增重1千克需精饲料2.54千克，需青

贮玉米秸饲料 8.48 千克。氨化组在 90 天试验期总耗精饲料 2970
千克，头均每天消耗精饲料 3 千克，总耗氨化麦秸 7446 千克，日
采食量 7.52 千克，总增重 972.51 千克，每增重 1 千克需精饲料
3.05 千克，需氨化麦秸 7.66 千克。饲料转化率青贮组比氨化组高
16.72%（$P<0.01$）。饲草利用率青贮组比氨化组高 10.71%（$P<0.01$）。从采食量及剩余量可以看出青贮玉米秸秆适口性强，采
食量高，而氨化组因饲草氨味浓重，影响适口性及采食量，剩余较
多（表 5-37）。

表 5-37   不同试验组受试牛饲料消耗及转化率

| 组别 | 头数 /头 | 试验期 /天 | 耗精料量 /千克 | 头均耗精料量 /千克 | 饲草消耗 | | | 总增重 /千克 | 料重比 | 草重比 |
					总耗草 /千克	剩余量 /千克	日采食量 /千克			
青贮组	11	90	2970	3	9930	130	10.03	1170.95	2.54：1	8.48：1
氨化组	11	90	2970	3	7446	620	7.52	972.51	3.05：1	7.66：1

在制作青贮玉米秸秆饲料时，玉米秸秆含水量必须在 60%～
65% 之间，应用饲料揉丝机将秸秆揉搓成 1～2 厘米长度，以提高
其营养价值。青贮玉米秸秆饲料储运过程中，要防止二次发酵，以
免造成腐败发霉变质。饲用前进行品质鉴定，必须具备中上等质量
要求，方可饲喂，饲喂量由少到多逐渐增加，停喂时由多到少减量
适应。

（2）应用实例 2   酒糟与玉米秸秆混储饲喂育肥肉牛模式。

将鲜玉米秸秆用铡草机切成 2～4 厘米的草段，按 4：1 的比例
将玉米秸秆与鲜酒糟混合均匀，然后把拌好的玉米秸酒糟料倒入青
贮池或窖内，每倒入一层，用脚踏实，这样层层压实将池填满，然
后上顶用塑料布封严盖好，经发酵 30 天后可开池备用。

选择体重、年龄基本一致的健康育肥牛 8 头，随机分成 2
组，每组 4 头，公母比例一致。饲喂酒糟玉米秸秆混储料的为试
验组，直接饲喂酒糟和玉米秸秆料的为对照组，2 组日粮混合精
料与酒糟量完全相同，分组后先进行 10 天预试期，然后进入 30

天试验期。

从表5-38结果中可以看出，试验期内育肥牛饲喂酒糟玉米秸混储料的试验组，每头日均增重为（811.4±72）克，对照组为（752.3±79）克，经 t 检验，2组差异显著（$P<0.05$）。由表5-38结果中还可以看出，育肥牛饲喂酒糟玉米秸秆混储料的试验组，试验全期料重比为21.0∶1，而对照组为21.6∶1，即体重每增重1千克，试验组比对照组节省饲料0.6千克，提高饲料利用率2.8%。

表 5-38　两组增重情况

组别	头数/头	试验时期/天	始重/（千克/头）	结束重/（千克/头）	增重/（千克/头）	日均增重/（克/头）	耗精料量/（千克/头）	耗粗料量/（风干重千克/头）	料重比
试验组	4	30	305.8	330.14	24.34	811.4	45	465	21.0∶1
对照组	4	30	305.2	327.77	22.57	752.3	45	442	21.6∶1

从表5-39结果中可以看出，饲喂酒糟玉米秸秆混储料的试验组，每头育肥牛获毛利94.22元，而对照组为82.36元，试验组比对照组提高14.4%，经济效益十分显著。

表 5-39　两组经济效益情况分析

组别	头数/头	试验时期/天	增重收入			饲料费					平均毛利/（元/头）	试比对提高
			增重/千克	单价/（元/千克）	金额/元	耗精料量/千克	单价/（元/千克）	耗粗料量/千克	单价/（元/千克）	金额/元		
试验组	4	30	24.34	8.00	194.72	45	1.20	465	0.10	100.50	94.22	14.4
对照组	4	30	22.57	8.00	180.56	45	1.20	442	0.10	98.20	82.36	

酒糟与玉米秸秆混储后，不但能增强饲料的适口性和采草量，而且对提高育肥牛的日增重、饲料利用率及经济效益等都具

有显著效果。

（3）应用实例 3　全株甘蔗与全株大麦混合青贮饲养肉牛模式。

选择 18 月龄左右、体型及体重相近的健康杂交阉牛（由西门塔尔牛与滇中黄牛杂交）40 头，随机分为 2 组，每组设 2 个重复，每个重复 10 头。正试期间，试验组饲喂全株甘蔗与全株大麦混合青贮＋精料，对照组饲喂全株玉米青贮＋精料。每天分别于上午 9：00 和下午 3：00 各饲喂 1 次。青贮饲料饲喂量，前期每天每头为 20.0 千克，中期每天每头为 25.0 千克，后期每天每头为 25.0 千克；精料饲喂量，前期每天每头为 1.5 千克，中期每天每头为 2.0 千克，后期每天每头为 4.0 千克。

由表 5-40 可知，试验组中重复 1 组的肉牛在前、中、后及全期（正试期）平均日增重分别为 1100 克、1470 克、1500 克和 1360 克，重复 2 组分别为 1000 克、1570 克、1470 克和 1340 克，试验组的 2 个重复间差异不显著（$P>0.05$）；对照组中重复 1 组的肉牛在前、中、后及全期平均日增重分别为 930 克、1070 克、1000 克和 1000 克，重复 2 组分别为 1030 克、1170 克、1130 克和 1110 克，对照组的 2 个重复间差异也不显著（$P>0.05$）。2 组肉牛的平均日增重均随着饲养时间的增加而增加，以饲养末期最高，试验组达到 1470 克，对照组则为 1070 克，2 组间各时期及全期的平均日增重差异显著（$P<0.05$）或极显著（$P<0.01$）。

由表 5-41 可知，试验组肉牛消耗精料 2274 千克、全株甘蔗与全株大麦混合青贮饲料 21298 千克，牛群增重 1220 千克；对照组肉牛消耗精料 2272 千克、全株玉米青贮饲料 21326 千克，牛群仅增重 950 千克，2 组间差异极显著（$P<0.01$），各组重复间差异不显著（$P>0.05$）。

在饲养条件基本相同的情况下，全株甘蔗与全株大麦混合青贮饲喂肉牛效果显著高于全株玉米青贮，在实际生产中可以推广使用全株甘蔗与全株大麦铡细后混合制作的青贮料来饲养肉牛。

表5-40　各组肉牛增重情况

单位：千克

组别	处理	预试期末 体重	前期末 体重	前期末 平均日增重	中期末 体重	中期末 平均日增重	后期末 体重	后期末 平均日增重	全期 总增重	全期（正试期） 平均日增重
试验组	R_1	344.0	377.0	1.10^a	421.0	1.47^a	466.0	1.50^A	122.0	1.36^A
试验组	R_2	345.0	375.0	1.00^a	422.0	1.57^a	467.0	1.47^A	122.0	1.34^A
平均		344.5	376.0	1.05^a	422.0	1.53^a	466.0	1.47^A	121.5	1.35^A
对照组	R_1	340.0	368.0	0.93^b	400.0	1.07^b	430.0	1.00^B	90.0	1.00^B
对照组	R_2	340.0	371.0	1.03^b	406.0	1.17^b	440.0	1.13^B	100.0	1.11^B
平均		340.0	369.5	0.98^b	403.0	1.12^b	435.0	1.07^B	95.0	1.06^B

注：同列标有不同小写字母者，表示差异显著（$P<0.05$）；标有不同大写字母者，表示差异极显著（$P<0.01$）；其余为差异不显著（$P>0.05$）。下同。

表5-41　各组肉牛饲料消耗统计

单位：千克

组别	处理	头数 /头	预试期末 体重	前期 体重	前期 消耗精料	前期 消耗青贮	中期 体重	中期 消耗精料	中期 消耗青贮	后期 体重	后期 消耗精料	后期 消耗青贮	全期 增重	全期 消耗精料	全期 消耗青贮
试验组	R_1	10	3440	3770	448	6100	4210	609	7618	4660	1220	7560	1220^A	2277	21278
试验组	R_2	10	3450	3750	446	6080	4230	607	7620	4670	1218	7618	1220^A	2271	21318
平均			3445	3760	447	6090	4220	608	7619	4665	1219	7589	1220^A	2274	21298
对照组	R_1	10	3400	3680	447	6080	4000	608	7622	4300	1215	7622	900^B	2270	21322
对照组	R_2	10	3400	3710	446	6090	4060	609	7620	4400	1219	7620	1000^B	2274	21330
平均			3400	3695	446	6085	4030	609	7620	4350	1217	7621	950^B	2272	21326

（4）应用实例4　花生秧青贮饲喂肉牛模式。

选择年龄1岁左右、体重250千克左右西杂生长育肥牛（♂）15头，随机分成对照组、试验Ⅰ组、试验Ⅱ组。各组牛的日粮组成：对照组为基础日粮＋1千克干稻草；试验Ⅰ组为基础日粮＋1千克干花生秧；试验Ⅱ组为基础日粮＋2千克花生秧青贮。青贮花生秧：花生秧摘取果实后去泥土，在太阳下晒1～1.5天，半干后切成3～4厘米长，再加入0.5％食盐进行青贮。

由表5-42可看出，对照组与试验Ⅰ、Ⅱ组平均每头日增重为0.98千克、1.02千克和1.24千克。试验Ⅰ组比对照组多0.04千克，提高了4.08％，差异不显著；试验Ⅱ组比对照组多0.26千克，提高了26.53％，试验Ⅱ组与试验Ⅰ组、对照组相比差异显著。

表 5-42　供试各组牛群增重及比较

组别	头数/头	始重/千克	末重/千克	平均日增重/千克	比较/％
对照组	5	260.8	291.2	0.98	100.00
试Ⅰ组	5	255.3	286.9	1.02	104.08
试Ⅱ组	5	255.8	294.2	1.24	126.53

花生秧养牛饲用价值高，营养全面，通过青贮处理后更能发挥其饲喂价值，且增重效果明显。

（5）应用实例5　青贮水稻秸饲喂肉牛模式。

选择体况、生理状况良好，年龄、体重（400千克左右）及发育阶段基本一致的西门塔尔与本地黄牛母牛杂交公牛16头，随机分成两组，每组8头。两组混合精料水平完全相同，试验组饲喂水稻秸青贮，对照组饲喂玉米干秸秆（表5-43）。舍饲拴系，预试期10天，预试期进行体内外驱虫、健胃。试验期为45天，试验期间牛自由饮水。

表 5-43　基础日粮组成及营养成分（干物质基础）单位：％

项　　目	对照组	试验组
原料/％		
玉米秸	50.00	—

续表

项　　目	对照组	试验组
水稻秸青贮	—	50.00
玉米	33.00	33.00
大豆粕	6.00	6.00
棉籽粕	4.50	4.50
玉米干酒糟及其可溶物	4.50	4.50
碳酸氢钙	0.20	0.20
石粉	0.80	0.80
食盐	0.80	0.80
预混料	0.20	0.20
合计	100.00	100.00
营养水平		
净能/(兆焦/千克)	5.03	5.23
粗蛋白质	11.70	10.78
中性洗涤纤维	46.67	40.56
酸性洗涤纤维	29.65	22.50
钙	0.38	0.48
总磷	0.24	0.30

注:1.每千克预混料含有 Fe 25000 毫克,Cu 3230 毫克,Mn 3010 毫克,Zn 2100 毫克,I 100 毫克,Se 100 毫克,Co 30 毫克,维生素 A1000000 国际单位,维生素 D_3 32000 国际单位,维生素 E 3000 国际单位。

2.增重净能为计算值,其他营养水平为实测值。

从表 5-44 可见,肉牛饲喂水稻秸青贮可显著提高育肥肉牛的日增重,与对照组相比,日增重增加 17.42%。从表 5-45 可知,试验期内试验组每增加 1 千克体重消耗精料 3.71 千克、粗料 8.24 千克;对照组每增加 1 千克体重消耗精料 4.36 千克、粗料 9.68 千克;试验组比对照组少耗精料 0.65 千克、粗料 1.44 千克。试验组饲料报酬高于对照组。

表 5-44　水稻秸青贮对肉牛生产性能的影响

项　　目	对照组	试验组
始重/千克	423.2	407.2
末重/千克	469.7	461.8
试期增重/千克	46.49[b]	54.60[a]
日增重/千克	1033[b]	1213[a]

注:同行不同小写字母表示差异显著($P<0.05$)。

表 5-45　饲料消耗

项目	合计	总耗料/千克		增重 1 千克耗料量/千克	
		精料	粗饲料	粗饲料	精料
对照组	5220	1620	3600	9.68	4.36
试验组	5220	1620	3600	8.24	3.71

注:精料 4.5 千克/日,粗饲料 10 千克/日。

　　水稻秸经青贮后质地柔软、颜色青绿、气味清香,提高了适口性和秸秆利用率。所以,饲喂肉牛水稻秸青贮与喂玉米秸秆相比能大大提高干物质采食量,从而提高肉牛的生产性能。

　　(6)应用实例 6　玉米秸秆、甘蔗梢与木薯渣混储饲料育肥肉牛模式。

　　选取年龄约 2 岁半、体重相近的雌性本地黄牛 30 头,试验前对供试牛进行驱虫、防疫、打耳号和空腹称重,随机分为 2 组,每组 3 个重复。分别以微处甜玉米秸秆为对照组,玉米秸秆、甘蔗梢与木薯渣混储饲料为试验组(Ⅰ组),进行饲养试验,其中预试验 10 天,正式试验 80 天。

　　由表 5-46 可知,玉米秸秆、甘蔗梢与木薯渣混储饲料(试验组)育肥肉牛,期末平均活重 284.38 千克,平均日增重达826.50 克;以微处甜玉米秸秆(对照组)育肥肉牛,期末平均活重 293.16 千克,平均日增重 812.90 克。两者增重差异不显著($P>0.05$)。试验组和对照组头日均采食量分别为 21.26 千克和

20.95 千克，两者相比差异不显著（$P>0.05$）。说明玉米秸秆、甘蔗梢与木薯渣混储饲料育肥肉牛比单独饲喂微处甜玉米秸秆增重效果好；玉米秸秆、甘蔗梢与木薯渣混储饲料有利于提高肉牛采食量。

表 5-46 不同粗饲料对本地黄牛采食量和生长性能的影响

组别	头均始重 /千克	头均末重 /千克	头均增重 /千克	头均日增重 /克	头日均采食量 /千克
对照组（CK）	220.0	293.16	73.16	812.90	20.95
试验组	210	284.38	74.38	826.50	21.26

从表 5-47 可知，玉米秸秆、甘蔗梢与木薯渣混储饲料（试验组）和微处甜玉米秸秆（对照组）育肥肉牛的屠宰率、净肉率分别为 51.79%、53.48% 和 41.56%、42.99%，试验组的屠宰率、净肉率比对照组（CK）分别提高了 3.26% 和 3.44%，但二者间差异不显著（$P>0.05$）。说明玉米秸秆、甘蔗梢与木薯渣混储饲料较单独使用微处甜玉米秸秆可提高肉牛的屠宰率、净肉率。

表 5-47 不同粗饲料对本地黄牛屠宰率的影响

组别	宰前活重 /千克	胴体重 /千克	屠宰率 /%	净肉重 /千克	净肉率 /%	胴体骨重 /千克	肉骨比
对照组（CK）	297.5	154.08	51.79	123.64	41.56	30.44	4.06∶1
试验组	282.0	150.81	53.48	121.23	42.99	29.58	4.10∶1

由表 5-48 可知，试验组每增重 1 千克投入饲料费比对照组（CK）减少 38.65%，二者差异显著（$P<0.05$）；试验组的头均日增重成本比对照组减少 5.69%，二者差异不显著（$P>0.05$）；试验组的头日净增益分别比对照组（CK）高 2.23 元，其差异达极显著水平（$P<0.01$）。说明玉米秸秆、甘蔗梢与木薯渣混储饲料育肥肉牛的经济效益明显高于单独使用微处甜玉米秸秆。

表 5-48   不同粗饲料对本地黄牛经济效益的影响

组别	头均日增重/克	每增重1千克投入饲料费/元	头均日增重成本/元	头均日增重产值/元	头日净收益/元
对照组(CK)	812.90	6.70[a]	5.45	10.56	5.11[aA]
试验组	826.50	4.11[b]	5.14	10.74	7.34[bB]

注:同列数据后不同小写字母表示差异显著($P<0.05$),不同大写字母表示差异极显著($P<0.01$)。

(7) 应用实例 7   不同类型玉米秸秆饲喂肉牛模式。

选择体格发育良好、健康无病、个体大小相近、体重 350 千克左右的西门达尔杂种公牛 40 头。试验前对牛只进行称重、编号和健胃驱虫,然后随机分为 4 个试验组和 1 个对照组,每组 8 头。表 5-49 为不同秸秆饲料日粮组合。

表 5-49   不同秸秆饲料日粮组合

组　　别	日粮组合
试验 1 组	全株玉米带穗青贮+精料补充料
试验 2 组	鲜玉米秸秆青贮+精料补充料
试验 3 组	干玉米秸秆微处+精料补充料
试验 4 组	干玉米秸秆黄贮+精料补充料
对照组	未处理玉米秸秆+精料补充料

由表 5-50 可见,玉米秸秆经过加工处理后,饲料质地柔软,适口性明显改善,采食量明显增加,肉牛对秸秆饲料的消耗量明显上升。其中以全株玉米带穗青贮饲料最为明显,鲜玉米秸秆青贮饲料次之,未处理秸秆最差。

表 5-50   不同日粮组合肉牛的饲料消耗量   单位:千克

组别	试验期消耗精饲料量	日消耗精饲料量	头均日耗精饲料量	试验期消耗粗饲料量	日消耗粗饲料量	头均日耗粗饲料量
试验 1 组	2520	28	3.5	10656	118.4	14.8
试验 2 组	2520	28	3.5	10008	111.2	13.9

续表

组别	试验期消耗精饲料量	日消耗精饲料量	头均日耗精饲料量	试验期消耗粗饲料量	日消耗粗饲料量	头均日耗粗饲料量
试验 3 组	2520	28	3.5	9216	102.4	12.8
试验 4 组	2520	28	3.5	8784	97.6	12.2
对照组	2520	28	3.5	7560	84.0	10.5

由表 5-51 可见，试验牛始重组间差异不显著（$P < 0.05$）。其中，以全株玉米带穗青贮饲料增重最高，饲喂效果最好；未加工处理秸秆增重最低，饲喂效果最差。

表 5-51　不同日粮组合肉牛的生长性能测定

组别	头均始重/千克	头均末重/千克	头均日增重/克
试验 1 组	354.12	453.08	1109.78
试验 2 组	352.48	443.42	1010.89
试验 3 组	351.78	437.25	955.29
试验 4 组	350.56	436.46	955.74
对照组	351.06	423.68	807.23

干玉米秸秆不经处理直接喂牛，营养价值低，适口性差，牛羊采食量小，消化利用率低，增重效果不明显。鲜玉米秸秆营养价值高，适口性好，肉牛增重快，效益好，却无法长期保存。但经过青（黄）贮、微处加工处理后，营养成分不易流失，饲料营养价值高，质地柔软，芳香味、酒酸味浓郁，牛羊喜食，采食量增加，育肥增重快，饲料报酬和经济效益高。且玉米秸秆经过青（黄）贮、微处加工处理后进行牛羊育肥，既减少了秸秆资源的浪费和对环境的污染，又在一定程度上解决了牛羊养殖在冬春季节饲草短缺的问题，还能够为广大牛羊养殖户带来巨大的经济效益，推动节粮型畜牧业健康持续发展。

2.青贮饲料在奶牛生产上的应用

（1）应用实例 1　玉米秸秆袋装青贮饲料饲喂奶牛模式。

选择健康无病、年龄一致、体重相近、3～4胎次、日产奶量相近的30头荷斯坦奶牛，编号后随机分成三组，每组10头。经10天预试期，对个别牛进行调整，使三组奶牛的产奶量基本一致，然后进入30天试验期。

将随机分好的三组设为试验Ⅰ组、试验Ⅱ组和对照组。试验Ⅰ组：玉米秸秆袋装青贮料＋精料；试验Ⅱ组：玉米秸秆窖装青贮料＋精料；对照组：干玉米秸秆＋精料。精料喂量每头每日6千克，粗饲料自由采食，以吃净不剩为原则，计量不限量。

从表5-52可以看出，试验期内头日均产奶量试验Ⅰ组为16.5千克，比试验前增加3.2千克；试验Ⅱ组比试验前增加2.9千克；对照组只增加0.3千克。试验Ⅰ、Ⅱ组每头日产奶量比对照组分别高2.8千克和2.4千克，差异显著（$P < 0.05$），试验Ⅰ、Ⅱ组之间差异不显著。说明奶牛饲喂袋装青贮料和窖装青贮料都可提高产奶量。试验Ⅰ组、Ⅱ组奶料比分别为2.75∶1和2.68∶1，对照组为2.28∶1，表明每消耗1千克精料，试验Ⅰ、Ⅱ组比对照组可分别多产0.47千克和0.40千克牛奶，饲料利用率分别提高20.61％、17.54％，与对照组之间相比差异显著（$P < 0.05$）。试验Ⅰ、Ⅱ组之间奶料比相差0.07，差异不显著（$P > 0.05$）。

从表5-53可以看出，试验Ⅰ、Ⅱ组试验期头均毛利润分别比对照组增加266元和242.84元，提高16.7％、15.2％，效益明显高于对照组（$P < 0.05$）；试验Ⅰ、Ⅱ组之间头均毛利润相差23.16元，差异不明显。

玉米秸秆袋装青贮技术具有无需挖窖、制作成本低、储存条件不受限制、操作简单、取喂方便、浪费少、节省人力等特点，此项技术适合在广大的散养农户和小型养殖场推广应用。

（2）应用实例2　干玉米秸秆和青贮玉米秸秆饲喂奶牛模式。

干玉米秸秆：将无霉变、无尘土的干玉米秸秆铡短至3～5厘米，制成干秸秆饲料。

青贮玉米秸秆：试验用青贮秸秆，应是黄绿色或青绿色且具有轻微酸味和水果香味的优质青贮饲料。

表 5-52 各组奶牛产乳性能比较

组别	头数/头	试验时间/天	试验前头均产奶量/千克	试验前乳脂率/%	试验前折4%标准乳/千克	试验期内头均日产奶量/千克	试验期内乳脂率/%	试验期内折4%标准乳/千克	试验前后比较	头均日耗精料量/千克	奶料比	平均密度/(千克/米³)
试验组I	10	30	14.4	3.5	13.3	17.6	3.6	16.5[a]	+3.2	6	2.75[a]	1.0297
试验组II	10	30	13.8	3.7	13.2	17.4	3.5	16.1[a]	+2.9	6	2.68[a]	1.0300
对照组	10	30	14.0	3.7	13.4	14.6	3.6	13.7[b]	+0.3	6	2.28[b]	1.0295

注：同列数据标有不同小写字母者，表示差异显著($P<0.05$)；标有不同大写字母者，表示差异极显著($P<0.01$)；未标字母者，表示差异不显著($P>0.05$)。下同。

表 5-53 试验期内各组经济效益比较

组别	头数/头	试验时间/天	每头耗精料量/千克	每头耗管贮料量/千克	每头耗袋装青贮料量/千克	每头耗干草量/千克	头均耗饲料成本/元	头均产乳量/千克	每千克乳价格/元	头均产乳收入/元	头均毛利润/元
试验组I	10	30	180	0	795	0	615.00	495	5	2475	1860.00[a]
试验组II	10	30	180	774	0	0	578.16	483	5	2415	1836.84[a]
对照组	10	30	180	0	0	345	461.00	411	5	2055	1594.00[b]

注：单价分别为精料2.18元/千克，玉米秸秆0.20元/千克，普通青贮0.24元/千克，袋装青贮0.28元/千克，牛乳价格为当地市场零售价。

精饲料配方：玉米 55％、麸皮 10％、豆粕 8％、花生粕 5％、菜籽粕 10％、棉籽粕 5％、磷酸氢钙 2％、食盐 2％、石粉 2％、微量元素及维生素添加剂 1％。

选择体重、年龄、胎次、泌乳月份、产奶量、生理状况等基本一致或相近的供试牛 20 头，随机分为试验组与对照组，每组 10 头奶牛，并将两组奶牛调至同一牛舍，由同一饲养员饲养管理。试验组每头奶牛每日饲喂精饲料 9 千克，玉米秸秆青贮饲料不限量自由采食；对照组奶牛每头每日饲喂精料 9 千克，秸秆饲料不限量自由采食。

由表 5-54 可看出，经过 60 天的对比试验，试验组奶牛与对照组奶牛相比，平均每头奶牛日产奶量增加 4.1 千克，经方差分析，差异显著（$P<0.05$）；由表 5-55 可知，乳脂率提高 0.49％，经方差分析，差异显著（$P<0.05$）；试验组奶牛体质较对照组奶牛体质明显增强。

表 5-54　试验组奶牛与对照组奶牛日均产奶量对比

单位：千克／（头·天）

组别＼编号	1	2	3	4	5	6	7	8	9	10	日均产奶量
对照组	19.2	18.9	19.3	19.1	19.5	18.7	18.8	19.5	19.4	19.8	19.22
试验组	22.3	22.5	24.1	23.3	23.4	23.2	24.2	23.1	23.8	23.1	23.32

表 5-55　试验组奶牛与对照组奶牛乳脂率测定平均值

单位：％

组别＼编号	1	2	3	4	5	6	7	8	9	10	平均值
对照组	3.7	3.5	3.8	3.6	3.7	3.5	3.4	3.7	3.5	3.6	3.6
试验组	3.8	4.0	4.1	4.1	4.3	4.0	4.4	4.2	4.1	3.9	4.09

玉米秸秆铡短后青贮，气味好、柔软多汁，可减少营养成分的流失，采用玉米青贮饲料与精饲料混合后饲喂奶牛，提高了饲料的适口性，增加了奶牛对日粮中干物质及粗纤维的消化率，从而提高

了产奶量及乳脂率。

（3）应用实例 3　不同精粗比玉米青贮和水稻秸青贮饲喂奶牛模式。

选用健康奶牛 8 头，分成 4 组，每组 2 头。运用 4×4 拉丁方试验设计，分别采用水稻秸青贮和玉米青贮两种青贮料为粗饲料，并选取不同精粗比组成 4 种处理组。水稻秸青贮组分别选取 4∶6（处理Ⅰ）和 5∶5（处理Ⅱ）两种精粗比，玉米青贮组分别选取 3∶7（处理Ⅲ）和 4∶6（处理Ⅳ）两种精粗比。设计每一阶段预饲期 7 天，正式期 20 天。表 5-56 为试验动物日粮组成及营养水平。

表 5-56　试验动物日粮组成及营养水平

项目	试验组别			
	处理Ⅰ（4∶6）	处理Ⅱ（5∶5）	处理Ⅲ（3∶7）	处理Ⅳ（4∶6）
原料/千克				
水稻秸青贮	27.00	23.00	0.00	0.00
玉米青贮	0.00	0.00	34.00	30.00
混合精料	7.50	8.5	6.50	7.50
营养水平				
产奶净能/（兆焦/千克）	6.84	7.10	6.82	7.12
干物质/千克	15.92	15.52	16.23	15.97
粗蛋白质/%	15.01	16.69	13.72	15.32
中性洗涤纤维/%	44.56	41.92	48.36	42.48
酸性洗涤纤维/%	29.58	26.85	30.76	27.19
钙/%	0.82	0.96	0.99	0.88
磷/%	0.41	0.49	0.42	0.48

由表 5-57 可知，处理Ⅰ和处理Ⅲ对产奶量影响不显著（$P > 0.05$），处理Ⅱ和处理Ⅳ对产奶量的影响差异性不显著（$P > 0.05$），其他各处理之间对产奶量的影响差异性显著（$P < 0.05$），但均对乳成分中的乳脂率、乳蛋白、乳糖、乳总固体物质的影响差异性不显著（$P > 0.05$）。

表 5-57　两种不同青贮对试验牛生产性能的影响

组别	产奶量 /[千克/(天·头)]	乳脂率 /%	乳蛋白 /%	乳糖 /%	乳总固体物质 /%
水稻秸青贮处理Ⅰ（精粗比 4：6）	12.95	3.52	3.28	4.82	11.72
水稻秸青贮处理Ⅱ（精粗比 5：5）	15.13	3.54	3.31	4.85	11.76
玉米青贮处理Ⅲ（精粗比 3：7）	13.20	3.49	3.29	4.81	11.74
玉米青贮处理Ⅳ（精粗比 4：6）	15.30	3.53	3.30	4.83	11.81

由表 5-58 可知，处理Ⅰ、处理Ⅱ、处理Ⅲ和处理Ⅳ每头每天的经济效益分别为 9.72 元、13.47 元、7.18 元、11.22 元。精粗比同为 4：6 时，水稻秸青贮处理Ⅰ与玉米青贮处理Ⅳ对经济效益的影响差异性显著（$P < 0.05$），处理Ⅳ比处理Ⅰ经济效益增加 15.43%。

表 5-58　日粮成本和经济效益变化

处理	产奶收入			相对饲料成本			经济效益
	产奶量 /[千克/(天·头)]	单价 /(元/千克)	总产值 /元	粗饲料 /元	精饲料 /元	总投入 /元	纯收入 /元
处理Ⅰ	12.95	2.40	31.08	4.86	16.50	21.36	9.72
处理Ⅱ	15.13	2.40	36.31	4.14	18.70	22.84	13.47
处理Ⅲ	13.20	2.40	31.68	10.20	14.30	24.50	7.18
处理Ⅳ	15.30	2.40	36.72	9.00	16.50	25.50	11.22

利用水稻秸青贮饲喂试验动物时，在合适的精粗比条件下能够达到泌乳奶牛的生产要求，当精粗比为 5：5 时，经济效益最佳，但低于 4：6 时经济效益就大打折扣。

二、酶制剂处理在牛饲养中的应用

大量生产研究结果表明，外源酶制剂的添加不仅不会破坏抑制内源酶，而且能帮助和促进动物的消化吸收，从而进一步肯定了饲用酶制剂在反刍动物生产中的应用。

饲用酶制剂的应用对于改善饲料利用率、提高动物生产性能、开发新的饲料资源、减少环境污染发挥了巨大作用，在实现我国畜牧业的可持续发展战略中有着极为广阔的应用前景。

近年来，很多研究表明通过在反刍动物牛饲粮中添加外源酶制剂可提高肉牛增重和奶牛产奶量，这些动物生产性能的提高主要归因于饲料消化率的提高。不论是在体外、半体内，还是在体内，纤维降解酶处理均能够提高饲料的干物质采食量和纤维降解率。然而，也有研究认为，添加外源酶对动物采食量和生产性能并没有影响。目前，国内外饲用酶制剂产品很多，但其效果不一致。同样，很多研究也表明，添加饲用酶制剂对动物生产性能起到改善作用，而针对不同畜种动物中的应用效果也有所差异。

秸秆酶处理技术是一种提高肉牛和奶牛对粗饲料利用率的有效生物处理方法。只有正确地理解和运用此项技术，才能取得预期的效益，否则可能造成不同程度的损失。

秸秆酶处理饲料在肉牛、奶牛生产上应用较多，以下为几个应用秸秆酶处理饲料的研究报道与实例，用以说明秸秆酶处理饲料在肉牛、奶牛生产上的应用方法与效果，供养殖户参考使用。

1.酶制剂在肉牛生产中的应用

关于纤维降解酶在肉牛中的应用研究也很多，包括体外、半体内和体内研究，但效果不一致。近年来，国内外学者在外源酶对肉牛的饲喂效果方面进行了大量的研究，主要分为两个方面。一是在高纤维饲粮中添加纤维降解酶的研究，其中，一些研究表明，饲粮中添加纤维降解酶能够提高纤维消化率，但是纤维消化率的改善能否提高肉牛生产性能还依赖于肉牛生理状态和试验条件。二是在高精料饲粮中添加纤维降解酶的研究，其效果与其在高纤维饲粮中的相比，更为一致。

（1）应用实例1　以巴拉迪与弗里斯兰杂交公牛为试验动物，评价外源酶制剂对肉牛采食量、消化、瘤胃发酵和饲料转化的影响。

全混合日粮（total mixed ration，TMR）由 85.3％精料补充料、14.7％玉米秸秆组成，所用酶制剂为商用酶制剂 ZADO®，为内切葡聚糖酶、木聚糖酶、α-淀粉酶和蛋白酶的粉状混合物，添加量为 40 克/（头·天），每天按照每头牛的剂量将酶制剂与 TMR 充分混匀后饲喂。

选择 40 头巴拉迪与弗里斯兰杂交公牛，平均体重为（153±5.14）千克，健康无病，发育正常，采用随机分组法分为 2 个组，分别为对照组（TMR 无添加酶制剂）和加酶组［TMR 添加 40 克/（头·天）ZADO®］，每组 20 头，试验期为 220 天。

每天准确称取并详细记录每圈投料量和剩料量。每隔 7 天采集 1 次饲粮和剩料样品，测定其常规营养成分，预试期开始、正试期开始和正试期结束时分别进行每头过秤，均为晨饲前空腹体重。

消化试验在正试期的第 210 天至第 220 天进行，为期 10 天，每天饲喂后 10 小时、12 小时、14 小时、16 小时和 18 小时从直肠取粪样，并将每头牛同一时间点的粪样进行混匀，55℃烘干粉碎过 1mm 筛，以备分析测定其总能、DM、OM、CP、NDF、ADF。

在试验期第 202 天晨饲前和饲喂后 3 小时从口腔采用胃管采集 50 毫升瘤胃液样品，四层棉纱布过滤，并装入 45 毫升离心管在−18℃保存，以备测定短链脂肪酸（SCFA）和氨态氮等指标。

由表 5-59 可知，日粮中添加酶制剂对肉牛采食量没有影响（$P=0.11$），但显著提高了营养物质（DM、OM、CP、NDF、ADF）表观消化率，存在显著差异（$P<0.05$）。

表 5-59　酶制剂处理对肉牛干物质采食量和养分消化率的影响

项目	对照组	加酶组	SEM	P 值
干物质采食量 DMI/（千克/天）	7.3	7.8	0.3	0.11
营养物质表观消化率/（克/千克 DM）				
干物质 DM	617	691	12.2	0.04
有机物 OM	674	753	151	0.01
粗蛋白质 CP	835	874	7.6	0.04

续表

项目	对照组	加酶组	SEM	P 值
中性洗涤纤维 NDF	417	508	12.3	0.01
酸性洗涤纤维 ADF	322	408	15.1	0.01

注:引自 Salem(2013),Effects of exogenous enzymes on nutrient digestibility,ruminal fermentation and growth performance in beef steer Livestock Science.

由表 5-60 可知,添加酶制剂显著降低了饲喂前瘤胃 pH 值($P=0.03$),而对饲喂后 3 小时的瘤胃 pH 值只有降低趋势($P=0.06$)。酶制剂处理可降低饲喂前后瘤胃短链脂肪酸和氨态氮浓度($P<0.05$)。添加酶制剂能够提高尿囊素和总嘌呤衍生物含量($P=0.04$),但对尿酸含量没有影响(0.05)。

表 5-60 酶制剂处理对肉牛瘤胃发酵参数及尿囊素物质含量的影响

项目	对照组	加酶组	SEM	P 值
饲喂前(0 小时)				
pH	6.8	6.4	0.11	0.03
短链脂肪酸(SCFA)/(毫摩尔/升)	100	113	2.1	0.01
氨态氮(NH_3-N)/(毫克/升)	55	67	4.8	0.01
饲喂后(3 小时)				
pH	6.1	5.9	1.83	0.06
短链脂肪酸(SCFA)/(毫摩尔/升)	110	120	6.8	0.05
氨态氮(NH_3-N)/(毫克/升)	54	65	8.9	0.05
尿囊素/(毫摩尔/天)	200	210	2.34	0.04
尿酸/(毫摩尔/天)	18	20	1.17	0.05
总嘌呤衍生物/(毫摩尔/天)	218	230	3.16	0.04

注:引自 Salem(2013),Effects of exogenous enzymes on nutrient digestibility,ruminal fermentation and growth performance in beef steer. Livestock Science.

由表 5-61 可知,与对照组相比,加酶组肉牛日增重和饲料转化率分别提高 16% 和 9%($P<0.05$)。

表 5-61 酶制剂处理对肉牛生产性能的影响

项目	对照组	加酶组	SEM	P 值
试验牛数量/头	20	20	—	—
初始体重/千克	156	151	4.6	0.12
结束体重/千克	430	470	11.3	0.05
日增重/(千克/天)	1.25	1.45	0.22	0.01
饲料转化率/(千克 DM/千克增重)	5.8	5.3	0.21	0.04

注:引自 Salem(2013),Effects of exogenous enzymes on nutrient digestibility,ruminal fermentation and growth performance in beef steer. Livestock Science.

(2) 应用实例 2 对秸秆饲料采用生物活性酶制剂处理技术加工处理,饲喂育肥西杂肉牛,并观察其各项经济指标与综合养殖效益。

利用苜蓿深加工叶蛋白热凝分离汁液经科学配方,并经微生物发酵,制成生物活性酶制剂,该产品主要成分为乳酸菌、酵母菌、耐热性芽孢菌、曲霉菌、淀粉酶、蛋白酶、脂肪酶等。将当地产玉米秸和大豆秸揉碎切成 2～3 厘米长,按 2:1 比例混合,分层储于微处池中,每处理 1 吨秸秆加入 1000 毫升生物活性酶制剂。秸秆原料中含水量 18% 左右,在处理过程中加水调制含水量约 45%(每吨约加水 270 千克)。边储入秸秆边喷洒酶制剂溶液,分层压实,用黑色塑料膜密封,15 天后开始启用。同时取样,按常规方法化验分析其营养成分。

选择的 18 头参试牛均为西门塔尔牛与延边黄牛杂交二代公牛,均在 20～22 月龄,平均体重 410 千克,健康无病,发育正常,用随机分组的方法分成 2 个组,分别为未处理组和秸秆生物酶制剂发酵处理组,两组间体重差异不显著。试验期为 40 天。

试验组在预试期 10 天内,处理组秸秆饲喂量由少到多,正试期全部饲喂处理秸秆。对照组采用玉米秸和豆秸 2:1 的比例,揉碎切成 2～3 厘米草段饲喂。试验期间对照组与试验组每日每头饲喂精料量均为 4.8 千克,精料配方相同,见表 5-62。

表 5-62 试验牛精料配方 单位:%

项目	玉米粉	小麦麸	豆饼	尿素	食盐	石粉
比例	72.7	6.6	16.8	1.4	1.5	1.0

注:引自刘艾(2004),生物活性酶制剂处理秸秆的肉牛育肥试验(畜牧与饲料科学)。

试验开始及结束时,连续 2 天早晨空腹称重,取其平均数。试验结束后,按我国肉牛屠宰测定统一标准进行屠宰和测定。分别测定宰前活重、胴体重、屠宰率、净肉重、净肉率、眼肌面积。

由表 5-63 可以看出,经过生物活性酶制剂处理的秸秆粗蛋白质提高了 17.80%,粗纤维下降了 13.83%,而且处理秸秆具有松软、香甜略带苹果酸味、适口性好等特点。饲喂处理后的秸秆肉牛增重快、秸秆利用率高,肉牛采食干净,几乎没有剩余浪费,而未处理秸秆利用率不足 70%。试验组日增重达 1.39 千克,较对照组提高 21.93%,结果见表 5-64。

表 5-63 秸秆处理效果 单位:%

项目	粗蛋白质	粗纤维
未处理秸秆	4.5	37.6
处理秸秆	5.3	32.4

注:引自刘艾(2004),生物活性酶制剂处理秸秆的肉牛育肥试验(畜牧与饲料科学)。

表 5-64 试验牛日粮搭配与日增重情况

项目	粗料量 /[千克/(天·头)]	精料量 /[千克/(天·头)]	头数 /头	日增重 /(千克/头)
未处理秸秆	6.0	4.8	9	1.14
处理秸秆	6.0	4.8	9	1.39

注:引自刘艾(2004),生物活性酶制剂处理秸秆的肉牛育肥试验(畜牧与饲料科学)。

试验结束后,进行跟踪屠宰测定,测定数据见表 5-65。可以看出,试验组屠宰测定的各项指标与对照组相比有较大的提高。净肉重增加 12.2 千克,说明以秸秆为主的粗饲料经过科学处理后的利用价值,有显著改善。

表 5-65　西杂肉牛育肥屠宰测定

项目	头数/头	宰前活重/千克	胴体重/千克	屠宰率/%	净肉重/千克	净肉率/%
未处理秸秆	9	473.50	276.30	58.30	233.00	49.21
处理秸秆	9	485.50	287.50	59.21	245.20	50.49

注：引自刘艾（2004），生物活性酶制剂处理秸秆的肉牛育肥试验（畜牧与饲料科学）。

　　利用生物活性酶制剂处理秸秆后平均日采食秸秆 6 千克，每吨秸秆揉碎后生产成本 40 元，人工费 20 元，添加酶制剂 10 元，合计 70 元，折合每千克 0.07 元，日饲养成本 6×0.07＋4.8×1＝5.22 元。对照组每吨人工费、生产成本同上，每千克秸秆合计 0.06 元，日饲养成本每头牛为 6×0.06＋4.8×1＝5.16 元。

　　按肉牛市场价每千克 20 元计算，每日平均增加（1.39－1.14）×20＝5 元。除日增加饲料成本 5.22－5.16＝0.06 元，每日生物活性酶制剂处理秸秆较对照组增加利润 4.94 元，试验期 40 天，每头牛增加利润 197.6 元，经济效益可观。

　　（3）应用实例 3　以荷斯坦公牛为试验动物，评价外源酶制剂对肉牛生产性能和营养物质消化率的影响。

　　TMR 由精料补充料（表 5-66）和小麦秸秆组成，所用酶制剂主要成分为纤维素酶和木聚糖酶，其添加量为 7.5 克/（头·天），每天按照每头牛的剂量将酶制剂与精料补充料充分混匀后饲喂。

表 5-66　试验组日粮精料补充料成分　　　　　单位：%

项目	对照组	加酶组
玉米	51.2	49.9
向日葵粕	30.4	30.22
大麦	14.4	14.32
石灰	1.4	1.392
磷酸二钙	1.4	1.392

续表

项目	对照组	加酶组
食盐	0.8	0.796
预混料①	0.2	0.198
酶制剂 NET	—	0.6

① 每千克预混料中含有维生素 A 12000000 国际单位、维生素 D₃ 3000000 国际单位、维生素 E 30 克、Mn 50 克、Fe 50 克、Zn 50 克、Cu 10 克、I 0.8 克、Co 0.1 克、Se 0.15 克和抗氧化剂 10 克。

选择的 16 头荷斯坦公牛，9~12 月龄，平均体重为 362 千克，健康无病，发育正常，采用随机分组法分为 2 个组，分别为对照组（TMR 无添加酶制剂）和加酶组 [TMR 添加 7.5 克/（头·天）NET]，每组 8 头，两组平均体重分别为（362.1±17.0）千克和（363.6±16.0）千克，试验期为 80 天。

每天准确称取并详细记录每圈投料量和剩料量。每隔 7 天采集 1 次饲粮和剩料样品，测定其常规营养成分，预试期开始、正试期开始和正试期结束时分别进行每头过秤，均为晨饲前空腹体重。试验结束前 1 周取出瘤胃液并进行体外产气试验，测定营养物质 DM、OM 和 NDF 消化率。

由表 5-67 可知，两组肉牛日增重分别为 986 克和 1270 克，其中酶处理组平均日增重显著高于对照组（$P<0.05$）。两组间秸秆饲料转化率没有显著差异（$P>0.05$），而酶处理组精料和总的饲料转化率要高于对照组（$P<0.05$）。

表 5-67 添加酶制剂对肉牛生产性能和饲料转化率的影响

项目	对照组	酶处理组
初始体重/千克	362.1	363.6
结束体重/千克	431.1	452.5
总增重/千克	69	88.9*
日增重/克	986	1270*
精料-饲料转化率	9.43	7.28*

项目	对照组	酶处理组
粗饲料-饲料转化率	1.993	1.66
总饲料转化率	11.42	8.94*

注:"*"表示显著水平,$P<0.05$。引自 Balci(2007),The Effect of fibrolytic exogenous enzyme on fattening performance of steers. Bulgarian Journal of Veterinary Medicine.

由表 5-68 可知,两组肉牛瘤胃 pH 值分别为 6.19 ± 0.13 和 6.20 ± 0.07,组间没显著差异($P>0.05$),但酶处理组秸秆 DM、OM 和 NDF 体外消化率均显著高于对照组($P<0.05$),而两组间精料的 DM、OM 和 NDF 体外消化率均无显著差异($P>0.05$)。因此可知,添加外源酶制剂 NET 能够有效提高肉牛日增重、养分消化率和饲料转化率。

表 5-68　添加酶制剂对肉牛瘤胃 pH 和体外
消化率（均值±SEM）的影响

项目	n	对照组	酶处理组
瘤胃 pH	6	6.19	6.20
精料 DM/%	6	80.19	81.29
秸秆 DM/%	6	25.06	29.22*
精料 OM/%	6	57.08	59.68
秸秆 OM/%	6	35.72	38.29*
精料 NDF/%	6	57.06	59.68
秸秆 NDF/%	6	24.32	28.57*

注:"*"表示显著水平,$P<0.05$。引自 Balci(2007),The effect of fibrolytic exogenous enzyme on fattening performance of Steers,Bulgarian Journal of Veterinary Medicine.

（4）应用实例 4　应用纤维素复合酶制剂处理玉米秸秆饲喂肉牛,观察增重效果及经济效益情况。

秸秆粉碎切成 2～3 厘米,加 50%～60% 的自来水拌匀,以用手捏成团而滴不出水、落地自行散开为宜。纤维素复合酶制剂添加量为 0.1%,先用麸皮将纤维素复合酶制剂稀释后撒到玉米秸秆中，充分拌匀、压实，盖上塑料布密封，10 天后即可用来饲喂。处理好的玉米秸秆有酒曲香味、口尝有酸甜味即为成功。

选择健康的西门塔尔杂种公牛 40 头，按年龄、体重相同或相近的原则，配对分为对照组和试验组，每组 20 头。试验开始时，两组间平均体重经检验差异不显著。两组牛饲养管理完全相同，分别在两个圈内饲养，自由饮水。两组牛的精料组成及喂量完全相同，试验组牛饲喂纤维素复合酶制剂处理玉米秸秆，对照组牛饲喂未处理玉米秸秆。两组牛分别于试验开始和试验结束时清晨空腹称重 1 次。

由表 5-69 可见，在试验期，对照组和试验组的平均日增重分别为 1.27 千克和 1.49 千克，试验组的日增重比对照组提高 17.32%。试验期内经济效益分析详见表 5-70，在试验期内，试验组比对照组头均日多增重 218.75 克。扣除饲料成本、酶制剂费用，头均比对照组多获利 418 元。增重的饲料成本费，试验组为 12.47 元/千克，比对照组的 13.90 元/千克减少 1.43 元/千克，减少幅度为 10.29%。

表 5-69　试验期内两组牛增重情况统计表

组别	头数	试验时间/天	始重/千克	末重/千克	增重/千克	平均日增重/千克
对照组	20	80	517.4	619.2	101.8	1.27
试验组	20	80	518.6	637.9	119.3	1.49

注：引自李丰成(2011)，纤维素复合酶制剂处理玉米秸秆饲喂肉牛增重效果研究(中国牛业科学)。

表 5-70　试验期内经济效益分析表

组别	增重 /(千克/头)	耗料 /(千克/头)	料重比	酶制剂费用 /(元/头)	饲料费 /(元/头)	毛利 /(元/头)	纯利润 /(元/头)	试验组比对照组增收 /(元/头)
对照组	101.8	480	4.7∶1	0	1416	2850.4	1434.4	—
试验组	119.3	480	4.0∶1	72	1416	3340.4	1852.4	418

注：引自李丰成(2011)，纤维素复合酶制剂处理玉米秸秆饲喂肉牛增重效果研究(中国牛业科学)。

2.酶制剂在奶牛生产中的应用

近年来，有关酶制剂处理饲粮对奶牛饲喂效果的研究报道很多，其中大多是评价酶制剂对奶牛采食量、消化率和产奶量方面的影响，并且能够产生积极有效的作用。很多研究表明，在高质量粗饲料（如苜蓿、玉米青贮饲料等）基础饲粮中添加酶制剂对奶牛生产性能和饲料营养物质消化率具有促进作用。

（1）应用实例1　以荷斯坦奶牛为试验动物，评价外源酶制剂不同添加方式对奶牛采食量、产奶量及消化率的影响。

试验日粮组成及营养成分见表5-71，由38%粗饲料（24%玉米青贮、14%苜蓿）和62%精料补充料组成。所用酶制剂主要由高活性聚糖酶和低活性纤维素酶组成，添加水平为50毫克/千克TMR（干物质基础），添加方式为2种，在TMR中添加或在精料补充料中添加。

表5-71　试验组日粮组成及营养水平

原料	用量(DM)/%	营养指标	含量/%
玉米青贮	23.7	DM	60.8
苜蓿	14.2	OM	92.6
大麦	45.1	CP	16.8
血粉	0.95	NDF	31.0
玉米麸	5.22	ADF	17.8
豆粕	3.80	淀粉	36.5
碳酸钙	0.95		
磷酸二钙	0.47		
单磷酸钠	0.09		
预混料[①]	1.42		
Cr_2O_3	0.03		

① 含有51.97%NaCl和35.98%微量元素（K 18%，Mg 11%，S 22%，Fe 1000毫克/千克，$ZnSO_4 \cdot H_2O$ 2%，$MnSO_4 \cdot 4H_2O$ 2.5%，$CoSO_4 \cdot 6H_2O$ 0.01%，Na_2SeO_3 0.009%，二氢碘酸乙二胺0.012%，$CuSO_4 \cdot 5H_2O$ 0.8%，维生素A 680000国际单位/千克，维生素D160000国际单位/千克和维生素E2000国际单位/千克）。

选择 43 头荷斯坦奶牛，19 头初产牛，24 头经产牛，随机分 3 个组，分别为对照组（不添加酶制剂）、TMR 加酶组和精料补充料（Conc）加酶组，每天饲喂 3 次，分别为 6：00、15：00 和 18：00。每天准确称取并详细记录每圈投料量和剩料量。每隔 7 天采集 1 次饲粮，每 3 周取 1 次剩料样品，测定其常规营养成分。奶牛每天挤奶 2 次，7：00 和 17：00，每天记录产奶量，每 7 天连续采集 2 天的奶样品，4℃保存，并送检。全消化道表观消化率采用 Cr_2O_3 标记法测定。

由表 5-72 可知，添加酶处理组对各营养物质采食量没有显著影响（$P > 0.05$）。精料加酶组 DM 消化率显著高于对照组和 TMR 加酶组（$P < 0.05$），TMR 中添加酶制剂对 DM 消化率没有影响（$P > 0.05$）。而加酶组包括 TMR 加酶组和精料加酶组 OM 和 CP 消化率显著高于对照组（$P < 0.05$）。

表 5-72　添加酶制剂对奶牛采食量和全消化道消化率的影响

项目	日粮			SEM
	对照组	TMR＋酶	Conc＋酶	
营养物质采食量/（千克/天）				
DM	19.4	20.4	19.8	1.0
OM	17.3	19.0	18.3	0.9
淀粉	6.79	7.64	7.54	0.37
NDF	6.11	6.39	6.14	0.30
ADF	3.42	3.54	3.41	0.17
CP	3.51	3.99	3.78	0.19
表观消化率/%				
DM	63.9[b]	65.7[ab]	66.6[a]	1.0
OM	64.7[b]	67.6[a]	68.4[a]	1.0
淀粉	90.5	89.9	92.0	0.8
NDF	42.6	45.9	44.3	1.7

续表

项目	日粮			SEM
	对照组	TMR＋酶	Conc＋酶	
ADF	31.8	35.5	33.7	2.0
CP	62.7[b]	67.6[a]	67.0[a]	1.1

注:1. 同行不同字母(上角)表示差异显著($P<0.05$)。

2. 引自 Yang(2000),A comparison of methods of adding fibrolytic enzymes to lactating cow diets. Journal of Dairy Science.

由表 5-73 显示,添加酶制剂对奶牛产奶量和乳品质产生了不同程度的影响。精料加酶组产奶量(37.4 千克/天)比对照组(35.3 千克/天)或 TMR 加酶组(35.2 千克/天)提高约 6% 左右($P<0.05$)。而对乳成分含量及各乳成分产量没有显著影响($P>0.05$)。

表 5-73 添加酶制剂对奶牛产奶性能的影响

项目	日粮			SEM
	对照组	TMR＋酶	Conc＋酶	
产奶量/(千克/天)				
真实	35.3[b]	35.2[b]	37.4[a]	1.0
4%FCM	31.5	30.5	32.5	1.0
乳成分/%				
脂肪	3.34	3.14	3.19	0.13
蛋白质	3.18	3.13	3.13	0.06
乳糖	4.65	4.56	4.65	0.05
乳成分产量/(千克/天)				
脂肪	1.24	1.22	1.28	0.04
蛋白质	1.14	1.15	1.18	0.03
乳糖	1.62	1.64	1.69	0.05
FCM/DMI	1.62	1.64	1.66	0.07

注:引自 Yang(2000),A comparison of methods of adding fibrolytic enzymes to lactating cow diets. Journal of Dairy Science.

（2）应用实例2 通过在奶牛饲料中添加不同种和不同添加水平纤维素酶，探讨纤维素酶对奶牛产奶量及乳品质的影响。

试验选用100头年龄、胎次、产奶量、泌乳期相近的荷斯坦奶牛，体况良好，无疾病，随机分成5组（每组20头），1个对照组和4个试验组。在试验1组、试验2组、试验3组和试验4组饲料中分别添加纤维素酶A50克/吨、纤维素酶A 100克/吨、纤维素酶B80克/吨、纤维素酶B160克/吨。预饲15天，预试期末连续测量3天产奶量，作为试验前日均产奶量。正试期开始后，每15天为一阶段，共3个阶段。饲喂方式为每日早、中、晚共3次，精料定时、定量投喂，干草自由采食，自由饮水。机械管道挤奶，每日3次。从预试期开始至试验结束，每日观察试验牛的食欲和健康状况，每天记录产奶量。试验奶牛日粮组成及饲喂量见表5-74。

表5-74 试验奶牛日粮饲喂量和精料组成

日粮组成	饲喂量/（千克/天）	精料组成	含量/%
干草	6	玉米	55
玉米青贮	17	麸皮	4
酒糟	10	豆粕	5
混合精料	10.6	浓缩料	36

注：引自周利芬等（2006），不同添加比例的两种纤维素酶对奶牛产奶量及乳品质的影响，饲料工业。

每天观察奶牛的采食、形态、疾病等状况，严格分组记录产奶量、疾病、剩料量。同时测定乳质的变化情况，详细记录相应数据和出现的各种情况。分别于正试期的第1天、第15天、第30天、第45天采集奶样，日采样3次，每头牛每次采奶30毫升，放入预先用无离子水处理过的集奶容器中，将一天奶样混合均匀，作为分析奶样，备用于测定乳脂率、乳蛋白等指标。

从表5-75可得出，在整个试验期内，对照组产奶量呈下降趋势，试验各组产奶量上升，与对照组相比，产奶量都有提高的趋势（$P > 0.05$），试验1组、2组、3组、4组平均日产奶量分别比对照组提高 1.05 千克（5.73％）、0.88 千克（4.84％）、0.66 千克（3.62％）、0.51 千克（2.81％）。

表 5-75　不同纤维素酶对奶牛产奶量的影响

单位：千克／（头·天）

项目	产奶量				
	8 月 8 日	8 月 24 日	9 月 11 日	9 月 28 日	10 月 12 日
对照组	18.12	17.83	17.68	17.55	17.32
试验组 1	18.43	18.35	18.89	19.06	19.51
试验组 2	18.25	18.09	18.57	18.74	19.02
试验组 3	18.66	18.37	18.74	18.89	19.18
试验组 4	18.19	17.95	18.06	18.25	18.44

注：引自周利芬等（2006），不同添加比例的两种纤维素酶对奶牛产奶量及乳品质的影响，饲料工业。

由表 5-76 可知，日粮中添加不同纤维素酶对奶牛乳品质无显著影响。可见在本试验条件下，纤维素酶可有效提高奶牛产奶量，提高经济效益，对乳品质的影响效果不明显。

表 5-76　不同纤维素酶对奶牛乳品质的影响

项目	对照组	试验组 1	试验组 2	试验组 3	试验组 4
乳脂率/%	3.99	3.89	3.95	3.84	3.93
乳蛋白/%	3.64	3.54	3.61	3.53	3.60
乳糖/%	4.85	4.79	4.89	4.85	4.86
干物质/%	13.78	13.29	13.82	13.07	12.86
非乳脂固体/%	9.06	9.08	9.14	9.10	9.12
密度/(千克/升)	1.028	1.028	1.029	1.028	1.029

注：引自周利芬等（2006），不同添加比例的两种纤维素酶对奶牛产奶量及乳品质的影响，饲料工业。

（3）应用实例 3　以荷斯坦奶牛为试验动物，评价外源酶制剂处理高、低精料 TMR 对奶牛产奶性能的影响。

　　试验选用 60 头平均体重（589±20）千克、泌乳（22±3）天、产奶量和胎次相近的荷斯坦奶牛，体况良好，随机分成 4 组（每组 15 头），2 个对照组和 2 个试验组，设计 2 种日粮，分别为高精料日粮（HC）和低精料日粮（LC）。以 2 种日粮分别为对照组，并添加酶制剂设 2 个处理组，分别为 HC 加酶组和 LC 加酶组。所用酶制剂为纤维素酶＋酯酶＋木聚糖酶，添加水平为 3.4 毫克/克 TMR（DM 基础）。试验日粮组成见表 5-77，每天 7：00 和 12：00 饲喂 2 次，每天 11：00 和 23：00 挤奶 2 次，试验周期为 63 天。

表 5-77　对照组日粮组成及营养水平

| 原料 | 原料含量(DM)/% | | 化学成分 | 营养水平 | |
	HC	LC		HC	LC
玉米青贮	37.00	49.20	DM/%	72.2	64.9
苜蓿	10.00	13.50	Ash(DM)/%	6.7	7.1
棉籽壳	5.00	4.63	CP(DM)/%	18.5	18.6
玉米	17.89	7.38	NDF(DM)/%	31.0	34.3
柑橘渣	5.01	2.00	ADF(DM)/%	20.9	22.4
棉籽	4.84	1.81	半纤维素(DM)/%	10.1	11.9
大豆麸	5.93	7.90	NFC(DM)/%	39.7	36.5
豆粕	6.01	2.49	NEL/(兆卡[②]/千克)	1.60	1.53
棉籽粕	5.10	7.80			
预混料[①]	3.25	3.26			
精粗比	48:52	33:67			

　　① 每 1 千克预混料（DM 基础）中含有 26.4%CP、10.2%Ca、8.6%Na、5.1%K、3.1%Mg、1.5%S、0.9%P、Mn 2231 毫克/千克、Zn 1698 毫克/千克、Cu512 毫克/千克、Fe339 毫克/千克、Co31 毫克/千克、I26 毫克/千克、Se7.9 毫克/千克、维生素 A147756 国际单位/千克和维生素 E787 国际单位/千克。

　　② 1 卡＝4.1868 焦耳。

　　注：引自于 Arriola 等（2011）,Effect of fibrolytic enzyme application to low- and high-concentrate diets on the performance of lactating dairy cattle. Journal of Dairy Science.

每天观察奶牛的采食、形态、疾病等状况，严格分组记录产奶量、疾病、剩料量。同时测定乳质的变化情况，详细记录相应数据和出现的各种情况。奶样品每7天分别于上午、下午采集2次，并进行乳成分分析。表观消化率采用氧化铬的标记方法计算。准确称量10克氧化铬装入透明胶囊，在试验第45～60天内，连续10天，每天07：00和19：00共放2次，粪样在连续5天内在630小时和1830小时取样，备用于分析常规营养成分分析。

由表5-78可知，TMR中添加外源酶能够提高DM、CP、NDF、ADF消化率和产奶量（$P<0.05$），且低精料饲粮加酶组饲料转化率高于低精料饲粮对照组。但外源酶对干物质采食量、产奶量、乳成分产量没有显著影响（$P>0.05$），加酶组日增重呈提高趋势。

表5-78　外源酶制剂对泌乳早期奶牛饲喂效果的影响

项目	对照组 LC	LC＋酶	对照组 LH	LH＋酶
干物质采食量 DMI/（千克/天）	22.1	20.8	25.7	23.8
产奶量/（千克/天）	31.9	32.5	33.6	35.8
乳成分产量/（千克/天）				
脂肪	1.14	1.20	1.32	1.25
蛋白质	0.88	0.90	0.97	1.00
乳糖	—	—	—	—
日增重/（千克/天）	0.32	0.42	0.57	0.38
营养物质消化率/%				
干物质（DM）	68.5[b]	71.2[a]	71.1[b]	74.0[a]
粗蛋白质（CP）	68.4[b]	71.5[a]	70.0[b]	75.0[a]
中性洗涤纤维（NDF）	52.1[b]	55.2[a]	53.5[b]	57.5[a]
酸性洗涤纤维（ADF）	48.6[b]	52.9[a]	52.1[b]	56.6[a]

注：引自于 Arriola 等（2011），Effect of fibrolytic enzyme application to low- and high-concentrate diets on the performance of lactating dairy cattle. Journal of Dairy Science.

三、微生态处理在牛饲养中的应用

1. 微生态处理在肉牛生产中的应用

秸秆生物处理技术是一种提高肉牛对粗饲料利用率的有效方法。只有正确地理解和运用此项技术，才能取得预期的效益，否则可能造成不同程度的损失。

给牛配制日粮时一定要考虑各种营养的供应与均衡，微生物秸秆饲料只能作为牛日粮的一个组成部分。秸秆生物饲料饲喂时可以与其他草料搭配，也可以与精料同喂。如果给牛仅喂生物秸秆饲料，与原来饲喂其他饲料（如添喂玉米、苜蓿草）相比，所获得的营养成分很不平衡，所获得的能量也减少，生产性能会大大降低。开始时，牛对秸秆生物饲料不太适应，应循序渐进，逐步增加饲喂量，一般每天每头（只）的饲喂量为育成牛、肉牛 15～20 千克。

我国北方冬季长，气温低，秸秆生物饲料在冬季使用量相对较大，由于微生态处理饲料含水量高，容易上冻，因此对饲喂牛有一定影响。根据有关经验，可以从以下两个方面解决此问题。一是修建暖棚，在不太冷的天气，将没上冻的秸秆生物饲料取出来后直接喂牛。二是将上冻的秸秆生物饲料取出后放入编织袋内，放在 10℃以上室内过夜后再喂。最好的方法是采用冬季塑料暖棚养畜技术。冬季塑料暖棚的设计和建造可参考《新疆农村工作》1996 年第 6 期 115～126 页。

生物秸秆饲料在肉牛生产上应用得较多，以下为几个应用秸秆生物饲料的研究报道与实例，用以说明秸秆生物发酵饲料在肉牛生产上的应用方法与效果，供养殖户参考使用。

（1）应用实例 1　在相同混合精料水平下，采用氨化处理和微生态处理的不同方法处理麦秸日粮饲喂肉牛，观察饲养效果。

氨化麦秸制作方法：麦秸中加尿素（为秸秆重的 5.16％）或液氨（为秸秆重的 3％），秸秆含水量为 40％，采用堆垛或入池法，密封 20 天至 1 个月。

微生态处理麦秸制作方法：每吨秸秆用活干菌 3 克，溶于水中，水中加少量白糖。秸秆加水至含水量为 $60\%\sim70\%$，加盐 $1\%\sim1.2\%$、玉米粉 $0.1\%\sim0.3\%$。秸秆加水时加入活干菌液。共需秸秆 20 吨（42 头牛试验用）。

为了验证饲喂效果，选择年龄、体重、品种相近的 60 头牛，进行驱虫和防疫处理、称重、打耳号等工作。经过 30 多天适应和预试，从中选出 42 头，分成三组分别饲喂未处理麦秸、氨化麦秸、微生态处理麦秸。所有的牛都定量饲喂混合精料，秸秆自由采食并计量，试验期 60 天。混合料的组成为玉米 42%、豆饼 54%、贝壳 $2\%\sim3\%$、食盐 $1\%\sim2\%$。

不同处理秸秆对肉牛体重的影响见表 5-79。由试验数据可以看出，在试验 60 天的平均增重方面，微生态处理麦秸组高于氨化麦秸组，微生态处理麦秸组显著高于未处理的麦秸组。

表 5-79 不同处理秸秆对肉牛体重的影响

组别	牛数/头	期初体重/千克		期末体重/千克		总增重/千克	平均增重/千克	平均日增重/[克/(日·头)]
		总体重	平均体重	总体重	平均体重			
麦秸组	14	5152.8	368.1	5635.3	402.5	482.5	34.5	574
氨化麦秸组	13	4734.0	364.2	5297.3	407.5	563.3	43.3	722
微生态处理麦秸组	14	5089.5	363.5	5840.3	417.2	750.8	53.6	894

注：引自吴克谦(1996).微贮秸秆饲喂肉牛的试验报告(黄牛杂志)。

（2）应用实例 2 以玉米、小麦秸秆按 1:1 比例混合的粗饲料用某发酵剂制作秸秆微生态处理饲料，对秦川牛进行育肥饲喂试验，观察饲喂效果。

首先，把当地干燥玉米秸和麦秸粉碎成 3～5 厘米，按 1:1 比例混合，然后按发酵剂与秸秆 1:100 的比例，将发酵剂加入 20 倍量 35～40℃ 温水中。将秸秆充分混合，在混合搅拌中加入发酵剂，于土池中（四周用整张塑料布）边加入秸秆边洒菌，使秸秆与水比例达 15:1，分层压实，顶部密封，18 天后开始启用。试验期精料配方见表 5-80。

表5-80 肉牛育肥试验期精料配方 单位:%

原料名称	大豆粕	玉米	小麦麸	石粉	食盐	预混料
比例	19.0	48.0	26.0	2.5	1.5	3.0

注:1.该配方营养水平如下:粗蛋白质12.00%,钙1.28%,磷0.76%。

2.引自李云甫(2000),高效秸秆微贮酵解饲料饲喂秦川牛试验(黄牛杂志)。

试验用秦川牛阉牛24头,随机分为试验组和对照组,每组12头,两组牛初始体重差异不显著。试验期共120天。

由表5-81可以看出经过微生态处理的秸秆粗蛋白质提高118.4%,粗纤维下降36.3%。而且微生态处理秸秆松软、香甜略带苹果酸味,适口性好。饲喂后,增重快、利用率高,试验组日增重达1.12千克,较对照组(0.89千克)提高25.8%(表5-82)。

表5-81 秸秆处理效果 单位:%

组别	粗蛋白质	粗纤维
未处理秸秆	3.8	33.6
微生态处理秸秆	8.3	21.4

注:引自李云甫(2000),高效秸秆微贮酵解饲料饲喂秦川牛试验(黄牛杂志)。

表5-82 试验牛日粮搭配与日增重情况

单位:千克/天

组别	粗饲料	精饲料	头数/头	日增重
微生态处理组	8.5	3.0	12	1.12±0.2
对照组	8.5	3.0	12	0.89±0.1

注:引自李云甫(2000),高效秸秆微贮酵解饲料饲喂秦川牛试验(黄牛杂志)。

(3)应用实例3 采用某秸秆发酵活干菌对玉米秸秆进行处理,并通过肉牛育肥效果及经济效益分析,探讨微生态处理玉米秸秆饲喂肉牛的效果及价值。

选择清洁、无污染、无发霉变质的干秸秆作微生态处理原料,铡短到5~8厘米装窖(水泥窖,长1.6米,宽1.5米,高1.2米)。先在窖底铺放1层30厘米厚的秸秆,用脚踩实,然后一边装原料，一边洒菌液（并添加 0.5％玉米粉），一边踩实（以排出空气），装一层洒一层踩一层，连续作业，直到原料高出窖口 30～40 厘米。每平方米撒食盐 250 克后，盖上塑料布。塑料布上方铺 20 厘米厚的秸秆，覆土 5 厘米，防止阳光暴晒。封窖后 5～7 天如发现窖顶下沉，应及时用土填平。制作中要随时检查储料含水量是否合格，各处是否均匀一致，特别要注意层与层之间水分的衔接，不要出现夹干层。玉米秸秆水分含量以达到 65％～70％为宜。30 天后即可开封饲喂。处理好的微生态处理料呈金黄色，质地柔软湿润，有酒香味或果香味，并具有弱酸味。

选择年龄 1～2 岁发育正常、食欲旺盛的西杂一代肉用公牛 40 头，随机分为 2 组，每组 20 头。各组间体重差异不显著。试验牛实行分槽饲喂，试验组饲喂处理秸秆，对照组饲喂未处理干玉米秸秆，饲喂时先粗后精。

试验组及对照组日采食量分别为 13.9 千克、10.7 千克，试验组较对照组日均多采食 3.2 千克，提高 29.9％（表 5-83）。日增重各组依次为 840 克、510 克，试验组日增重比对照组高 64.7％（表 5-84）。试验组与对照组的精料品质和采食的条件都相同，但粗料采食量不同，日增重不同，饲料转换率也不相同。每增重 1 千克体重，试验组、对照组粗料消耗分别为 16.55 千克、20.98 千克，试验组比对照组降低 21.16％。每增重 1 千克体重，试验组、对照组精料消耗分别为 1.19 千克、1.96 千克。试验组每增重 1 千克比对照组节省秸秆和精料分别为 4.43 千克、0.77 千克。由表 5-85 可知，试验期内，试验组头均相对盈利 49.8 元，比对照组多盈利 18.0 元。

表 5-83　各组牛对秸秆饲料的采食量

组别	累计采食量/(千克/只)	日采食量/(千克/只)	与对照组相比/%
试验组	417	13.9	提高 29.9
对照组	321	10.7	

注：引自严平（2008），玉米秸秆微贮饲料育肥肉牛效果观察（安徽农业科学）。

表 5-84 试验组与对照组 30 天育肥效果

组别	数量/头	试验期/天	始均体重/千克	末均体重/千克	每头增重/千克		每头日增重/克	
					总增重	比对照组增加	日增重	比对照组增加
试验组	20	30	257.5	282.7	25.2	9.9	840	330
对照组	20	30	257.4	272.2	15.3		510	

注:引自严平(2008),玉米秸秆微贮饲料育肥肉牛效果观察(安徽农业科学)。

表 5-85 试验组与对照组经济效益分析

组别	头均增重/千克	收益/元	头均增重成本/元		合计	比对照组降低/(元/头)
			粗料	精料		
试验组	25.2	176.4	83.4	43.2	49.8	18.0
对照组	15.3	107.1	32.1	43.2	31.8	

注:引自严平(2008),玉米秸秆微贮饲料育肥肉牛效果观察(安徽农业科学)。

试验证明,利用发酵活干菌处理秸秆育肥肉牛技术可节约精饲料,提高饲料利用率,降低饲料成本,值得广大肉牛养殖户使用借鉴。

(4)应用实例 4 采用秸秆发酵活干菌对玉米秸秆进行处理,并与秸秆氨化处理进行比较,通过肉牛育肥效果及经济效益分析,探讨微生态处理和氨化玉米秸秆饲喂肉牛的效果。

试验肉牛选择西门塔尔牛与当地黄牛的杂交一代。选择体重、年龄和膘情基本一致的公牛 30 头,随机分为三个组,每组 10 头牛,1 组饲喂微生态处理玉米秸,2 组饲喂氨化玉米秸,3 组饲喂普通玉米秸(对照组)。用于发酵玉米秸的制剂选择秸秆发酵活干菌,每吨秸秆用量 3 克,在处理前先将干菌倒入 2 千克 1%糖水中溶解,常温下复活 1~2 小时,将复活的菌剂倒入 0.8%~1.0%的食盐水溶液中搅匀,即可制作微生态处理饲料。每 100 千克干玉米秸用水量为 120 千克,制作的微生态处理秸秆含水量 60%~70%。

将无霉变变质的玉米秸铡短到 3~5 厘米,装窖(水泥窖,长5 米,宽 3 米,深 1.5 米)。窖底铺 20~30 厘米厚的秸秆,然后将铡好的秸秆装入窖内厚度为 20～30 厘米，均匀喷洒菌液，压实后再铺放厚度为 20～30 厘米的秸秆，再喷洒菌液压实，直到高出窖 40 厘米，压实，每平方米撒细盐 250 克后盖上塑料薄膜，覆土密封。气温在 14℃ 左右时，30 天后即可开封饲喂。为给菌种繁殖提供一定的营养物质，提高微生态处理质量，按玉米秸的 5% 撒上玉米粉或麸皮。经微生态处理后的干玉米秸，色泽呈金黄褐色，果酒香味，并且具有弱酸味，松散柔湿，品质良好。氨化秸秆则呈黄褐色，柔软，具有糊香味。

试验期 7 天内完成驱虫、健康检查，饲料适应性观测共 60 天，各组饲养管理条件相同，秸秆自由采食，满足供应，大多数牛不再吃时喂精料（拌入饲草中），头均喂量 1.4 千克。精料配方为玉米55%、麸皮 30%、酒糟 10%、骨粉 2%、豆饼 3%。日喂粗料 3 次，精料早晚 2 次，饮水 3 次。

精料 3 个组每天全部吃完。粗饲料进食量，微生态处理组每头牛每昼夜采食 5.46 千克，比对照组提高 27.57%；氨化组每头每日进食量 5.24 千克，比对照组提高 22.43%；微生态处理组比氨化组提高进食量 4.2%。体增重方面，微生态处理组增重最快，头均日增重 734.2 克，比对照组提高 51.16%，比氨化组提高 10.71%。氨化组比对照组提高 36.55%。见表 5-86。

表 5-86　各组增重情况统计表

组别	年龄/岁	数量/头	头均始重/千克	头均末重/千克	增重/千克	头均日增重/克
微生态处理组	1～2	10	150.27	194.32	44.05	734.2
氨化组	1～2	10	151.08	190.87	39.79	663.2
对照组	1～2	10	151.87	181.01	29.14	485.7

注：引自戴俊昌（2003），微贮玉米秸秆饲喂肉牛效果比较（贵州畜牧兽医）。

根据统计结果，每增重 1 千克体重，微生态处理组、氨化组和对照组分别消耗精料为 2.08 千克、2.13 千克和 3.24 千克，微生态处理组比氨化组降低 2.40%，比对照组降低 35.80%；粗料消耗分别为 8.36 千克、8.46 千克和 10.96 千克，微生态处理组比氨化组降低 1.18%，比对照组降低 23.72%。说明干玉米经微生态处理或氨化后饲料营养成分有了变化，饲料转化率提高，尤其是微生态处理效果更加明显。

2. 微生态处理在奶牛生产中的应用

利用微生物处理的秸秆饲料在饲喂奶牛过程中，应该循序渐进，初期应少喂一些，以后逐渐增加到足量，让奶牛有一个适应过程。不可一次性过量饲喂，造成奶牛瘤胃内的秸秆生物饲料过多，酸度过大，反而影响奶牛的正常采食量和产奶性能。

喂秸秆生物饲料时奶牛瘤胃内的 pH 值降低，容易引起酸中毒，可在精料中添加 1.5% 的小苏打，促进牛胃的蠕动，中和瘤胃内酸性物质，升高 pH 值，增加采食量，提高消化率，增加产奶量。每次饲喂的秸秆生物饲料应和干草搅拌均匀后，再饲喂奶牛，避免奶牛挑食。有条件的，最好将精料、秸秆生物饲料和干草进行充分搅拌，制成"全混合日粮"饲喂奶牛，效果会更好。微生态处理饲料或其他粗饲料，每天最好饲喂 3 次或 4 次，增加奶牛"倒嚼"（反刍）的次数。每天喂多少取多少以保证秸秆生物饲料的新鲜品质，使营养损失降到最低点，达到饲喂秸秆生物饲料的最佳效果。取出秸秆生物饲料不能暴露在日光下，也不能散堆、散放，最好袋装，放置在牛舍内阴凉处。冰冻的秸秆生物饲料是不能饲喂奶牛的，必须经过化冻后才能饲喂，否则易引起妊娠牛流产。

饲喂过程中，如发现奶牛有拉稀现象，应立即减量或停喂，检查饲喂的秸秆生物饲料是否霉变，或者是否为其他疾病原因造成奶牛拉稀，待恢复正常后再继续饲喂。每天要及时清理饲槽，尤其是死角部位，把已变质的秸秆生物饲料清理干净再喂给新的秸秆生物饲料。

秸秆生物饲料饲喂量要适度，1 头日产奶量在 15 千克以下的奶牛，每天饲喂秸秆生物饲料不能超过 15 千克，干草可在 5~8 千克。以下为不同体重、不同产奶量奶牛饲喂生物秸秆饲料的数量。

体重在 500 千克、日产奶量在 25 千克以上的泌乳牛，每天饲喂秸秆生物饲料 25 千克，干草 5 千克左右；日产奶量超过 30 千克的泌乳牛，每天可饲喂秸秆生物饲料 30 千克，干草 5～8 千克。

体重在 400 千克、日产奶量 20 千克的泌乳牛，每天可饲喂秸秆生物饲料 20 千克，干草 5～8 千克。

体重在 350 千克、日产奶量在 15～20 千克的泌乳牛，每天可饲喂秸秆生物饲料 15～20 千克，干草 8～10 千克。

日产奶量在 15 千克以下的泌乳牛，每天饲喂秸秆生物饲料 15 千克即可，干草 5～8 千克。

奶牛临产前 15 天和产后 15 天内，应停止饲喂秸秆生物饲料。

干奶期的母牛，每天可饲喂秸秆生物饲料 10～15 千克，其他补给适量的干草。

育成牛的秸秆生物饲料喂量以少为好，最好控制在 10 千克以内。对于小牛应当少喂或不喂。

生物处理的秸秆饲料在奶牛生产上的应用效果较好，新疆畜牧科学院用秸秆生物饲料饲喂奶牛，采食量提高 40.4%～41.5%，产奶量提高 2.74～2.8 千克。山西省太原农牧场用秸秆生物饲料饲喂奶牛，试验组日产奶 23.79 千克，对照组 22.09 千克，增产 1.7 千克，扣除秸秆生物饲料生产成本，每头奶牛每天多收入 2.75 元，效益显著。

（1）应用实例 1　微处甜玉米秸秆饲料饲喂奶牛模式。

青贮材料为灌浆期甜玉米秸秆，每吨甜玉米秸秆添加 50 克微处制剂，微处制剂主要含有乳酸杆菌、酵母菌、α-淀粉酶、蜡样芽孢杆菌、放线菌、木霉（10×10^8 个菌落/克）、纤维素分解酶（纤维素酶活性为 2800 国际单位，木聚糖酶活性为 800 国际单位）等。

以铡草机将甜玉米秸秆切割成 1～2 厘米，边铡边均匀地撒入经活化处理的微处制剂，边填充原料边压实。所有原料处理完后将四周压平，用黑色塑料薄膜密封，在薄膜上加重物压紧，30 天后即开窖饲喂。选择 3.5～6.5 岁，2～4 胎次，泌乳天数、产奶量及体重相近的健康泌乳奶牛 48 头，分为试验组和对照组，每组 24 头。表 5-87 为奶牛基础日粮组成。

表 5-87　奶牛基础日粮组成

饲料成分	日喂量/(千克/头)	占日粮/%	占精料/%
玉米	4.60	9.68	46.00
麦麸	0.50	1.05	5.00
豆粕	2.00	4.21	20.00
玉米蛋白	1.00	2.11	10.00
棉籽粕	0.90	1.89	9.00
碳酸氢钙	0.10	0.21	1.00
石粉	0.05	0.11	0.50
碳酸氢钠	0.20	0.42	2.00
8113A 预混料	0.60	1.26	6.00
氯化钠	0.05	0.11	0.50
传统青贮/微处玉米秸秆	18.00	37.89	
青干草	2.00	4.21	
麦渣	4.00	8.42	
苹果粕	4.00	8.42	
胡萝卜	9.50	20.00	
合计	47.5		

　　从表 5-88 可知，在相同基础日粮和饲养管理条件下，饲喂微处甜玉米秸秆饲料的试验组平均产奶量达 20.95 千克/（天·头），比试验前平均增产 4.33%，比饲喂传统青贮甜玉米秸秆饲料的对照组增加 0.63 千克/（天·头），扣除试验前产奶量的差异，实际比对照组增产 0.76 千克/（天·头），提高 3.79%。可见，以微处甜玉米秸秆饲料饲喂奶牛的平均产奶量显著高于传统青贮甜玉米秸秆饲料（$P < 0.05$）。

表 5-88　奶牛产奶量对比分析

	对照组	试验组
试验前平均产奶量/[千克/（天·头）]	20.21[a]	20.08[a]
试验期平均产奶量/[千克/（天·头）]	20.32[a]	20.95[b]

	对照组	试验组
平均增产量/[千克/(天·头)]	0.11^a	0.87^b
平均增产率/%	0.54^a	4.33^b

注:同列不同字母表示差异显著($P<0.05$)。

（2）应用实例 2　复合微生物酶制剂青贮玉米秸秆饲喂奶牛模式。

选择年龄、体重、胎次、产奶量和泌乳天数（产后 70～100 天）相近的中国荷斯坦奶牛 30 头，随机分为 2 组，每组 15 头。其中对照组饲喂常规青贮玉米，另一组饲喂添加复合微生物酶制剂的青贮玉米。

经过 60 天的试验期，试验组比对照组奶牛共多产奶 828.1 千克，平均每头每天多产奶 0.92 千克，差异显著，产奶量比对照组提高了 4.57%，4%FCM 差异显著（表 5-89）。

表 5-89　试验期内泌乳牛产奶统计表 （$n=15$）

组别	日产奶量/千克	4%FCM/千克
对照组	20.11^a	18.92^a
试验组	21.03^b	19.79^b

注:同列不同字母(上角)表示差异显著($P<0.05$)。

试验期内泌乳牛乳成分组成见表 5-90，在整个试验过程中试验组乳脂率平均比对照组高了 0.1%，提高幅度为 2.92%，差异显著。乳糖也略有提高，差异不显著，乳蛋白差异很小。

表 5-90　试验期内泌乳牛乳成分组成 （$n=15$）

组别	乳脂率/%	乳蛋白/%	乳糖/%	SNF/%
对照组	3.42^a	3.00^a	4.75^a	8.35^a
试验组	3.52^b	3.02^a	4.78^a	8.39^a

注:同列不同字母(上角)表示差异显著($P<0.05$)。

微生物-酶制剂的使用促进了奶牛产奶量的提高，对泌乳奶牛牛乳乳脂率成分也产生显著影响。

（3）应用实例3 接种剂玉米秸秆青贮饲喂奶牛模式。

青贮接种剂含植物乳杆菌、戊糖片球菌、纤维素酶、木聚糖酶等，推荐添加量为10克/吨新鲜的青贮原料。

玉米秸秆于去穗后收获，用铡草机铡成长1～3厘米。设备采用半地下式水泥青贮窖。将每500克青贮接种剂溶于5升清水中（不含氯），再加入95升水混合均匀。在青贮装填过程中用喷雾器均匀喷洒，每吨青贮料使用该稀释液2升，边装填边压实，完成后用黑色聚乙烯塑料薄膜密封。4个月后开封。常规青贮不添加接种剂，制作方法同上。

选择体重、胎次、产奶量和泌乳日（泌乳中后期）相近的中国荷斯坦经产奶牛20头，随机分为2组，每组10头。试验组饲喂添加了接种剂的青贮玉米秸，对照组饲喂常规青贮玉米秸，精粗料日粮组合（表5-91）、营养水平完全相同，饲喂时先粗后精，供给充足、清洁的饮水。

表5-91 产奶牛精料组成及日粮组成

精料补充料组成	比例/%	产奶牛日粮组成	饲喂量/千克
玉米	51	青贮玉米秸	20
小麦麸	18	干草	3
大豆粕	15	胡萝卜	5
棉籽粕	12	精料补充料	9.5
4%预混料	4		

注：4%预混料由北京精准动物营养研究中心提供，含有维生素、微量元素、磷酸氢钙、石粉、缓冲剂、食盐等成分。

从表5-92可以看出，经过56天的试验期，试验组比对照组奶牛共多产奶366.9千克，平均每头每天多产奶0.65千克，产奶量比对照组提高了3.18%。如果折算成4%标准乳，则平均每头每天多产奶（标准乳）0.95千克，比对照组提高了5.02%。

表 5-92　试验期内泌乳牛产奶情况

组别	试验头数 /头	试验时间 /天	总产奶量 /千克	平均日产奶量 /千克	4%FCM /千克
对照组	10	56	11538.9	20.61	18.94
试验组	10	56	11905.8	21.26	19.89

从表 5-93 可以看出，在整个试验过程中试验组乳脂率平均比对照组高了 0.11%，提高幅度为 3.18%，SNF 也略有提高，乳蛋白和乳糖含量差异很小。

表 5-93　试验期内泌乳牛乳成分组成

组别	乳脂率/%	乳蛋白/%	乳糖/%	SNF/%
对照组	3.46	3.05	4.78	8.37
试验组	3.57	3.04	4.80	8.42

使用含有乳酸菌和酶制剂的接种剂可以降低青贮玉米秸的 pH，增加乳酸和乙酸的含量，减少丁酸、ADF 和 NDF 的含量，提高青贮玉米秸的适口性、产奶量和乳脂率。

（4）应用实例 4　本实例研究微处玉米秸秆对育成奶牛体重的影响。

选用植物乳杆菌、啤酒酵母和枯草芽孢杆菌 3 种微生物液体菌剂进行复合，添加量为 0.2%。发酵 30 天后，处理后的秸秆无霉变、有酸香味和轻微水果味、色泽自然、手感柔软、原料茎叶结构完整，感官评定为优良。选取 10 头健康、平均体重为（342.8±8.6）千克的育成期奶牛，随机分为 2 组，每组 5 头，分别为对照组和试验组。试验组用生物玉米秸秆替代部分羊草进行饲养试验，研究不同粗饲料对育成牛生长性能的影响。

由表 5-94 试验数据可以看出，生物秸秆组的日增重与对照组相比差异不显著，但试验组日增重比对照组提高了 7.8%。生物秸秆组的饲料效率略优于对照组。说明试验用复合微生物菌剂发酵玉米秸秆可明显软化玉米秸秆，提高育成奶牛的日增重。

表 5-94 生物玉米秸秆对育成牛体重的影响

项目	试验组	对照组
试验初始体重/千克	343.0±8.60	342.7±8.61
试验结束体重/千克	389.5±9.61	381.2±9.45
试验期平均日增重/千克	1.11±0.14	1.03±0.08
粗料采食量(风干基础)/(千克/天)	6.0	6.0
精料采食量/(千克/天)	3.0	3.0
料重比(耗料/增重)	8.1	8.7

注:引自孙文(2010),复合微生物菌剂处理玉米秸秆及对育成牛应用效果的研究(饲料博览)。

(5) 应用实例 5 本实例研究微处玉米秸秆对奶牛产奶量的影响。

选择黑白花奶牛中年龄在 3.5～5.4 岁、胎次 1～3 胎、产乳量相似的 40 头奶牛,分为 2 组,每组 20 头,分别为试验组 A 和对照组 B,两组奶牛的年龄、胎次、产乳量基本相同。在试验开始前进行 10 天的预试期,然后进行为期 30 天的试验。试验组 A 的日粮组成为基础日粮、微处玉米秸秆;对照组 B 的日粮组成为基础日粮、干稻草。微处玉米秸秆是使用秸秆发酵活杆菌发酵而成的。

经过 30 天的试验期,试验组 A 和对照组 B 的奶牛生产性能见表 5-95。由表 5-95 可知,奶牛的日均产量试验组比对照组提高 2.31 千克/(天·头),提高了 10.28%;乳脂率增加 0.08%,提高了 2.3%。奶料比是用日均产乳量与精料的比值来计算的,试验组的奶料比比对照组相对提高了 10.22%。

表 5-95 泌乳牛生产性能

组别	头数/头	试验时间/天	日均产乳量/(千克/头)	乳脂率/%	精料量/(千克/头)	奶料比
试验组	20	30	24.77	3.52	10	2.48:1
对照组	20	30	22.46	3.44	10	2.25:1

注:引自蔡治华(2001)。

试验组 A 与对照组 B 奶牛的经济效益分析见表 5-96。其中，产奶收入是指试验组与对照组每天每头奶牛产鲜奶的收入；相对饲料成本是指在支出中忽略了两组相同的支出部分，如基础日粮的消耗、人员的工资、场房设备的消耗等，仅计算两者不同的部分。由表 5-96 可知，试验组比对照组每头每天增加产奶量 2.31 千克，增收 4.62 元，除其他成本相同外，微处玉米秸秆比干稻草增加的成本为 3.12 元，因此每天每头奶牛饲喂微处玉米秸秆比饲喂干稻草多收入 1.50 元，对于大型奶牛场来说，经济效益还是较为可观的，这还不包括牛奶中因乳脂率的提高而改善了牛奶的品质。

表 5-96　经济效益分析

组别	产乳量/[千克/(天·头)]	产奶收入		相对饲料成本		
		单价/(元/千克)	金额/元	耗料量/(千克/天)	单价/(元/千克)	金额/元
试验组	24.77	2.00	49.54	6	0.70	4.20
对照组	22.46	2.00	44.92	6	0.18	1.08

注：引自蔡治华(2001)。

（6）应用实例6　本实例研究微处玉米秸秆对奶牛产奶量及乳脂率的影响。

选择 3～5 胎、处在 2～4 个泌乳月、日产奶量接近的奶牛共 100 头，随机分为 2 组，每组 50 头。A 组牛饲喂黄玉米秸，B 组牛喂玉米秸秆微处饲料。两组牛的其他饲养管理方法基本相同，即全部舍饲，手工挤奶，混合精饲料给量按 3 奶 1 料比例投给。

干菌制剂的复活和稀释及其应用严格按产品说明进行。玉米秸的调制储藏方法如下。

秸秆切短或揉碎至长度 5 厘米左右。在窖中每铺放 20～30 厘米厚，按比例喷洒稀释好的菌液，使其储料水分达 60%～70%。每层储料按 0.3%～0.5% 比例加撒麦麸或玉米面，每层储料都要踩压结实。储料应高出窖口 30～40 厘米，然后每平方米均匀撒上

250 克食盐粉。最后用塑料薄膜封闭，经 30 天左右发酵，pH 值为 4～5 时就可饲用。制作时分别在 0～5℃、5～10℃、15～20℃三个气温下进行。

试验结果见表 5-97。这 2 个试验组牛于试验期内的日平均产奶量与试验前比较均有所提高，其中饲喂玉米秸微处料组提高幅度较大，即 2 组牛的日平均奶量分别比试验前提高 7％和 13.4％。饲喂玉米秸微处料组（B）日平均产奶比喂黄玉米秸组（A）有显著提高，2 组牛试验期间牛奶的乳脂率没有显著差异。

表 5-97 试验期内 2 组牛日平均产奶量比较表

组别	奶牛 /头	试验前		试验期	
		奶量/千克	乳脂率/％	奶量/千克	乳脂率/％
A	50	17.95	3.52	19.22	3.53
B	50	17.65	3.49	20.01	3.50

注：引自苗树君（1999），玉米秸秆微贮饲料饲喂奶牛的效果（黑龙江八一农垦大学学报）。

四、直接饲喂益生菌在牛饲养中的应用

益生菌具有多种生物学功能：调节和维持消化道微生态平衡；促进营养物质消化吸收；增强机体免疫力；改善动物产品品质；净化养殖环境。大量的研究发现，益生菌可以调节奶牛瘤胃 pH 值，改善并维持奶牛瘤胃微生态平衡，维持厌氧环境，从而提高奶牛对营养物质的消化率，提高泌乳牛产奶量并改善乳品质。在夏季使用益生菌可以提高奶牛的抗热应激能力，减缓环境对奶牛生产性能的影响。同时，益生菌制剂可以抑制病原微生物生长，预防奶牛疾病；对奶牛进行子宫灌注，可治疗子宫内膜炎；也可以防治犊牛腹泻。

益生菌制剂在肉牛、奶牛生产上应用得较多，以下为几个直接饲喂益生菌的研究报道与实例，用以说明直接饲喂益生菌在肉牛、奶牛生产上的应用方法与效果，供养殖户参考使用。

1. 直接饲喂益生菌在肉牛生产中的应用

益生菌制剂体外的研究结果表明，添加活性干酵母可以促进瘤胃中纤维类饲料的降解。生产中，给育肥后期的肉牛饲喂高精料日粮是一种普遍现象。研究表明，高精料条件下瘤胃的纤维降解会受到抑。同时研究也表明，饲喂益生菌能有效改善肉牛对营养物质的消化吸收，调解胃肠道微生物环境，提高饲料利用率，增强机体免疫力，预防疾病，提高生产性能等，并能提高养殖效益，值得在肉牛育肥生产中推广应用。

(1) 应用实例 1　以安装有永久性三位点瘘管的去势宣汉黄牛作为试验动物，评价活性干酵母对肉牛瘤胃纤维降解率的影响。

本试验选取 6 头年龄相近、体况良好、体重为（457.8±18.15）千克的宣汉黄牛。试验牛每天 08：00、20：00 定时定量饲喂（按 1.3 倍维持需要的干物质采食量），自由饮水，日粮组成与营养成分见表 5-98。活性干酵母（纯酵母活菌，活菌数≥200 亿/克）由湖北安琪酵母公司惠赠。苜蓿颗粒、黑麦干草和玉米秸秆青贮65℃干燥，粉碎过 40 目筛备用。

表 5-98　日粮组成及营养成分（风干基础）

项目	含量
原料组成/%	
稻草	15.00
黑麦草	10.00
青贮玉米	20.00
苜蓿干草	5.00
玉米	40.00
小麦麸	5.00
菜粕	3.40
食盐	0.20
磷酸氢钙	0.40
预混料[①]	1.00

项目	含量
营养成分[2]	
DM/%	96.08
粗蛋白质/%	10.13
钙/%	0.39
磷/%	0.30
NEmf/(兆焦/千克)	5.85

① 每千克预混料中含维生素 A2200 国际单位、维生素 D275 国际单位、维生素 E100 国际单位、钴 0.1 毫克、铜 10 毫克、碘 0.5 毫克、铁 50 毫克、锰 20 毫克、硒 0.1 毫克、锌 30 毫克,载体为石粉。

② NEmf 为综合净能,各营养成分为计算值。

注:引自景小平(2015),活性干酵母对肉牛瘤胃纤维降解率的影响(中国畜牧杂志)。

对照组饲喂基础日粮,试验组在基础日粮中添加 0.1%DM 的活性干酵母 (由前期试验结果确定),将活性干酵母均匀混合于精料中进行饲喂。预试 10 天,正试期 3 天。

将待测饲料样品 65℃干燥,粉碎,过 40 目筛。称取 5 克于尼龙袋中,每个时间点每种粗饲料设置 4 个重复。晨饲后 2 小时将尼龙袋放入瘤胃中,采取同时放入分时取出的原则,分别于 6 小时、12 小时、24 小时、36 小时、48 小时、72 小时取出尼龙袋。取出后用自来水冲洗干净,直至水清,过程中尽量避免外力挤压尼龙袋,以免造成样品消失量增加。0 小时的样品与从瘤胃中取出的尼龙袋一起以清水冲洗,不放入瘤胃中。洗净后的尼龙袋经 65℃干燥 72 小时,并称重记录。将同一时间点各重复的尼龙袋内残渣混匀取样测定并计算 NDF 和 ADF 降解率。

由表 5-99 可知,苜蓿颗粒、玉米秸秆青贮和黑麦干草的 NDF 降解率,随着在瘤胃中降解时间的延长而增加。酵母组除苜蓿颗粒在第 36 小时的降解率与对照组无显著差异 ($P>0.05$)外,其他时间点各粗饲料酵母组降解率均显著高于对照组 ($P<0.05$)。各粗饲料酵母组的 NDF 有效降解率 (ED)均显著高于对照组 ($P<$

0.05)，且比对照组分别提高了 5.76％、9.44％和 10.85％。酵母组各粗饲料快速降解参数（a）均显著高于对照组（P＜0.05）。

表 5-99　活性干酵母对粗饲料 NDF 瘤胃降解率的影响

项目	玉米秸秆青贮		苜蓿颗粒		黑麦干草	
	对照组	酵母组	对照组	酵母组	对照组	酵母组
降解率/％						
6 小时	12.70[b]	14.76[a]	17.92[b]	20.87[a]	17.30[b]	21.02[a]
12 小时	21.24[b]	26.43[a]	28.75[b]	31.66[a]	25.67[b]	29.07[a]
24 小时	33.14[b]	35.83[a]	37.69[b]	41.32[a]	35.07[b]	37.36[a]
36 小时	40.01[b]	43.02[a]	50.36	51.77	41.07[b]	44.14[a]
48 小时	46.85[b]	49.54[a]	59.07[b]	61.58[a]	52.16[b]	55.26[a]
72 小时	52.21[b]	55.82[a]	64.02[b]	65.84[a]	57.36[b]	62.74[a]
降解参数						
a/％	3.10[b]	6.21[a]	7.95[b]	11.05[a]	10.28[b]	15.13[a]
b/％	54.09	54.22	65.43[a]	63.31[b]	59.08[b]	70.01[a]
c/（％/小时）	3.33	3.37	2.88	2.97	2.29[a]	1.66[b]
ED/％	34.00[b]	37.21[a]	42.90[b]	45.37[a]	38.51[b]	42.69[a]

注：1. 同一饲料种类对照组与酵母组之间上标字母不同表示差异显著（P＜0.05），相同或未标字母表示差异不显著（P＞0.05）。下同。

2. 降解参数：a 表示快速降解部分；b 表示中速降解部分；c 表示慢速降解部分的降解速率常数。

3. 引自景小平（2015），活性干酵母对肉牛瘤胃纤维降解率的影响（中国畜牧杂志）。

由表 5-100 可知，各粗饲料 ADF 降解率随其在瘤胃中降解时间的延长而逐渐升高。玉米秸秆青贮酵母组 ADF 降解率在各时间点均显著高于对照组（P＜0.05）。苜蓿颗粒酵母组，在第 6 小时、第 12 小时、第 48 小时、第 72 小时的降解率均显著高于对照组（P＜0.05）。黑麦干草酵母组在第 6 小时、第 12 小时、第 24 小时、第 36 小时、第 72 小时均显著高于对照组（P＜0.05）。各粗饲料酵母组 ADF 有效降解率（ED）均显著高于对照组（$P <$ 0.05），且分别上升了 7.85%、10.98% 和 6.90%。快速降解参数（a），各粗饲料酵母组均显著高于对照组（$P < 0.05$）。

表 5-100　活性干酵母对粗饲料 ADF 瘤胃降解率的影响

项目	玉米秸秆青贮		苜蓿颗粒		黑麦干草	
	对照组	酵母组	对照组	酵母组	对照组	酵母组
降解率/%						
6 小时	12.35[b]	15.77[a]	22.81[b]	26.10[a]	22.22[b]	24.50[a]
12 小时	24.21[b]	28.90[a]	31.79[b]	36.37[a]	28.85[b]	32.92[a]
24 小时	37.55[b]	39.37[a]	39.28	41.30	44.53[b]	48.02[a]
36 小时	40.55[b]	44.06[a]	50.35	51.24	54.16[b]	58.86[a]
48 小时	51.57[b]	55.26[a]	56.13[b]	58.48[a]	59.67	60.33
72 小时	59.63[b]	64.52[a]	60.92[b]	64.85[a]	65.05[b]	69.20[a]
降解参数						
a/%	4.19[b]	9.37[a]	14.43[b]	20.26[a]	9.34[b]	11.82[a]
b/%	63.25[b]	67.70[a]	53.45	57.22	60.94	60.89
c/(%/小时)	2.82[a]	2.31[b]	2.97[a]	2.74[b]	3.59	3.74
ED/%	37.63[b]	41.76[a]	43.43[b]	46.84[a]	45.19[b]	48.31[a]

注：引自景小平（2015），活性干酵母对肉牛瘤胃纤维降解率的影响（中国畜牧杂志）。

（2）应用实例 2　以生长日期为 5～6 月龄的西门塔尔牛为试验动物，育肥期 90 天，评价酵母培养物在肉牛育肥生产中的对比效果。

酵母培养物产品含粗蛋白质 20.56%，粗脂肪 5.62%，粗纤维 8.95%，粗灰分 8.89%，水分 10.63%，钙 0.52%，磷 0.56%，益生菌 2×10^8 个菌落/克，消化能 2990 千卡/千克。精饲料组成：玉米 65%、浓缩料 35%；粗饲料：青贮玉米 12 千克、玉米秸秆 1 千克。试验组每头牛日平均添加酵母培养物 0.95 千克。试验组与对照组育肥牛日粮精料用量见表 5-101。

表 5-101　试验组与对照组育肥牛日粮精料用量

单位：千克/天

试验时间	试验组			对照组
	酵母培养物	精补料	总量	精补料
预试前 3 天	0.25	3.25	3.50	3.50
预试后 4 天	0.50	3.00	3.50	3.50
正试期 83 天	1.00	2.50	3.50	3.50

注：引自刘敏(2015)，酵母培养物在肉牛育肥生产中的对比试验(畜牧与饲料科学)。

正式试验前与试验期结束早晨空腹称重，记录初始体重、末重，计算平均日增重，计算投入产出比，并进行经济效益分析。体重记录见表 5-102。

表 5-102　体重记录　　单位：千克

组别	编号	初始重	育肥 30 天重	育肥 60 天重	育肥 90 天重
对照组(5 头)	耳号 0505	145	178	209	241
	耳号 7410	154	185	215	247
	耳号 1353	153	183	214	248
	耳号 3117	155	187	217	251
	耳号 9390	149	181	210	244
	合计	756	914	1065	1231
试验组(5 头)	耳号 1137	151	184	217	261
	耳号 4040	145	179	222	252
	耳号 7320	150	190	227	257
	耳号 4635	151	183	230	253
	耳号 2830	157	186	241	272
	合计	754	922	1137	1295

注：引自刘敏(2015)，酵母培养物在肉牛育肥生产中的对比试验(畜牧与饲料科学)。

生长性能：通过分析 2 组育肥牛增重情况，对照组育肥牛日增重 1055 克/头，试验组育肥牛日增重 1202 克/头，试验组比对照组日增重增加 147 克，说明该酵母培养物对促进肉牛增重具有一定效果。

饲料消化：通过观察 2 组育肥牛粪便情况，试验组未发现未经消化的碎玉米渣，而对照组的粪便中偶尔能看到碎玉米渣。

养殖成本：精饲料每头 3.5 千克/天，粗饲料每头青贮玉米 12 千克/天、玉米秸秆 1.5 千克/天；酵母培养物产品 2800 元/吨，肉牛育肥浓缩料 3100 元/吨，玉米 2200 元/吨，青贮玉米 400 元/吨，玉米秸秆 700 元/吨。养殖成本不包括人工、防疫、管理等开支。对照组（头）：精补料 3.5 千克/天×2.52 元/千克＋青贮 12 千克/天×0.40 元/千克＋秸秆 1.5 千克/天×0.7 元/千克＝14.67 元/天。

试验组（头）：（酵母培养物 0.95 千克/天×2.8 元/千克＋补料 2.55 千克/天×2.52 元/千克）＋青贮 12 千克/天×0.4 元/千克＋秸秆 1.5 千克/天×0.7 元/千克＝14.94 元/天。

效益分析（头）：对照组和试验组养殖成本分别是 14.67 元/（头·天）和 14.94 元/（头·天），养殖成本基本一样。但试验组比对照组日增重增加 147 克/（头·天），90 天育肥期增重 13.23 千克。90 天育肥期内试验组比对照组增加收入：增重 13.23 千克×屠宰率 54%×58 元＝414 元。

2. 直接饲喂益生菌在奶牛生产中的应用

研究表明益生菌直接饲喂，可以明显提高奶牛对粗饲料的消化吸收，改善奶成分和提高产奶量。添加活酵母细胞可以刺激瘤胃中某些细菌繁殖并改变瘤胃乳酸利用和纤维消化，使日粮纤维消化率提高，同时改变乳成分，提高产奶量，增加奶牛采食量。益生菌的组合效应大大超越单一菌种的作用，已经被越来越多的学者所接受，复合益生菌之间能够产生很好的交互作用。

（1）应用实例 1 以泌乳中期的荷斯坦奶牛为试验动物，评价饲喂复合益生菌对泌乳中期奶牛产奶量及乳成分的影响。

复合菌的含菌量为 $1.2×10^9$ 个菌落/毫升，其中，乳酸杆菌 41.5%，酵母菌 36.6%，链球菌 21.2%，放线菌 0.2%，光合作用菌 0.5%。

试验采用完全随机设计，选用 18 头泌乳中期的荷斯坦奶牛[体重（565±15.9）千克、胎次 2.0±0.2、日产奶量（21.74±0.35）千克］随机分为 3 个处理组，每个处理 6 个重复。饲喂 3 种不同处理的日粮，即 0 个菌落/天（对照组）、0.6×10^{11} 个菌落/天（试验 1 组）与 1.2×10^{11} 个菌落/天（试验 2 组）。试验 1 组与试验 2 组在精料中分别添加 50 毫升与 100 毫升的复合益生菌制剂。各处理组的粗饲料相同，均由青贮玉米、羊草、玉米秸秆构成，奶牛日粮干物质饲喂量按奶牛体重的 3.3% 饲喂，日粮精粗比控制在50：50，每天饲喂 3 次（07：00、14：00 和 21：00），自由饮水。每天挤奶 2 次（06：30 和 20：30）。奶牛在试验期内，将复合益生菌菌液均匀洒在全混合日粮上，以保证奶牛个体完全采食。每天观察记录牛只采食情况。精饲料组成及营养水平见表 5-103。

表 5-103　精饲料组成及营养水平（干物质基础）

原料组成	含量	营养水平	含量
玉米/%	57.00	干物质/%	89.64
豆粕/%	19.00	泌乳净能[②]/（兆焦/千克）	6.11
麸皮/%	15.00	粗蛋白质(CP)/%	17.45
棉籽粕/%	5.00	钙(Ca)%	1.13
磷酸氢钙/%	0.50	磷(P)%	0.62
石粉/%	1.50	中性洗涤纤维/%	18.39
食盐/%	1.00	酸性洗涤纤维/%	10.26
预混料[①]/%	1.00		

　　① 每千克预混料提供 Cu4560 毫克、Mn4590 毫克、Zn12100mg 毫克、I270 毫克、Co60 毫克、维生素 A200000 国际单位、维生素 $D_3$450000 国际单位、维生素 E10000 国际单位、烟酸 3000 毫克。

　　② 泌乳净能为计算值，其他指标为实测值。

　　注：引自刘彩娟（2011），饲喂复合益生菌对泌乳中期奶牛产奶量及乳成分的影响（中国饲料）。

　　由表 5-104 可以看出，试验 30 天后，与对照组相比试验 2 组产奶量显著提高（$P<0.05$），试验 1 组提高了 1.3%，但差异不显

著（$P > 0.05$）；各处理组 4% 标准乳及能量校正乳与对照组相比均差异不显著（$P > 0.05$）。试验 60 天后，试验 1 组、试验 2 组产奶量较对照组分别提高 3.11%、4.80%，差异显著（$P < 0.05$）；4% 标准乳及能量校正乳试验 1 组分别提高了 5.14%、4.74%，试验 2 组提高 8.07%、8.76%，差异显著（$P < 0.05$），其中，试验 2 组提高最为明显。整个试验期内，各处理组产奶量均呈下降趋势，但试验组下降幅度较小，产奶量基本平稳，而对照组下降幅度较大，说明奶牛饲喂复合益生菌制剂可明显延长产奶高峰期。

表 5-104　复合益生菌对奶牛产奶量的影响

单位：千克/天

组别	产奶量	4% 标准乳	能量校正乳
试验开始			
对照组	21.59[a]	19.54[a]	21.02[a]
试验 1 组	21.83[a]	19.66[a]	21.14[a]
试验 2 组	21.79[a]	19.66[a]	21.18[a]
试验 30 天			
对照组	19.52[b]	17.72[a]	19.10[a]
试验 1 组	19.79[ab]	17.89[a]	19.27[a]
试验 2 组	20.10[a]	18.08[a]	19.54[a]
试验 60 天			
对照组	18.32[b]	16.71[c]	18.16[c]
试验 1 组	18.89[a]	17.57[b]	19.02[b]
试验 2 组	19.20[a]	18.06[a]	19.75[a]

注：1. 同一阶段同列数据上标有相同小写字母表示差异不显著（$P > 0.05$）；上标有不同小写字母表示差异显著（$P < 0.05$）；上标有不同大写字母表示差异极显著（$P < 0.01$）。下同。

2. 引自刘彩娟（2011），饲喂复合益生菌对泌乳中期奶牛产奶量及乳成分的影响（中国饲料）。

由表 5-105 可知，试验 30 天后各处理组乳脂率、乳蛋白率、乳糖率、非脂乳固体物及其产量与对照组相比，虽有上升趋势，但差异均不显著（$P>0.05$）。试验 60 天，试验 2 组乳脂率、乳蛋白率和乳脂产量、乳蛋白产量、非脂乳固体物产量与对照组比较提高了 5.56％、5.86％、10.63％、10.90％、4.76％，差异显著（$P<0.05$），试验 1 组与对照组相比乳脂产量显著提高 6.68％（$P<0.05$）。在整个试验期内，试验组乳糖率及乳糖产量均趋于稳定，且差异不显著（$P>0.05$）。试验结果表明，在泌乳奶牛日粮中添加适量复合微生物制剂可提高乳脂率、乳蛋白率，对乳脂产量和乳蛋白产量的提高也有显著作用。

表 5-105　复合益生菌对乳成分含量的影响

组别	乳脂率/％	乳脂产量/(克/天)	乳蛋白率/％	乳蛋白产量/(克/天)	乳糖率/％	乳糖产量/(克/天)	非脂乳固体物/％	非脂乳固体物产量/(克/天)
试验开始								
对照组	3.37[a]	726.83[a]	2.92[a]	629.20[a]	4.75[a]	1023.27[a]	8.49[a]	1830.74[a]
试验 1 组	3.34[a]	728.62[a]	2.90[a]	631.85[a]	4.80[a]	1046.71[a]	8.51[a]	1855.62[a]
试验 2 组	3.35[a]	729.76[a]	2.92[a]	636.45[a]	4.69[a]	1021.18[a]	8.43[a]	1836.19[a]
试验 30 天								
对照组	3.39[a]	660.87[a]	2.95[a]	574.85[a]	4.77[a]	929.54[a]	8.56[a]	1669.19[a]
试验 1 组	3.36[a]	665.03[a]	2.93[a]	578.57[a]	4.81[a]	950.97[a]	8.57[a]	1694.30[a]
试验 2 组	3.33[a]	669.41[a]	2.82[a]	594.01[a]	4.70[a]	944.85[a]	8.46[a]	1698.49[a]
试验 60 天								
对照组	3.42[b]	625.52[b]	3.07[b]	562.65[b]	4.83[a]	883.14[a]	8.76[a]	1603.22[b]
试验 1 组	3.53[ab]	667.28[a]	3.08[b]	581.42[b]	4.80[a]	906.02[a]	8.75[a]	1644.12[ab]
试验 2 组	3.61[a]	692.04[a]	3.25[a]	623.96[a]	4.71[a]	903.10[a]	8.71[a]	1679.57[a]

注：1. 同一阶段同列不同字母（上角）表示差示显著（$P<0.05$）。

2. 引自刘彩娟（2011），饲喂复合益生菌对泌乳中期奶牛产奶量及乳成分的影响（中国饲料）。

（2）应用实例 2　以安装有三位点瘤胃瘘管的泌乳中期荷斯坦奶牛为试验动物，评价饲料中添加复合益生菌对奶牛瘤胃发酵及纤维素酶活的影响。

活菌数为 1.2×10^9 个菌落/毫升。复合益生菌组成为乳酸杆菌 41.5%、酵母菌 36.6%、链球菌 21.2%、光合作用菌 0.5%、放线菌 0.2%。

试验选用 3 头体重约为 550 千克，安装有永久性三位点瘤胃瘘管的泌乳中期健康荷斯坦奶牛。试验分 3 组，分别为对照组、低剂量组和高剂量组，各组分别在基础饲粮中添加 0 个菌落/天、0.6×10^{11} 个菌落/天和 1.2×10^{11} 个菌落/天的复合益生菌，采用 3×3 拉丁方试验设计，试验分为 3 期，每期 18 天（预试期 15 天，正试期 3 天）。试验于东北农业大学香坊实习基地进行。奶牛饲粮营养需要参照 2004 版《奶牛饲养标准》，饲粮精粗比控制在 50：50，基础饲粮组成及营养水平见表 5-106。

表 5-106　基础饲粮组成及营养水平（风干基础）

项　　目	含　　量
原料/%	
玉米青贮	25.50
玉米秸秆	10.00
羊草	14.50
玉米	23.50
豆粕	10.50
麸皮	5.50
棉籽粕	8.50
磷酸氢钙	0.25
石粉	0.75
食盐	0.50
预混料	0.50

续表

项 目	含 量
合计	100.00
营养水平	
泌乳净能/(兆焦/千克)	6.11
粗蛋白质/%	15.65
钙/%	0.62
总磷/%	0.37
中性洗涤纤维/%	38.29
酸性洗涤纤维/%	20.13

注：引自刘彩娟（2011），饲粮中添加复合益生菌对奶牛瘤胃发酵及纤维素酶活的影响（动物营养学报）。

由表 5-107 可见，奶牛饲粮中添加不同剂量的复合益生菌对奶牛瘤胃 pH 有显著的影响（$P<0.05$），添加复合益生菌后，与对照组（6.36）相比，低剂量组（6.43）和高剂量组（6.53）瘤胃 pH 分别提高了 0.07 和 0.17。各组 pH 的变化趋势一致，均在饲喂后迅速下降，在 4 小时后降低到最低点，而后缓慢上升，到饲喂 8 小时后 pH 基本接近饲喂前水平，在整个试验期内，各组瘤胃 pH 均维持在 6.19～6.78 范围内。

各组 NH_3-N 浓度的动态变化是饲喂 2 小时后达到最高值，随着时间的延长，NH_3-N 浓度逐渐下降。从 5 个时间点的平均值来看，低剂量组和高剂量组与对照组相比均差异显著（$P<0.05$），高剂量组的 NH_3-N 浓度在饲喂 2 小时后各时间点均显著高于对照组（$P<0.05$），低剂量组在饲喂 8 小时后显著高于对照组（$P<0.05$）。

由表 5-107 可知，随着复合益生菌添加剂量的增加，瘤胃发酵产生的 TVFA 增加，高剂量组的平均值与对照组相比差异显著（$P<0.05$），低剂量组虽有提高的趋势，但差异不显著（$P>0.05$）。由 TVFA 的数据可以看出，TVFA 浓度在饲喂后逐渐升高，在饲喂 4 小时后达到最大值，随后逐渐下降，低剂量组和高剂量组的 TVFA 浓度饲喂 2 小时后各时间点有高于对照组的趋势，但差异不显著（$P > 0.05$）。

表 5-107　复合益生菌对奶牛瘤胃发酵的影响

项目	时间/小时	对照组	低剂量组	高剂量组
pH	0	6.75	6.78	6.76
	2	6.40[b]	6.47[ab]	6.50[a]
	4	6.19[b]	6.25[ab]	6.34[a]
	6	6.23[b]	6.35[a]	6.471[a]
	8	6.39[c]	6.46[b]	6.57[a]
	平均值	6.36[c]	6.43[b]	6.53[a]
氨态氮 /（毫克/分升）	0	11.70	12.72	12.88
	2	16.35[b]	17.74[ab]	18.37[a]
	4	14.24[b]	15.31[ab]	16.14[a]
	6	13.36[b]	14.84[ab]	15.76[a]
	8	10.13[b]	11.41[a]	11.72[a]
	平均值	13.16[b]	14.40[a]	14.97[a]
总挥发性脂肪酸 /（毫摩尔/升）	0	95.29	94.45	94.95
	2	95.36	98.30	97.96
	4	98.26	101.87	103.32
	6	96.21	99.16	100.91
	8	96.23	98.69	100.08
	平均值	95.67[b]	98.49[ab]	99.44[a]
乙酸	0	60.67	62.88	63.26
	2	62.57[b]	65.60[a]	65.31[a]
	4	64.09[b]	67.83[a]	68.99[a]
	6	62.53[b]	65.49[a]	67.09[a]
	8	62.84[b]	65.09[a]	66.60[a]
	平均值	62.54[b]	65.38[a]	66.25[a]

续表

项目	时间/小时	对照组	低剂量组	高剂量组
丙酸	0	21.83	21.68	21.76
	2	22.84	22.63	22.80
	4	23.21	23.03	23.20
	6	22.95	22.79	22.85
	8	22.78	22.83	22.66
	平均值	22.7	22.59	22.65
丁酸	0	9.79	9.89	9.93
	2	9.95	10.07	9.85
	4	10.96	11.00	11.13
	6	10.72	10.87	10.96
	8	10.62	10.77	10.83
	平均值	10.41	10.52	10.54
乙酸/丙酸	0	2.95	2.99	2.99
	2	2.83	2.97	2.91
	4	3.01	3.16	3.08
	6	2.95	2.94	3.10
	8	3.02	3.11	3.06
	平均值	2.95	3.04	3.04
菌体蛋白	0	19.64	20.42	20.17
	2	21.56	21.71	22.09
	4	21.86[b]	22.33[b]	23.87[a]
	6	22.35[b]	24.02[a]	24.79[a]
	8	25.67	25.48	26.10
	平均值	22.22[b]	22.79[ab]	23.41[a]

注:引自刘彩娟(2011),饲粮中添加复合益生菌对奶牛瘤胃发酵及纤维素酶活的影响(动物营养学报)。

低剂量组和高剂量组的乙酸浓度平均值显著高于对照组（$P<$

0.05），而各组丙酸浓度、丁酸浓度和乙酸/丙酸比值无显著差异（$P>0.05$）。

高剂量组的菌体蛋白（BCP）浓度平均值较对照组显著增加（$P<0.05$）。而低剂量组和对照组没有显著差异（$P>0.05$）。BCP浓度动态变化趋势显示，随时间的延长，低剂量组和高剂量组的BCP浓度均呈现增加的趋势，且高剂量组在饲喂4小时后显著高于对照组，各组均在饲喂8小时后达到最大值。

由表5-108可见，饲粮中添加复合益生菌组的羧甲基纤维素酶、水杨苷酶和木聚糖酶3种酶活与对照组相比显著提高（$P<0.05$），其中高剂量组木聚糖酶酶活提高最为明显。高剂量组的微晶纤维素酶活性显著高于对照组（$P<0.05$），而低剂量组的微晶纤维素酶活性与对照组相比无显著变化（$P>0.05$）。

表 5-108　复合益生菌对奶牛瘤胃纤维分解相关酶活性的影响

项目	对照组	低剂量组	高剂量组
羧甲基纤维素酶	71.43[b]	88.39[a]	99.05[a]
水杨苷酶	108.80[b]	128.87[a]	140.94[a]
木聚糖酶	290.87[c]	401.68[b]	497.61[a]
微晶纤维素酶	61.61[b]	68.35[ab]	71.65[a]

注：引自刘彩娟(2011)，饲粮中添加复合益生菌对奶牛瘤胃发酵及纤维素酶活的影响（动物营养学报）。

参考文献

［1］ 白晶晶.青贮甜高粱秸秆饲料饲喂肉牛对比试验.中国牛业科学，2015，(1)：37-38.

［2］ 曹宁贤.肉牛饲料与饲养新技术.北京：中国农业科学技术出版社，2008.

［3］ 曹新佳，罗小林，潘美亮，等.饲料用苦荞麦秸秆的化学成分研究.安徽农业科学，2011，(3).

［4］ 曹玉凤，李建国.秸秆养肉牛配套技术问答.北京：金盾出版社，2010.

［5］ 陈自胜.粗饲料调制技术.北京：中国农业出版社，1999.

［6］ 陈幼春.现代肉牛生产.北京：中国农业出版社，2012.

［7］ 陈刚.中国油菜饼粕质量特征、影响因素和加工技术评价研究.武汉：华中农业大学，2003.

［8］ 陈庆云，王云海.农作物秸秆综合利用新技术——工业化生产羧甲基纤维素.再生资源研究.2002，(2)：33-35.

［9］ 柴庆伟.利用甜高粱秸秆榨汁后的皮渣替代玉米秸秆制取青贮饲料.石河子市：石河子大学，2010.

［10］ 崔海，王加启，卜登攀，等.燕麦饲料在动物生产中的应用.中国畜牧兽医，2010，(6).

［11］ 崔玉洁，张祖立，白晓虎.螺旋挤压加工秸秆颗粒饲料的试验研究.沈阳农业大学学报，2004，35(2)：142-144.

［12］ 崔玉洁.秸秆螺旋挤压成形颗粒饲料的试验研究.沈阳：沈阳农业大学，2001.

［13］ 崔凤娟，田福东，王振国，等.饲用高粱品种品质性状的比较及评价.草地学报，2012，6：1112-1116.

［14］ 崔晓琴，曹海舟，周国栋，等.玉米秸秆袋装青贮饲料饲喂奶牛效果对比试验.畜牧兽医杂志，2016，35(1)：33-35.

［15］ 刁其玉等.奶牛规模化养殖技术.北京：中国农业科学技术出版社，2003.

［16］ 刁其玉.农作物秸秆养牛手册.北京：化学工业出版社，2013.

［17］ 刁其玉，国春艳.提高粗饲料利用率的途径.粮食与饲料工业，2006，(10)：34-36.

［18］ 杜春芳.青贮玉米秸饲喂肉牛育肥试验研究.甘肃畜牧兽医，2016，(19)：97-98.

［19］ 丁松林.花生秧青贮饲喂肉牛效果试验.中国草食动物科学，2002，22(3)：30-30.

［20］ 董吉林，申瑞玲.裸燕麦麸皮的营养组成分析及 β -葡聚糖的提取.山西农业大学学报(自然科学版)，2005，(1)：70-73.

［21］ 杜甫佑，张晓星，等.白腐菌降解木质纤维素顺序规律的研究.纤维素科学与技术，2005，13(1)：17-24.

［22］ 恩和，庞之洪，熊本海.粟谷糠类饲料成分及营养价值比较分析.中国饲料，2008，(2)：39-41.

［23］ 森兹图尔 F，考克华斯 E，摩瓦特 O.用氨处理法提高秸秆等粗饲料的营养价值.饲料广角，1988，(4).

［24］ 冯仰廉.反刍动物营养学.北京：科学出版社，2004.

［25］ 傅彤.微生物接种剂对玉米青贮饲料发酵进程及其品质的影响.北京：中国农业科学院，2005.

［26］ 高明星，刘旭，李立业，等.秸秆资源开发技术及在舍饲中的作用研究.中国水土保持，2000，(5)：27-28.

［27］ 郭庭双.秸秆畜牧业.上海：上海科学技术出版社，1996.

［28］ 郭庭双，李晓芳.我国农作物秸秆资源的综合利用.饲料工业，1993，14(8)：48-50.

［29］ 郭利亚，王玉庭，张养东，等.中国奶业发展现状及主要问题对策分析.中国畜牧杂志，2015，20(51)：35-40.

［30］ 郭利亚，王加启.当前我国奶业发展的五个特征.湖北畜牧兽医，2013，6(49)：3-5.

［31］ 国家统计局农村社会经济调查局.中国农村统计年鉴.北京：中国统计出版社，2015.

［32］ 蒿买道.不同化学方法处理后大麦和小麦秸秆营养价值的比较(续).中国良种黄牛，1984，(3).

［33］ 韩长赋.我国奶业发展情况介绍.中国畜牧业，2015，20：21-22.

［34］ 黄玉德，马信.花生秧的微贮和饲喂奶牛的效果.中国奶牛，1997，(3)：26-27.

［35］ 何川，陈艳乐，蒋林树，等.农作物秸秆饲料处理技术的研究现状.畜牧与饲料科学，2010，31(10)：26-27.

［36］ 何国菊.菜籽饼粕综合利用研究.重庆：西南农业大学，2004.

［37］ 何玉鹏，郭艳丽，秦士贞，等.添加米糠和小麦麸对不同品种马铃薯茎叶青贮品质的影响.动物营养学报，2015，10：3311-3318.

［38］ 华金玲，张永根，王德福，等.添加乳酸菌制剂对水稻秸青贮品质的影响.东北农业大学学报，2007，(4).

［39］ 侯端良，李宽阁，高原.常用的秸秆饲料化学处理法.畜牧兽医科技信息，2005，(1)：72.

［40］ Jacobs J L，等.在甲醛和酶处理的青贮料中增补适量蛋白质对青年牛利用率的影响.洛阳农专学报，1994，14(2)：53-58.

［41］ 冀一伦.秸秆养牛综合配套技术.北京：农业出版社，1997.

[42] 蒋林树，王晓霞，方洛云，等.玉米秸秆颗粒替代羊草饲喂育成牛效果的研究.北京农学院学报，2004, 19(1): 40-41.

[43] 蒋长苗，吕李明，丁建华.利用益生菌发酵提高花生壳粉饲用价值的研究.中国微生态学杂志，2009, 3: 242-243, 247.

[44] 龚剑明，赵向辉，周珊，等.不同真菌发酵对油菜秸秆养分含量、酶活性及体外发酵有机物降解率的影响.动物营养学报，2015, 7: 2309-2316.

[45] 孔庆斌，张晓明.苜蓿干草切割长度对荷斯坦育成母牛采食与反刍行为和营养物质消化的影响.中国畜牧杂志，2008, 44(19): 47-51.

[46] 孔雪旺，韩战强，周敏，等.大蒜秸秆在肉羊育肥中的应用试验.黑龙江畜牧兽医，2013, 11: 76-77.

[47] 李德发.动物营养与饲料加工技术.北京：中国农业大学出版社，1999.

[48] 李德允.不同精粗比例日粮对延边半细毛羊的咀嚼与反刍行为的影响.延边大学农学学报，2011, 33(4): 277-280.

[49] 李海朝，徐贵钰，汪航.青稞秸秆化学成分及纤维形态研究.生物质化学工程，2010, (2).

[50] 李浩波，李广，高云英，等.秸秆饲料学.西安：西安地图出版社，2003.

[51] 李建国.现代奶牛生产.北京：中国农业大学出版社，2007.

[52] 李聚才，张春珍.肉牛全混合日粮压块饲料育肥试验研究.中国牛业科学，2006, 7(32): 214-218.

[53] 李胜利，王锋.世界奶业发展报告.北京：中国农业大学出版社，2014.

[54] 李胜利，曹志军，刘玉满，等.2014年中国奶业回顾与展望.中国畜牧杂志，2015, 2(51): 22-28.

[55] 李祎君，王春乙.气候变化对我国农作物种植结构的影响.气候变化研究进展，2010, 6(2): 123-129.

[56] 李秀利.大麦麸皮中大麦素的提取及其性质的研究.哈尔滨：东北农业大学，2014.

[57] 李福秀.用花生壳渣制成高蛋白牛饲料.国外畜牧学(饲料)，1992, (3): 46.

[58] 李建平.不同饲用高粱品种的营养价值及其人工瘤胃降解动态的研究.晋中：山西农业大学，2004.

[59] 李洋，辛杭书，李春雷，等.奶牛常用秸秆类饲料营养价值的评定.东北农业大学学报，2015, (4): 76-82.

[60] 李仕坚，何春玫，黄俊华，等.微贮甜玉米秸秆饲料饲喂奶牛对比试验.南方农业学报，2010, 41(1): 77-79.

[61] 李富国.青贮水稻秸发酵品质及其饲喂肉牛效果的研究.哈尔滨：东北农业大学，2013.

[62] 刘可园，刘郝佳，刘诚刚，等.大蒜茎秆对肉兔生产性能和免疫功能的影响.东北

农业大学学报, 2012, (6): 41-45.

[63] 张立霞, 刁其玉, 李艳玲, 等. 利用生物制剂破解秸秆抗营养因子的研究进展. 饲料工业, 2013, (5): 21-26.

[64] 刘思来, 张斌荣, 陆四忠, 等. 超微粉碎花生壳替代部分玉米对育肥猪的生长效果试验. 畜禽业, 2012, (7): 14-16.

[65] 刘科, 邢庭宜, 杨以亭. 秸秆饲料加工与应用技术. 北京: 金盾出版社, 2009.

[66] 刘艳丰, 唐淑珍, 桑断疾. 新疆棉花秸秆作为饲料资源的利用开发现状. 中国奶牛, 2009, (9).

[67] 刘玉满. 发达国家奶业发展模式对我国的启示. 中国乳业, 2014, 152: 6-7.

[68] 历磊. 提高花生藤营养价值的调制技术研究. 武汉: 华中农业大学, 2012.

[69] 卢德勋. 乳牛营养工程技术及其应用. 内蒙古畜牧科学, 2003, (1): 5-12.

[70] 卢德勋. 乳牛营养工程技术及其应用(续). 内蒙古畜牧科学, 2003, (2): 1-6.

[71] 吕玉靖, 吕二文, 高秀丽. 金乡县大蒜秸秆青贮及综合利用现状. 中国农业信息, 2016, 2: 136-137.

[72] 马双青, 李太平, 杨保贵. 酶制剂处理秸秆后粗蛋白和粗纤维的变化. 饲料工业, 2005, (3).

[73] 毛华明, 邓卫东, 冯仰廉. 秸秆复合化学处理与成型加工对颗粒密度、粒度和耗电量影响的研究. 饲料工业, 1999, 20(2): 8-10.

[74] 孟庆翔, 肖训军, 俞宏, 等. 微生物处理小麦秸作为生长肥育牛饲料的营养价值. 中国畜牧杂志, 1999, (6).

[75] 孟春花, 乔永浩, 钱勇, 等. 氨化对油菜秸秆营养成分及山羊瘤胃降解特性的影响. 动物营养学报, 2016, 6: 1796-1803.

[76] 闵晓梅, 孟庆翔. 白腐真菌处理秸秆的研究. 饲料研究, 2000, (9).

[77] 马佳, 郭东新, 田河, 等. 花生秧在肉兔中的表观消化能和主要养分消化率的评定. 饲料工业, 2010, 21: 62-64.

[78] 马文强, 冯杰, 刘欣. 微生物发酵豆粕营养特性研究. 中国粮油学报, 2008, 1: 121-124.

[79] 穆瑞荷. 花生壳综合利用研究. 现代农业科技, 2010, 4: 374, 376.

[80] 莫放, 赖景涛, 张晓明, 等. 玉米秸秆精粗颗粒饲料加工与应用. 粮食与饲料工业, 2006, 3: 28-29.

[81] 莫放. 养牛生产学. 北京: 中国农业大学出版社, 2010.

[82] 吴宝华, 薛淑媛. 干谷草营养成分及对肉羊营养价值评价研究. 现代农业, 2015, 12: 64-65.

[83] 裴进灵. 秸秆饲料加工技术及应用. 农产品加工, 2004, 7: 26-27.

[84] 彭晓光, 杨林娥, 张磊. 生物法降解秸秆木质素研究进展. 现代农业科技, 2010, (1): 18-20.

[85] 曲永利, 陈勇. 养牛学. 北京：化学工业出版社, 2014.

[86] 权金鹏, 马垭杰, 宋福超, 等. 不同类型玉米秸秆处理方式及饲喂肉牛效果观测. 中国牛业科学, 2014, 40(3): 27-30.

[87] 饶辉. 国内外秸秆类微生物发酵饲料的研究及应用进展. 安徽农业科学, 2009, (1): 159-161.

[88] 任素霞. 稻壳资源的综合利用研究. 长春：吉林大学, 2009.

[89] 闫春轩, 高新中. 麦秸碾青的作用及饲喂效果. 草与畜杂志, 1995, 4: 37-38.

[90] 史占全, 蒋树林, 刘建新. 添加酶制剂对青贮玉米秸采食量和瘤胃降解的影响. 中国畜牧杂志, 2001, 37(5): 5-7.

[91] 史央, 蒋爱芹, 等. 秸秆降解的微生物学机理研究及应用进展. 微生物学杂志, 2002, 22(1): 47-50.

[92] 宋安东, 王磊, 王风芹, 等. 微生物处理对秸秆结构的影响. 生物加工过程, 2009, 7(4): 72-76.

[93] 孙育峰, 刘应宗, 丰成学, 等. 基于养牛秸秆资源量和秸秆养牛量的计算与应用. 统计与决策, 2009, 17: 105-107.

[94] 佟桂芝, 张新慧, 张庆祥. 小黑麦籽实配制精料日粮喂饲奶牛试验效果. 黑龙江畜牧兽医, 2000, (12): 20.

[95] 唐振华, 邹彩霞, 夏中生, 等. 糟渣类饲料贮存技术的研究进展. 中国畜牧兽医, 2015, 3: 605-612.

[96] 王安. 纤维素复合酶在饲料中的作用及其应用的研究. 东北农业大学学报, 1998, 29(3): 236-251.

[97] 王加信. 营养强化的秸秆颗粒饲料生产工艺. 饲料工业, 1989, 8: 25.

[98] 王建兵, 韩继福, 高宏伟等. 微生物接种剂和酶制剂对玉米发酵品质的影响. 内蒙古畜牧科学, 2001, 22(2): 4-7.

[99] 王凯, 谢小来, 王长平. 秸秆加工处理技术的研究进展. 中国畜牧兽医, 2011, 38(10): 19-22.

[100] 王旭, 卢德勋. 影响反刍动物粗饲料品质的因素. 中国饲料, 2005, (4): 12-14.

[101] 王镇. 秸秆压块饲料饲喂泌乳奶牛的效果. 河北畜牧兽医, 2005, 21(9): 4, 15.

[102] 王小燕, 何运, 梁叶星, 等. 重庆糯小米米糠的理化成分分析及营养评价. 食品安全质量检测学报, 2014, 8: 2422-2429.

[103] 王四新, 季海峰, 张董燕, 等. 大宗饲料原料的营养成分抽样分析. 饲料研究, 2010, (1): 41-43.

[104] 王修启, 高方, 张兆敏. 麦麸类饲料高效利用研究进展. 河南农业科学, 2002, (4): 39-40.

[105] 王俊峰, 刘景鼎. 谷草氨碱化复合处理与玉米秸秆青贮对育成牛饲喂效果研究. 当代畜牧, 1999, (2): 34.

[106] 王尚宽，敖秉义，潘世荣，等.杂交高粱秸粉喂羊效果观察.辽宁畜牧兽医，1991，(1)：15-16.

[107] 王忠红，李振.大蒜秸秆对肉兔生产性能的影响.粮食与饲料工业，2011，(2)：61-62.

[108] 王福春，瞿明仁，欧阳克蕙，等.油菜秸秆与篁竹草混合微贮料瘤胃动态降解参数的研究.饲料工业，2015，(11)：51-55.

[109] 王红英，张晓明.玉米秸秆青贮饲料育肥肉牛合理补饲方案的试验研究.中国农业大学学报，2001，6(4)：47-50.

[110] 王伟民.不同精粗比玉米青贮和水稻秸青贮饲喂奶牛效果比较研究.哈尔滨：东北农业大学，2008.

[111] 王俊，姜源明，李显，等.玉米秸秆、甘蔗梢与木薯渣混贮饲料育肥肉牛效果试验.广西农学报，2016，31(4)：53-55.

[112] 夏道伦.花生藤蔓畜禽的优质饲料.四川畜牧兽医，2009，12：48.

[113] 肖丹.南疆甜高粱青贮品质及其微生物特征的研究.阿拉尔：塔里木大学，2016.

[114] 谢光辉，王晓玉，任兰天.中国作物秸秆资源评估研究现状.生物工程学报，2010，(7)：855-863.

[115] 谢君，任路等.白腐菌液体培养产生木质纤维素降解酶的研究.四川大学学报(自然科学版)，2000(增刊)：161-163.

[116] 许梓荣，钱利纯，孙建义.高麦麸饲粮中添加 β-葡聚糖酶、木聚糖酶和纤维素酶对肉鸡作用效果的研究.动物营养学报，2000，(1)：61.

[117] 许梓荣，王振来，王敏奇.高麦麸饲粮中添加酶类物质对仔猪生长性能和胴体组成的影响.浙江农业大学学报，1998，(6)：81-84.

[118] 徐华，车瑞香.肉牛集约化健康养殖技术.北京：中国农业科学技术出版社，2016.

[119] 徐英，王汝贵，王锐，等.全株甘蔗与全株大麦混合青贮饲养肉牛效果观察.养殖与饲料，2014，(2)：15-17.

[120] 徐荣军，张明秀，张红艳.干玉米秸秆与青贮玉米秸秆饲喂奶牛的对比试验.四川畜牧兽医，2006，33(4)：27-27.

[121] 孙全文.饲粮中添加不同水平的谷草、葛藤和苜蓿粉对伊拉兔生产性能的影响.黑龙江畜牧兽医，2014，(9)：177-179.

[122] 邢庭铣.农作物秸秆饲料加工与应用.北京：金盾出版社，2009.

[123] 晏和平.酶制剂用作青贮饲料添加剂的研究进展.饲料广角，2004，(22)：15-17.

[124] 阎萍，卢建雄.反刍动物营养与饲料利用.北京：中国农业科学技术出版社，2005.

[125] 闫磊，薛永康，闫跃飞，等.我国奶业发展存在的问题与对策.湖北畜牧兽医，2016，9(37)：62-64.

［126］颜怀宇.不同添加剂处理对玉米秸秆青贮特性和奶牛利用性能的影响.扬州：扬州大学，2011.

［127］杨柳，苗树君，王长远.反刍动物对不同方法加工处理青粗饲料的利用效果.中国反刍家畜，2004，24(3)：45-47.

［128］杨世关，李继红，孟卓，等.木质纤维素原料厌氧生物降解研究进展.农业工程学报，2006，22(增刊 I)：120-124.

［129］杨淑慧.植物纤维化学.第 3 版.北京：中国轻工业出版社，2001.

［130］杨文章，岳文斌.肉牛养殖综合配套技术.北京：中国农业出版社，2001.

［131］杨振海，王玉庭.当前奶业发展形势及思考.中国畜牧杂志，2014，16(50)：3-10.

［132］杨致玲.玉米秸、高粱秸、麦秸的开发与利用.现代畜牧兽医，2006，(9)：18-19.

［133］余建军.酶菌共降解玉米秸秆及饲料化工艺研究.西安：陕西科技大学，2010.

［134］赵书峰.酒糟与玉米秸秆混贮饲喂肥育肉牛的效果.江西饲料，2001，(6)：3-4.

［135］赵倩.玉米秸粉不同添加量对啤酒糟青贮品质的影响.吉林农业，2012，(9)：71.

［136］赵丽萍，周振明，任丽萍，等.笋壳作为动物饲料利用研究进展.中国畜牧杂志，2013，(13)：77-80.

［137］詹浩浩，叶杭，张文昌，等.纤维素酶对香蕉茎与小麦麸混合青贮效果的影响.中国农学通报，2014，(11)：1-5.

［138］张鹏.玉米秸秆青贮生产及"平凉红牛"的育肥效果.兰州：甘肃农业大学，2012.

［139］张吉鹏，黄光明，谢金防，等.反刍动物秸秆饲料的整体利用技术.牧草与饲料，2009，3(1)：58-60.

［140］张建军，罗勤慧.木质素酶及其化学模拟的研究进展.化学通报，2001，8：470-477.

［141］张祖立，朱永文，刘晓峰，等.螺杆挤压膨化机加工农作物秸秆的试验研究.农业工程学报，2001，17(6)：97-101.

［142］张琳.中国大麦供给需求研究.北京：中国农业科学院，2014.

［143］张依量.葵花籽粕的营养特性及其在畜禽生产上应用的研究.饲料广角，2015，(2)：42-44.

［144］张峰，李保普，王昆，等.花生秧的营养特点及其在畜牧生产中的应用.中国饲料，2006，(11)：38-39.

［145］张雄杰，卢鹏飞，盛晋华，等.马铃薯秧藤的饲用转化及综合利用研究进展.畜牧与饲料科学，2015，(5)：50-54.

［146］张佩华.饲料稻全株青贮及其品质评定研究.长沙：湖南农业大学，2008.

［147］赵长友，等.纤维素复合酶半干贮添加剂新技术研究.辽宁畜牧兽医，1994，(4)：9-11.

［148］中国农机学会农机化学会科技交流中心.农作物秸秆利用技术与设备.北京：中

国农业出版社, 1996.

［149］ 中国奶业年鉴编辑委员会. 中国奶业年鉴. 北京：中国农业出版社, 2016.

［150］ 曾俊棋. 笋壳饲料的资源化利用及其氰甙脱毒方法的研究. 杭州：浙江农林大学, 2015.

［151］ 钟华平, 岳燕珍, 樊江文. 中国作物秸秆资源及其利用. 资源科学, 2003, 25(4): 62-67.

［152］ 宗大辉, 徐辉. 稻壳饲料加工技术. 吉林农业, 2009, (2): 33.

［153］ 周德宝, 蔡义明. 纤维素分解酶对青贮饲料发酵特性的影响. 山东农业大学学报, 1999, 30(4): 367-371.

［154］ 周娟娟. 辣椒秧和马铃薯秧青贮调制研究. 兰州：甘肃农业大学, 2013.

［155］ 周元军. 秸秆饲料加工与应用技术图说. 郑州：河南科学技术出版社, 2009.

［156］ Arrau A, Souza J D. Enzymatic saccharification of pretreated rice straw and biomass production. Biotech Bioeng, 1986, 28(10): 1503-1509.

［157］ Bagga P S, Sandhu D K, Sharma S. Purification and characterization of cellulolytic enzymes produced by Aspergillus nidulans. J. of Applied Microbiology, 1990, 68(1): 61-68.

［158］ Muck R, Kung L. Effects of silage additives on ensiling. In Silage: Field to Feedbunk. NRAES, 1997.

［159］ Sheperd A C, Kung L, Jr An enzyme additive for corn silage: effects on silage composition and animal performance. J. Dairy Sci, 1996, 79: 1760-1766.

［160］ Slauders R M. The properties of rice bran as a food stuff. Cereal Foods World, 1990, 35(7): 632-636.

［161］ Sills A M, et al. Amylase activity in certain yeasts and a fungi species. Dev. ind Microbiol, 1989, 24: 295-305.

［162］ Weinberg Z G, et al. Ensiling peas, ryegrass and wheat with additives of lactic acid bacteria(LAB)and cell wall degrading enzymes. Grass Forage Sci, 1993, 48: 70-78.